Crowdfunding: Die Aktivierung des Schwarms – modelltheoretische Analyse bei Informationsasymmetrie

von Sebastian Pepper

CALLSEN-BRACKER VERLAG

Zum Autor: Sebastian Pepper ist promovierter Wirtschaftsingenieur

Bibliografische Informationen der Deutschen Nationalbibliothek:
Die Deutsche Nationalbibliothek verzeichnet diese Publikation in der Deutschen Nationalbibliografie; detaillierte bibliografische Daten sind im Internet über http://dnb.dnb.de abrufbar.

Zugl.: Berlin, Technische Universität, Diss., 2015

1. Auflage 2015
ISBN: 978-3-941797-10-9
Callsen-Bracker Verlag, Berlin
Danckelmannstraße 45, 14059 Berlin
www.callsen-bracker-verlag.de

Herstellung: BoD – Books on Demand, Norderstedt
Covergestaltung: Daniel Kunze

Vorwort

Die vorliegende Arbeit entstand während meiner Tätigkeit als wissenschaftlicher Mitarbeiter am Lehrstuhl für Finanzierung und Investition der Technischen Universität Berlin.

Besonderer Dank gilt meinem Doktorvater Prof. Dr. Hans Hirth, der stets darauf achtete mir die nötigen Freiräume zum wissenschaftlichen Arbeiten zu geben. Seine unermüdliche Bereitschaft, aufkommende Probleme zu lösen, und sein scharfer analytischer Verstand sind kaum zu übertreffen. Die Bedingungen an seinem Lehrstuhl zu promovieren sind ideal und ich werde die schöne Zeit sehr vermissen.

Des Weiteren danke ich Herrn Prof. Dr. Jan Kratzer für die Übernahme des Zweitgutachtens und für das Bereitstellen der finanziellen Mittel für meine Stelle. Bei Frau Prof. Dr. Katrin Talke bedanke ich mich für die spontane Zusage den Vorsitz der Promotionskommission zu übernehmen. Beide haben dazu beigetragen, das Verfahren zügig zum Abschluss zu bringen.

Außerdem möchte ich mich bei meinen Kollegen für die tolle Zeit am Lehrstuhl sowie die stets spannenden Doktorandenseminare in Greifswald bedanken. Darüber hinaus haben sie mir in vielen Gesprächen wertvolle Anregungen und Tipps für meine Arbeit gegeben.

Zu guter Letzt danke ich meinen Eltern, meiner Schwester und ganz besonders meiner Frau: Luise, Deine unendliche Geduld und Unterstützung während dieser Zeit werde ich Dir nie vergessen. Du hast mir nicht nur geholfen diese Arbeit zu vollenden, sondern Du vervollständigst auch mich!

Berlin im Mai 2015 Sebastian Pepper

Inhaltsverzeichnis

Abbildungsverzeichnis IV

Tabellenverzeichnis VI

Abkürzungsverzeichnis VII

Symbolverzeichnis VIII

1. Einleitung 1

1.1 Aufbau der Arbeit 2

2. Crowdfunding 4

2.1 Formen des Crowdfundings 4

2.2 Marktentwicklung und Rechtslage 8

2.3 Literaturübersicht 12

3. Weitere Finanzierungsformen junger Unternehmen 17

3.1 Instrumente 17

3.2 Modelltheoretische Ansätze 19

3.3 Preisdiskriminierung 2. Grades 27

3.4 Traditionelle Produktfinanzierung nach Belleflamme et al. (2011) 29

4. Modelltheoretische Ansätze zum Crowfunding 33

4.1 Modell von Belleflamme/Lambert/Schwienbacher (2011) 33

4.1.1 Modellaufbau 33

4.1.2 Entscheidungsgrundlage potentieller Konsumenten 35

4.1.3 Optimale Preisfestsetzung und Wahl der Finanzierungsart 36

4.1.4 Modellkritik 46

4.2 Modell von Belleflamme/Lambert/Schwienbacher (2014) 51

4.2.1 Erweiterungen der Annahmen und Ergebnisse beim EaC 52

4.2.2 Einbeziehung von Informationsasymmetrie beim EaC 57

4.2.3 Crowdinvesting (Profit-Sharing-Modell) 62

4.2.4 Einbeziehung von Informationsasymmetrie beim PS 70

4.2.5 Modellkritik 77

5. Asymmetrische Informationsverteilung zwischen Crowdfundern ... 84

5.1 Ex-ante-Crowdfunding 84

5.1.1 Aufbau der Modellerweiterung 85

5.1.2 Negative Preisdifferenz bei kleinem *K* (**Fall 1**) 93

5.1.3 Positive Preisdifferenz bei großem *K* (**Fall 2**) 102

5.1.4 Anpassung der Gruppenstärken bei sehr großem *K* (**Fall 3**) .. 111

5.1.5 Zusammenfassung der Ergebnisse 118

5.2 Crowdinvesting (Profit-Sharing) 123

5.2.1 Aufbau der Modellerweiterung 123

5.2.2 Profit-Sharing bei einer breiten Masse an Investoren 126

5.2.3 Zusammenfassung der Ergebnisse 128

5.3 Fazit und empirische Evidenz 130

6. Analyse der Vorteile 133

6.1 Ex-ante-Crowdfunding und Profit Sharing *135*

6.2 Arten der Schwarmfinanzierung und traditionelle Finanzierung *139*

6.3 Fazit und empirische Evidenz *142*

7. Appendizes **147**

Literaturverzeichnis **199**

Abbildungsverzeichnis

Abbildung 1: Ablauf beim indirekten Crowdfunding ... 6

Abbildung 2: Beteiligungsformen und Projektvolumina von Plattformen ... 9

Abbildung 3: Crowdfunding zur Schließung des Early-Stage-Gaps ... 17

Abbildung 4: Handlungsverlauf der traditionellen Finanzierung ... 31

Abbildung 5: Gruppenstärke der regulären Käufer ... 32

Abbildung 6: Handlungsverlauf des Ex-ante-Crowdfundings ... 34

Abbildung 7: Gewinnfunktionen des EaC und der TF ... 42

Abbildung 8: Vergleich der Finanzierungsarten EaC und TF ... 45

Abbildung 9: Überlagerung der beiden Gewinnfunktionen des Crowdinvestings ... 68

Abbildung 10: Handlungsverlauf der Modellerweiterung (EaC) ... 85

Abbildung 11: Aufteilung der Grundgesamtheit in die Konsumentengruppen ... 87

Abbildung 12: Größe der unterschiedlichen Gruppen an Unterstützern ... 89

Abbildung 13: Gewinnfunktion des EaCs mit $\alpha = 0{,}3$ für den Fall 1 im Vgl. zur TF ... 97

Abbildung 14: Gewinnfunktion des EaCs mit $\alpha = 0{,}35$ für den Fall 1 im Vgl. zur TF. 99

Abbildung 15: Gewinnfunktion des EaCs mit $\alpha = 0{,}3$ für den Fall 2 im Vgl. zur TF. 104

Abbildung 16: Gewinnfunktion des EaCs mit $\alpha = 0{,}35$ für den Fall 2 im Vgl. zur TF106

Abbildung 17: Kapitalfunktionen der Fälle 1 bis 2 ... 110

Abbildung 18: Gewinnfunktion des EaCs mit $\alpha = 0{,}3$ für den Fall 3 im Vgl. zur TF. 114

Abbildung 19: Gewinnfunktion des EaCs mit $\alpha = 0{,}35$ für den Fall 3 mit TF ... 115

Abbildung 20: Kapitalfunktionen der Fälle 1 bis 3 ... 117

Abbildung 21: Handlungsverlauf der Modellerweiterung (PS) 124

Abbildung 22: Gewinnfunktion des PSs bei einer breiten Masse an Investoren 128

Abbildung 23: Schwellenwerte und Dominanzbereiche I bis V des EaCs 136

Abbildung 24: Vergleich der Gewinnfunktionen EaC und CI (Bereich IV)................ 137

Abbildung 25: Gewinnfunktion des EaCs mit $\alpha = 0{,}35$, TF und kleinem σ 139

Abbildung 26: Dominanzbereiche I bis II der traditionellen Finanzierung 140

Abbildung 27: Spielbaum eines Separierenden Gleichgewichts.................................. 162

Abbildung 28: Auszahlungsmatrix eines statischen Spiels.. 171

Tabellenverzeichnis

Tabelle 1: Gruppenstärken und Preise bei geringem K 38

Tabelle 2: Fallunterscheidungen bei einer schmalen Masse an Investoren 66

Tabelle 3: Fallunterscheidungen bei *unwissenden* Investoren 73

Tabelle 4: Annahmen der Modellerweiterung 122

Tabelle 5: Kapitalfunktionen der Modellerweiterungen 133

Tabelle 6: Darstellung aller Preise und Gruppengrößen des Ausgangsfalls 150

Abkürzungsverzeichnis

AON	eingeschränktes Auszahlungsprinzip (all-or-nothing)
BMF	Bundesministerium für Finanzen
CC	Verträglichkeitsbedingung (compatibility constraint)
CI	Crowdinvesting
c.p.	ceteris paribus
EaC	Ex-ante-Crowdfunding
EBD	Early Bird Discount
EP	Einheitspreis
EVCA	European Venture Capital Association
FbL	First-best-Lösung
FC	Entstehungsbedingung (formation constraint)
FOC	Bedingung erster Ordnung (first order condition)
GG	Gleichgewicht
KIA	uneingeschränktes Auszahlungsprinzip (keep-it-all)
KWG	Kreditwesengesetz
PBGG	Perfektes Bayeesches Gleichgewicht
PC	Teilnahmebedingung (participation constraint)
PS	Profit-Sharing
SbL	Second-best-Lösung
SEC	Securities and Exchange Commission
SEIS	Seed Enterprise Investment Scheme
TF	traditionelle Finanzierung
VC	Venture Capital
VermAnlG	Vermögensanlagegesetz
VIB	Vermögensanlagen-Informationsblatt
WpPG	Wertpapierprospektgesetz

Symbolverzeichnis

Ausgangsmodell von Belleflamme/Lambert/Schwienbacher (2011)

K	benötigtes Startkapital (Fixkosten der Produktion)
K_T	Budgetgrenze bei traditioneller Finanzierung
$K_{A.j}$	Budgetgrenze $j \in \mathbb{N}\backslash\{0\}$
$\widehat{K}$	Schnittpunkt bzw. Schnittlinie zwischen TF und EaC
N	endliche Anzahl der Mitglieder einer Zielgruppe
n_c	normierte Anzahl der Crowdfunder
$\underline{n}_c$	normierte Anzahl der Crowdfunder der Second-best-Lösungen
n_c^e	erwartete Anzahl der Crowdfunder (normiert)
n_r	normierte Anzahl der regulären Käufer
n_0	normierte Anzahl der Nicht-Konsumenten
p_1	Preis für die Vorbestellung in $t = 1$
p_c	Restbetrag der Crowdfunder in $t = 2$
p_r	Kaufpreis der regulären Käufer
R	Basiswertschätzung eines Gutes
S	objektive Qualität eines Gutes
U_c^e	erwarteter Nutzen eines Crowdfunders
U_r^e	erwarteter Nutzen eines regulären Käufers
Δ	Ex-post-Preisdiskriminierung 2. Grades $(p_r - p_c)$
$\underline{\Delta}$	Untergrenze der Preisdifferenz $p_r - p_c$
δ	Diskontfaktor
θ	Geschmacksparameter (gleichverteilt)
$\hat{\theta}$	Nachfragequantil für den regulären Kauf
$\bar{\theta}$	Nachfragequantil für die Vorbestellung
$\pi_{A,j}(K)$	Gewinnfunktionen für die Bereiche $j \in \{1; 2; 3\}$
π_T	Gewinnfunktion bei traditioneller Finanzierung
Π	Zielfunktion
ρ	Untergrenze der normierten Anzahl an regulären Kunden
σ	besondere Konsumerfahrung (Community Benefit)

Modellüberarbeitung von Belleflamme/Lambert/Schwienbacher (2014)

c_i	variable Kosten $i \in \{H; L\}$
$K_{B.j}$	Budgetgrenze für das EaC mit $j \in \mathbb{N}\backslash\{0\}$
$K_{PS.j}$	Budgetgrenzen für das CI mit $j \in \mathbb{N}\backslash\{0\}$
p_c	Kaufpreis der Crowdfunder in $t = 1$
p_r	Kaufpreis der regulären Käufer
p_r^e	erwarteter regulärer Gleichgewichtspreis
S_i	objektive Qualität eines Gutes mit $i \in \{H; L\}$
$S^e \in \{S_j; \bar{S}\}$	Belief bezüglich der Produktqualität mit $j \in \{H; L\}$
β	Beteiligungsquote der Investoren
ε	Abweichung von der mittleren Produktqualität
$\bar{\theta}$	Nachfragequantil für die Vorbestellung
λ	Eintrittswahrscheinlichkeit für eine hohe Qualität
π_t	Umsatz zum Zeitpunkt $t \in \{1; 2\}$
$\pi_{B,j}(K)$	Gewinnfunktion des EaCs für den Fall $j \in \{1; 2\}$
$\pi_{PS}^j(K)$	Gewinnfunktionen des CIs für den Fall $j \in \{A; B; C; D\}$
π_T	Gewinnfunktion bei traditioneller Finanzierung
Π	Zielfunktion
σ	besondere Konsumerfahrung (Community Benefit)
Σ	besondere Investitionserfahrung

Modellerweiterung (EaC und CI)

$K_{i.j}$	Budgetgrenzen für das EaC mit $i \in \{1; 2; 3\}$ und $j \in \mathbb{N}\backslash\{0\}$
$K_{a.j}$	Budgetgrenzen für das CI mit $j \in \mathbb{N}\backslash\{0\}$
$\widehat{K}$	Schnittpunkt bzw. Schnittlinie zwischen TF und EaC
$\overline{K}$	Schnittpunkt bzw. Schnittlinie zwischen EaC und PS
n_c	normierte Anzahl der Crowdfunder
$\underline{n}_c$	normierte Anzahl der Crowdfunder der SbL
n_{ci}	normierte Anzahl der informierten Crowdfunder
n_{cu}	normierte Anzahl der uninformierten Crowdfunder
n_r	normierte Anzahl der regulären Käufer
n_0	normierte Anzahl der Nicht-Konsumenten/Nicht-Investoren

p_{1i}	Vorbestellungspreis für Informierte in $t = 1$
p_{1u}	Vorbestellungspreis für Uninformierte in $t = 1$
$p_{\beta i}$	Share-Preis für informierte Investoren
$p_{\beta u}$	Share-Preis für uninformierte Investoren
p_{β}	einheitlicher Share-Preis für Investoren
p_c	Restbetrag der Crowdfunder in $t = 2$
p_r	Kaufpreis der regulären Käufer
R	Basiswertschätzung eines Gutes
s	Signal
S	objektive Qualität eines Gutes
$E[S\|s]$	erwartete Qualität eines Produktes bei gegebenem Signal s
U_{ci}	Nutzen eines informierten Crowdfunders
U_{cu}	Nutzen eines uninformierten Crowdfunders
U_{cu}^e	erwarteter Nutzen eines uninformierten Crowdfunders
U_r	Nutzen eines regulären Käufers
U_r^e	erwarteter Nutzen eines regulären Käufers
α	(erforderlicher) Anteil der informierten Crowdfunder
$\bar{\alpha}$	Anteil der informierten, potentiellen Konsumenten (exogen)
β	Beteiligungsquote der Investoren
Δ	Ex-post-Preisdiskriminierung 2. Grades $(p_r - p_c)$
$\underline{\Delta}$	Untergrenze der Preisdifferenz $p_r - p_c$
δ	Diskontfaktor
θ	Geschmacksparameter (gleichverteilt)
$\hat{\theta}$	Nachfragequantil für den regulären Kauf
$\bar{\theta}_{ci}$	Nachfragequantil für informierter Unterstützer
$\bar{\theta}_{cu}$	Nachfragequantil für uninformierter Unterstützer
$\pi_{C,j}(\alpha, \bar{\alpha}, K)$	Gewinnfunktionen des EaCs für den Fall $j \in \{1; 2; 3\}$
π_T	Gewinnfunktion bei traditioneller Finanzierung
Π	Zielfunktion
ρ	Untergrenze der normierten Anzahl an regulären Kunden
σ	besondere Konsumerfahrung (Community Benefit)
Σ	besondere Investitionserfahrung

1. Einleitung

Die Bewegung von Schwärmen im Tierreich ist keineswegs unkoordiniert und ziellos. So schwärmen jedes Jahr massenweise Zugvögel aus, um sich von ihren Brutgebieten zu ihren Winterquartieren aufzumachen. Die Fähigkeit sich dabei gleichgerichtet zu bewegen ist u.a. auf die Beobachtungsgabe und Imitationsfähigkeit der Individuen zurückzuführen.[1] Ein Zusammenschluss von Landsäugetieren, die sich in einer ähnlichen Art und Weise verhalten (Herde), dient – wie bei der Schwarmbildung – dem Schutz vor Fressfeinden durch kollektive Wachsamkeit. Im Ernstfall schließen sich dann Individuen in ihrer Entscheidung anderen an.

Bei Märkten kann dieses Phänomen ebenfalls beobachtet werden und führt zu starken Preisschwankungen bis hin zu Finanzmarkt- und Währungskrisen. Sind uninformierte Wirtschaftssubjekte der Meinung, dass andere Marktakteure über bessere Informationen verfügen, kopieren sie deren Verhalten, was zu einer ständigen Über- und Unterbewertung von Anlagepreisen führen kann. Probleme dieser Informationsasymmetrie können neben einer staatlichen Regulierung auch durch Screening und Signaling teilweise oder ganz behoben werden. Auch kooperative Verhaltensweisen können bei unendlicher Wiederholung zu höheren Auszahlungen führen.

Eine konsensbasierte Entscheidungsfindung einer aktivierten Menge wird in der Soziologie als Schwarmintelligenz bezeichnet. Die Zugehörigkeit zu einem dynamischen sozialen Gefüge von untereinander abhängigen Personen (Figuration) kann zudem beim einzelnen ein Gemeinschaftsgefühl hervorrufen. Das Mitwirken eines Individuums fördert dabei außerdem den allgemeinen, gemeinschaftsfördernden Nutzen.[2]

---

[1] Vgl. Ballerini et al. (2008), S. 1233.

[2] Vgl. Adler (2008), S. 370.

1.1 Aufbau der Arbeit

Ziel dieser Arbeit ist die Untersuchung von Rahmenbedingungen, unter denen eine Aktivierung einer heterogenen Zielgruppe zum Zweck einer Produktfinanzierung profitabel ist. Junge Unternehmen weisen häufig unzureichende eigene finanzielle Ressourcen auf, so dass sie auf externe Finanzquellen angewiesen sind. Die Umsetzung ihrer Projektideen kann dabei mit Hilfe von Freunden, Banken, VC-Gesellschaften oder einem Business Angel erfolgen. Durch Fortschritte in der Informations- und Kommunikationstechnologie entstand in den letzten Jahren eine weitere Möglichkeit der Mitteleinwerbung. Die Finanzierung über den Schwarm (Crowdfunding) hat sich mittlerweile zu einer echten Alternative sowohl für Projektinitiatoren im Bereich Musik, Film und Kunst als auch für Start-up-Unternehmen entwickelt. Eine systematische Untersuchung dieser neuen Finanzierungsform ist Gegenstand der vorliegenden Arbeit.

Die Arbeit ist in sieben Kapitel unterteilt. Nach der Einleitung werden im *zweiten* Kapitel Begrifflichkeiten eingeführt und die unterschiedlichen Ausprägungsformen des Crowdfundings voneinander abgegrenzt. Die Beschreibung der Marktentwicklung sowie der Rechtslage ist ebenso Bestandteil dieser Passage wie ein umfassender Überblick über die wissenschaftliche Crowdfunding-Literatur.

Neben einem deskriptiven Vergleich unterschiedlicher Finanzierungsmöglichkeiten junger Unternehmen erfolgt im *dritten* Kapitel eine Vorstellung modelltheoretischer Arbeiten im Bereich Gründungsfinanzierung. Diese beschäftigen sich zwar nicht explizit mit dem Thema Crowdfunding, sind aber für eine umfassende Analyse des Themengebiets erforderlich. Im Abschluss werden außerdem Grundlagen bzw. weitere theoretische Ansätze beschrieben, die für den Kern der Arbeit wichtig sind.

Im *vierten* Kapitel wird das Crowdfunding-Modell von Belleflamme/Lambert/Schwienbacher (2011) sowie deren Überarbeitung von 2014 detailliert erläutert. Eine Kombination beider Modelle bildet die Grundlage der in der vorliegenden Arbeit vorgenommenen Modellerweiterung, die ausgehend von einer kritischen Würdigung eine asymmetrische Informationsverteilung innerhalb der Unterstützer berücksichtigt.

Die Variation dieser Ausgangsmodelle, die im *fünften* Kapitel erfolgt, stellt den Kern der Arbeit dar und dient der Klärung der Frage, wie uninformierten Unterstützern die Projektgüte signalisiert werden kann. Darauf aufbauend werden Handlungsweisen von Gründern, Investoren und Konsumenten aufgezeigt und im *sechsten* Kapitel Entscheidungskriterien herausgearbeitet, die für die Wahl des Finanzierungsmechanismus entscheidend sind. Dabei werden sowohl unterschiedliche Arten des Crowdfundings als auch die Fremdfinanzierung mit einbezogen. Zudem wird die Möglichkeit der Verwendung alternativer Finanzierungsformen, wie beispielsweise Venture Capital oder Business Angel-Finanzierung, angesprochen.

2. Crowdfunding

Historisch gesehen ist das Phänomen des Crowdfundings, d.h. die Finanzierung „aus einer aktivierten Menge“, keine neuartige Entwicklung. Bereits im 17./18. Jahrhundert sammelten Verleger mittels sog. Subskriptions- bzw. Pränumerationsmodelle einen finanziellen Grundstock für ein geplantes Verlagswerk ein. Ein bekanntes Beispiel ist außerdem die Sockelfinanzierung der Statue of Liberty durch eine Vielzahl von Förderern im Jahr 1885.

2.1 Formen des Crowdfundings

Die Verwendung des Begriffs Crowdfunding (Deutsch: „Schwarmfinanzierung“) hat sich aber erst in den letzten Jahren etabliert und leitet sich aus der Idee des Crowdsourcings ab. Beim Crowdsourcing werden Betriebsfunktionen an potentielle Konsumenten ausgegliedert, da diese unter bestimmten Bedingungen in der Lage sind ein besseres Gesamtergebnis zu erreichen.[3] Die *Weisheit der Masse*[4] wird dabei als Quelle genutzt, um beispielsweise Innovations- und Produktionsprozesse zu optimieren.

Demgegenüber wird beim Crowdfunding eine Menschenmenge als Finanzierungsquelle herangezogen. Ursprünglich wurden dabei Geldmittel vor allem im Bereich kreativer Projekte wie Musik, Film und Kunst eingeworben. Seit ca. 2010 finanzieren sich auch vermehrt Start-up-Unternehmen mit Hilfe der Ausgabe eigenkapitalähnlicher Instrumente über den Schwarm.[5] Die Weiterentwicklung des Web 2.0 ist dabei als einer der Gründe für ein rasantes Wachstum

---

[3] Howe (2006) führt den Begriff Crowdsourcing ein, der sich aus den Wörtern „Crowd“ und „Outsourcing“ zusammensetzt. Die in der Literatur vorherrschende Definition stammt aber von Kleemann et al. (2008).

[4] Unter den Annahmen, dass ausreichend viele, unabhängige, dezentralisierte und heterogene Meinungen in einer Gruppe vorhanden sind, ist das gemeinsame Wissen der Gruppe mindestens so gut wie das eines einzelnen Mitglieds. Vgl. Surowiecki (2004), S. 4f.

[5] Vgl. Meinshausen et al. (2012), S. 583.

dieser relativ jungen Finanzierungsalternative zu nennen.[6] Aufgrund unterschiedlicher Bedürfnisse der Initiatoren entstanden jüngst eine Vielzahl von Ausprägungsformen, die in der Praxis und Wissenschaft derzeit intensiver diskutiert und erforscht werden.

Der Begriff Crowdfunding wird in der wissenschaftlichen Literatur daher meist als Oberbegriff verwendet und steht im Allgemeinen für eine Finanzierungsform, die über einen direkten oder indirekten öffentlichen Aufruf im Internet finanzielle Mittel für ein Projekt oder Unternehmen mit oder ohne Gegenleistung einwerben möchte.[7] Da die Kapitalgeber dabei üblicherweise nur einen kleinen Beitrag zur Finanzierung leisten, ist deren große Anzahl (Crowd) Voraussetzung für eine erfolgreiche Kampagne.

Beim indirekten Crowdfunding starten Projektinitiatoren einen Finanzierungsaufruf über die Einschaltung eines Intermediärs, der Informationen zum Finanzierungsvorhaben an registrierte Nutzer seiner Online-Plattform weitergibt und gegebenenfalls einen Vertragsabschluss organisiert. Die Beträge der Crowdfunder werden dabei üblicherweise von einem Treuhänder verwaltet.[8] Nach dem Laufzeitende eines Aufrufs erhält der Projektverantwortliche die Gelder entweder gemäß der Rückzahlungsregelung „all-or-nothing" (AON) oder nach der direkten Finanzierungsregel „keep-it-all" (KIA).[9] Wird eine Projekt- bzw. Unternehmensfinanzierung durch eine Internetkampagne ohne einen Mittler durchgeführt, so spricht man vom direkten Crowdfunding.

---

[6] Das Web 2.0 erleichtert u.a. die Kommunikation vieler Individuen, reduziert Transaktionskosten durch Automatisierung auf ein Minimum und fördert die soziale Vernetzung sowie die Zugänglichkeit zu Projekten. Vgl. Brabham (2008), S. 81, Kleemann et al. (2008), S.6 und Hemer et al. (2011), S. 13f.

[7] Vgl. Belleflamme et al. (2010), S. 5.

[8] Wird das eingesammelte Geld von einem externen Treuhänder verwaltet, fällt eine (deutsche) Plattform unter eine Ausnahmeregelung des Kreditwesengesetzes (KWG) und ist somit nicht erlaubnispflichtig.

[9] Standardisierte Plattformen bieten i.d.R. beide Formen an. Durch das Prinzip AON wird den Unterstützern garantiert, dass kein unterfinanziertes Projekt durchgeführt wird. Für skalierbare Projekte findet das KIA-Modell meist Anwendung. Vgl. Cumming et al. (2014), S. 17.

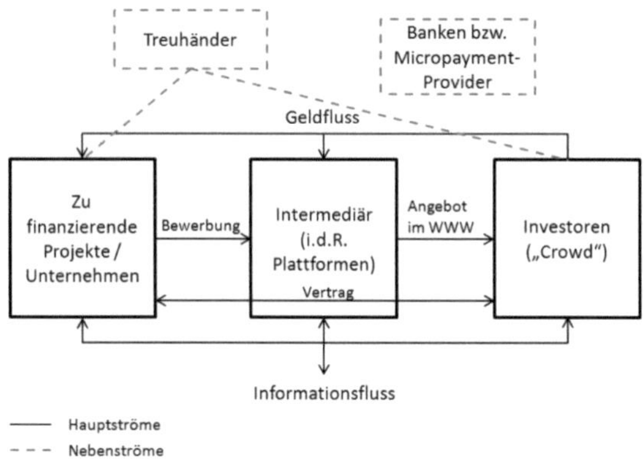

Abbildung 1: Ablauf beim indirekten Crowdfunding[10]

Es lassen sich aber auch Unterschiede hinsichtlich der Kapitalverwendung und der Rückflüsse an die Unterstützer (Crowdfunder) feststellen. Grundsätzlich können vier verschiedene Finanzierungsmodelle voneinander abgegrenzt werden.

1. Beim **Crowdlending** stellen mehrere Privatpersonen einem Unternehmen (Peer-to-Business-Lending) oder einer anderen Privatpersonen (Peer-to-Peer-Lending) eine selbstgewählte Geldsumme für eine bestimmte Zeit und für eine festgelegte Verzinsung über einen Online-Kreditmarktplatz zur Verfügung.[11] Dabei werden die meist kleineren Beträge gemäß einer Losgrößentransformation zu einem Kredit zusammengefasst und an den Nachfrager weitergeleitet.
2. Im Unterschied zur klassischen Spende werden beim **Crowddonating** Geldmittel für ein gemeinnütziges Projekt oder ein öffentliches Gut durch Verwendung einer Internet-Plattform eingesammelt. In einigen Fällen bekommen auch Unternehmen mit wirtschaftlichen Gewinnzielen Geldge-

[10] Quelle: Moritz/Block (2013), S. 6.

[11] Die US-amerikanische Online-Lending-Plattform Prosper.com veröffentlichte im Jahr 2007 ihre gesamten Daten, was eine Vielzahl von Publikationen nach sich zog. Vgl. Bachmann et al. (2011), S. 3. Demzufolge gab es bereits wissenschaftliche Beiträge unter der Bezeichnung „Social-Lending" oder „Peer-to-peer-Lending" bevor sich die Begrifflichkeit Crowdlending durchgesetzt hat.

schenke.[12] Unterstützer erhalten für ihre Spende dabei weder einen finanziellen noch einen materiellen Ausgleich. Immaterielle Gegenleistungen, wie bspw. eine Danksagung oder eine positive Erwähnung, sind demgegenüber nicht ausgeschlossen.

3. Das **Crowdsupporting** ist die wohl bekannteste und verbreiteteste Ausprägungsform des Crowdfundings (siehe Abschnitt 2.2) und hat weitere Unterarten. Grundsätzlich steht diese Möglichkeit der Mittelbeschaffung im Zusammenhang mit einem *besonderen* Konsumerlebnis, das durch ein Belohnungssystem hervorgerufen wird.[13] Bestellt ein Kunde durch Entrichtung eines bestimmten Preises ein Produkt über das Internet vor und wird somit zum Crowdfunder, kann er danach nämlich entweder die Produktgestaltung mitbestimmen (Crowdsourcing), wird namentlich erwähnt (Sponsoring) oder erhält eine vorgezogene Lieferung des Gutes (Pre-Selling). Dabei löst sich die strikte Trennung zwischen Produktanbieter und Nachfrager teilweise auf, da einige Konsumenten zu Kapitalgebern werden. Diese Art der Produktfinanzierung wird im weiteren Verlauf als Ex-ante-Crowdfunding (EaC) bezeichnet. Demgegenüber stellen Projektunterstützer beim Ex-post-facto-Crowdfunding einem Unternehmen oder einer Privatperson keine finanziellen Mittel noch während der Entstehungsphase eines Produktes für dessen Realisierung zur Verfügung, sondern unterstützen ein bereits fertiggestelltes Objekt im Nachhinein monetär.[14]
4. Die Finanzierung junger Unternehmen (Start-ups)[15] durch eine Ausgabe von Anteilen am Unternehmenskapital mit einer Gewinnbeteiligung an viele Investoren über das Web 2.0 wird **Crowdinvesting** (CI) genannt.[16] Da

[12] Auch wenn am Anfang eines Projektes keine Gewinnabsicht vorhanden ist, so kann sich durch großen Erfolg eine kommerzielle Nutzung einstellen. Beispiele dafür sind vormals kostenlose Webdienste, die später kostenpflichtig werden oder hohe Werbeeinnahmen aufweisen. Vgl. Hemer (2011), S. 11.

[13] Vgl. Schwienbacher/Larralde (2010), S. 19f. und Kortleben/Vollmar (2012), S. 5f.

[14] Sind keine eigenen finanziellen Ressourcen vorhanden, so ist das Ex-post-facto-Crowdfunding nicht anwendbar. Vgl. Kappel (2008), S. 385.

[15] Zum Begriff sowie zu den Merkmalen von jungen Unternehmen vgl. Schulte (2006), S. 419.

[16] Vgl. Ahlers et al. (2012), S.8.

die rechtlichen Vorschriften hierbei länderspezifisch und oftmals sehr heterogen sind, ist diese Finanzierungsform nicht überall gleichermaßen anwendbar (vgl. Abschnitt 2.2).

2.2 Marktentwicklung und Rechtslage

Nach einer Studie des Beratungsunternehmens Massolution[17] gab es 2012 weltweit rund 800 Crowdfunding-Plattformen, die ein Finanzierungsvolumen von 2,7 Milliarden US-Dollar aufbrachten. Das entspricht einem Wachstum von 81 % im Vergleich zum Vorjahr. Erste Prognosen für das Jahr 2013 sprechen von einem Marktvolumen von 5,1 Milliarden US-Dollar. Der nordamerikanische Crowdfunding-Markt ist dabei mit 72 % des kumulierten Finanzierungsvolumens der größte, gefolgt von Europa mit 26 %.

Eine Studie von Ivo et al. (2013) kommt zu dem Schluss, dass die meisten Plattformen den Projektinitiatoren die Möglichkeit einräumen ihren Unterstützern entweder eine Schenkung oder ein Belohnungssystem durch nicht finanzielle Gegenleistungen als Beteiligungsform anzubieten (vgl. Abbildung 2; linke Seite). Das Bereitstellen von mehreren Mechanismen ist dabei nicht ausgeschlossen. Wie bereits angedeutet (s.o.), ist eine Kombination aus Spende und Gewinnorientierung ebenfalls möglich. Mit anderen Worten gibt es Plattformen, auf denen Spenden für Projekte mit einem Gewinnziel eingesammelten werden können. In Abbildung 2 (rechte Seite) ist außerdem zu erkennen, dass das Cluster „Gewinnorientierung“, d.h. Plattformen mit Crowdinvesting- und Crowdlending-Kampagnen, weitaus höhere Projektvolumina als andere Cluster aufweist. Die Kategorie „Altruismus“ bezieht sich demgegenüber auf Internetseiten mit Crowddonating-Projekten.

In der Rubrik „Hedonismus“, d.h. Plattformen, die überwiegend Crowdsupporting-Kampagnen betreuen, sind Mindestbeteiligungen (63 %) und Preisstaffelungen (91,3 %) durchaus gebräuchlich. Die für eine Unterstützung notwenige Mindestsumme ist oftmals der Preis des künftigen Produktes. Darüber hinaus werden Beteiligungspakete bereitgestellt, die über den regulären Kaufpreis hinausgehen und mit Danksagungen, Bonusversionen, etc. verbunden sind.

[17] Vgl. Massolution (2013).

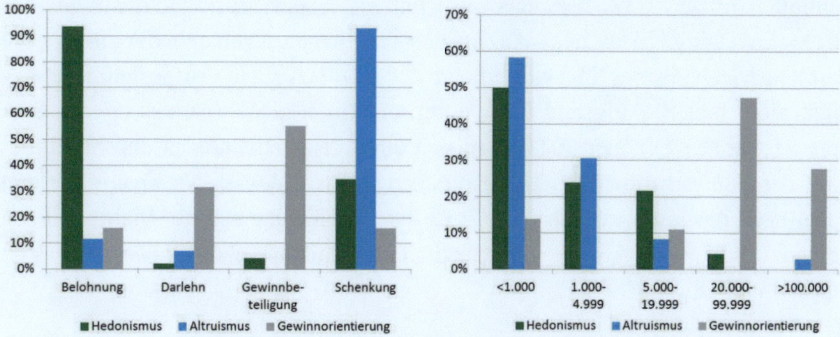

Abbildung 2: Beteiligungsformen und Projektvolumina von Plattformen[18]

Bei Internetseiten mit Crowdinvesting-Projekten gibt es zwar oftmals eine Mindestbeteiligung (92,1 %), die Staffelung von Preisen für Unternehmensanteile ist jedoch eher unüblich (34,2 %). Im Unterschied dazu legt jeder Crowdfunder bei Spenden, die über eine Internet-Plattform eingesammelt werden, seine Beteiligung am Finanzierungsvolumen meist selbst fest.[19] Außerdem zeigt die Studie, dass *Start-ups* den Unterstützern überwiegend eine Gewinnbeteiligung (51,9 %) oder eine feste Verzinsung (33,3 %) anbieten, während *Projekte im kreativen Bereich* ein nicht finanzielles Belohnungssystem als Beteiligungsform wählen (90,9 %) und *soziale Projekte* die Schenkung (77,3 %) bevorzugen. Die meisten Plattformen weisen eine gute Marketing-Funktionalität durch die Möglichkeit der Verlinkung zu *Facebook* oder *Twitter* sowie durch die Integrationsmöglichkeit von Videos auf.[20]

Eine Analyse des deutschen Crowdfunding-Marktes ergibt im internationalen Vergleich ein etwas anderes Bild. Zwar ist Deutschland mit ca. 70 aktiven Plattformen, die insgesamt ein Finanzierungsvolumen von 20,36 Millionen Euro im Jahr 2013 aufbrachten,[21] ein interessanter Markt, im Fokus steht jedoch das Crowdinvesting mit einem Marktanteil von 74 %. Im Vergleich dazu

[18] Quelle: Eigene Darstellung in Anlehnung an Ivo et al. (2013), S. 53 und 58.

[19] Vgl. Ivo et al. (2013), S. 55.

[20] Vgl. Ivo et al. (2013), S. 49 und 56.

[21] Vgl. Klein (2014a), S. 2 und Klein (2014b), S. 7.

entfallen in den USA beispielsweise nur 14 % des Marktvolumens auf das Crowdinvesting.[22] Das liegt u.a. an den rechtlichen Rahmenbedingungen, die diesem Mechanismus in Deutschland derzeit noch viele Ausgestaltungsmöglichkeiten bieten. Aufgrund einer durchschnittlichen Wachstumsrate von 8 % pro Monat seit Oktober 2011 kann von einer rasanten Entwicklung bei dieser Art der Schwarmfinanzierung gesprochen werden, dessen Nachhaltigkeit erst aber noch bewiesen werden muss.[23] Im Jahr 2013 entsprach das Marktvolumen einem Wert von 5,3 % der Seed- und Start-up-Investitionen von VC-Gesellschaften.[24]

Da es in Deutschland derzeit noch keine spezifische Rechtsnorm für das Crowdfunding gibt, bilden die allgemeinen Vorschriften des Banken-, Kapitalmarkt-, sowie des Handels- und Gesellschaftsrechts den gesetzlichen Rahmen.[25] In der Praxis kommen beim Crowdinvesting fast ausschließlich hybride Finanzierungsformen, wie stille Beteiligungen, Genussrechte und partiarische Nachrangdarlehen, aufgrund ihrer Flexibilität in Bezug auf die Vertragskonditionen zum Einsatz.[26] Problematisch ist dabei aber die Prospektpflicht, die je nach Beteiligungsform entweder durch das Wertpapierprospektgesetz (WpPG) oder das Vermögensanlagegesetz (VermAnlG) bestimmt wird und dem Anlegerschutz dient.[27] Handelt es sich um Kleinemissionen, d.h. das Volumen überschreitet innerhalb eines Zeitraums von 12 Monaten nicht 100.000 Euro, kann von der Erstellung eines Prospektes abgesehen werden. Durch die Ausgabe von

---

[22] Vgl. Hölzer et al. (2014), S. 16 und De Buysere et al. (2012), S. 21.

[23] Bei einer durchschnittlichen Haltedauer von 5 Jahren kann frühestens 2016 ein erstes Fazit gezogen werden. Vgl. Hölzer et al. (2014), S. 2.

[24] Vgl. Bundesverband Deutscher Kapitalbeteiligungsgesellschaften (2014), S. 5.

[25] Vgl. Klöhn/Hornuf (2012), S. 246.

[26] Vgl. Beck (2012), S. 81. Bei Mezzanine-Kapital können Mitsprache- und Stimmrechte ausgeschlossen und Informations- und Kontrollrechte den Eigenschaften des CIs angepasst werden. Im Gegensatz dazu haben die Betreiber der Plattform Bergfürst als einzige in Deutschland eine BaFin-Lizenz erhalten und Aktien auf einem plattformeigenen Sekundärmarkt emittiert.

[27] Kritisch ist dabei weniger die Erstellung eines Prospektes, sondern vielmehr die damit verbundenen Kosten. Vgl. Beck (2012), S. 21.

partiarischen Nachrangdarlehen kann die Prospektpflicht ebenfalls umgangen werden, wodurch sich diese Beteiligungsform bei Projektinitiatoren und Plattformen großer Beliebtheit erfreut. Im Insolvenzfall treten die Ansprüche der Crowdfunder dabei zwar hinter die anderer Fremdkapitalgeber zurück, im Erfolgsfall erhalten die Darlehensgeber aber neben einem jährlichen Festzins einen gewinnabhängigen Bonuszins. Außerdem ist ein sogenannter *Non-Equity-Kicker* oftmals Bestandteil eines solchen Darlehensvertrages, der es den Geldgebern ermöglicht durch eine festgelegte Sonderzahlung am Vertragsende an einer Wertsteigerung des Unternehmens teilzuhaben.[28] Aktuell prüft das Bundesfinanzministerium (BMF) ob auch beim partiarischen Nachrangdarlehen weitere regulatorische Maßnahmen ergriffen werden müssen, um Investoren besser zu schützen. Ein erster Entwurf sieht vor, dass es für Projekte mit einem Finanzierungsvolumen von bis zu einer Millionen Euro keine Prospektpflicht geben soll, sofern ein Anleger nicht mehr als 10.000 Euro pro Finanzierungsrunde investieren kann. Im Gespräch sind zudem die Erstellung eines Vermögensanlagen-Informationsblatts (VIB) seitens der Anbieter und die Einführung eines Investmentführerscheins bzw. eine Begrenzung der Zulassung auf akkreditierte Crowdfunder auf Investorenseite.[29] Demgegenüber könnte das CI für Anleger durch staatliches Eingreifen mittels Zuschüssen oder steuerlicher Erleichterungen – ähnlich dem „Seed Enterprise Investment Scheme (SEIS)“ in Großbritannien – aber auch attraktiver gemacht werden.

In den USA wird das CI durch den 2012 in Kraft getretenen JOBS-Act und den damit verbundenen CROWDFUND-Act reguliert. Das Einwerben von Geldmitteln kann dabei nur von registrierten Brokern oder Plattformen durchgeführt werden, die die Anforderungen der amerikanischen Börsenaufsichtsbehörde SEC erfüllen. Die maximale Anlagesumme der Crowdfunder, die außerdem akkreditiert sein müssen, wird dabei an deren Jahreseinkommen bemessen. Diese regulatorischen Faktoren werden in der amerikanischen rechtswissen-

---

[28] Vgl. Dorfleitner et al. (2014), S. 10. Tritt während der Vertragslaufzeit kein Exit-Ereignis ein, so muss der Unternehmenswert ermittelt werden, wobei es für Crowdinvesting-Plattformen keine standardisierte Bewertungsmethodik gibt. Vgl. Dapp (2014), S. 9f.

[29] Vgl. Bundesministerium für Finanzen (2014).

schaftlichen Literatur kontrovers diskutiert und als einer der Gründe für den geringen Marktanteil des CIs angesehen.[30]

2.3 Literaturübersicht

Eine wissenschaftliche Auseinandersetzung mit dem Begriff Crowdfunding gibt es erst seit wenigen Jahren. Erste Beiträge auf diesem Gebiet beschäftigen sich mit einer Definitionsfindung und Abgrenzung zu ähnlichen Themenbereichen, um eine wissenschaftliche Diskussionsgrundlage für das junge Phänomen Crowdfunding zu schaffen. Auch im Bereich der Rechtwissenschaften gibt es bereits eine Vielzahl von Arbeiten, die sich überwiegend mit regulatorischen Faktoren beschäftigen (vgl. Abschnitt 2.2). Frühe empirische Studien erheben Daten meist qualitativ durch teilstrukturierte Interviews und ergänzen diese gegebenenfalls um eine Analyse des Marktes aus dem jeweiligen nationalen Kontext. Aufgrund des rasanten Wachstums und den damit verbundenen gestiegenen Transaktionsvolumina auf etablierten Plattformen gibt es aber bereits einige Untersuchungen, die auf quantitativen Marktdaten aufbauen. Demgegenüber setzten sich nur wenige Autoren mit dem Themengebiet modelltheoretisch auseinander.

Ziel dieses Abschnitts ist es einen Überblick über die wissenschaftliche Literatur im Bereich der Finanzierung durch Crowdfunding zu geben. Dabei werden die Beiträge in Anlehnung an Moritz/Block (2013) entsprechend ihrer Untersuchungsschwerpunkte gruppiert und kurz vorgestellt. Modelltheoretische Arbeiten werden im Anschluss ausführlicher beschrieben.

In einer empirischen Studie untersucht Mollick (2012) unter Verwendung von Archivdaten der Plattform *Kickstarter* die Determinanten des Erfolges von EaC-Projekten. Nur rund die Hälfte der 59.115 betrachteten Initiativen konnten erfolgreich finanziert werden. Dabei ist auffällig, dass missglückte Kampagnen im Durchschnitt gerade einmal 10 % der angestrebten Finanzierungsumme einsammeln und erfolgreiche Projekte selten viel mehr Geldmittel als benötigt erhalten. Die Erfolgsaussicht wird durch eine höhere Finanzierungssumme und Laufzeit negativ beeinflusst. Die geographische Lage von Projekten kann dem-

[30] Vgl. Bradford (2012), Fink (2012) und Hornuf/Schwienbacher (2014).

gegenüber die Erfolgswahrscheinlichkeit erhöhen. Mit anderen Worten werden Technologie-, Software- und Design-Produkte aus San Francisco, Filme aus Los Angeles und Musik aus Nashville mit einer höheren Wahrscheinlichkeit finanziert als ähnliche Projekte andernorts. Außerdem werden die finanzierten Produkte – bis auf wenige Ausnahmen – zugestellt, nicht aber in der dafür vorgesehenen Zeit.

Die Bedeutung der geographischen Lage seitens der Projektunterstützer steht im Zentrum der Untersuchung von Agrawal/Catalini/Goldfarb (2011). Auf Grundlage der Daten der Musikplattform *SellaBand*, die zwischen August 2006 und September 2009 erhoben wurden, ergibt sich eine durchschnittliche Entfernung zwischen Initiator und Unterstützer von 3.000 Meilen. Im Unterschied dazu gibt es zu einem frühen Projektzeitpunkt eine räumliche Nähe zwischen den Parteien, was durch einen *Family- und Friends-Effekt*[31] erklärt werden kann.

Ordanini et al. (2011) heben die neue Rolle der Konsumenten als Kapitalgeber beim EaC hervor. In einer qualitativen Studie stellen sie fest, dass Crowdfunder sich in ihrer Innovationsorientierung sowie in ihrem Interaktionsbedürfnis gleichen. Eine weitere Gemeinsamkeit ist das Interesse am finanziellen Ergebnis und die hohe Identifikation mit den Projekten. Gerber/Hui/Kuo (2012) fügen als Motivation für ein Engagement das Streben nach einer finanziellen oder nicht-finanziellen Belohnung hinzu. In ihrer qualitativen Befragung identifizieren sie zudem den Wunsch der Unterstützer, sich in eine kreative Gemeinschaft einbringen zu wollen.

Sowohl Herzenstein/Dholakia/Andrews (2011) als auch Zhang/Liu (2012) stellen beim Crowdlending Herdenverhalten fest. Beide gründen ihre Ergebnisse dabei auf Daten der US-amerikanische Online-Lending-Plattform *Prosper.com.* Zhang/Liu geben als Grund für das Herdenverhalten ein rationales Kalkül bei den Kreditanbietern an. Sie vernachlässigen ihre eigenen, schwachen Informationen und schließen sich der beobachteten Entscheidung der

[31] Es ist davon auszugehen, dass Freunde und Angehörige einen Informationsvorsprung hinsichtlich der Projektgüte aufweisen. Vgl. Cumming/Johan (2013).

„Herde" an.[32] Demgegenüber sprechen Herzenstein et al. von einem *strategischen Herdenverhalten*, da Informationskaskaden beendet werden, sobald das Finanzierungsziel erreicht ist. Zwar ließe die Plattform ein Unterbieten des geforderten Zinssatzes nach geglückter Kreditanfrage zu, die Crowdfunder machen jedoch im Normalfall davon keinen Gebrauch.

In dem zweiperiodigen Modell von Belleflamme/Lambert/Schwienbacher (2010)[33] wird der Einfluss des Unternehmensstatus sowie die Auswirkung der Finanzierungsart auf die Produktbeschaffenheit untersucht. Auf einem Gütermarkt werden zwei imperfekte Substitute angeboten, die sich an entgegengesetzten Enden eines Einheitsintervalls befinden. Potentielle Kunden sind auf diesem Einheitsintervall gleichverteilt vorhanden, wobei ihr Nutzen negativ von ihrer Distanz zum Gut beeinflusst wird. Die Entfernung wird dabei zudem mittels eines Substitutionskoeffizienten gewichtet, der die Austauschbarkeit der beiden Produkte bemisst. Der Kauf einer weiteren Einheit erhöht den Nutzen eines Nachfragers nicht, so dass maximal eine Einheit gekauft wird. Demgegenüber wirkt sich die Qualität positiv auf die Zahlungsbereitschaft der Konsumenten aus, die ihre Position auf dem Intervall ex-ante nicht kennen. Der Produzent des ersten Gutes weist eine Monopolstellung auf, wohingegen das zweite Gut aus einem kompetitiven Marktumfeld mit vielen Produzenten hervorgeht. Eine Besonderheit ist, dass der Monopolist einen gewichteten Zusatznutzen aus einer relativen Erhöhung der Qualität des eigenen Produktes im Vergleich zum Konkurrenzprodukt zieht.[34] Als Vereinfachung weisen alle

[32] Empfehlungen von Dritten werden beim P2P-Lending nur berücksichtigt, wenn diese Personen auch in das befürwortete Projekt investiert haben. („skin in the game"). Vgl. Hildebrand et al. (2011), S. 24. Modelltheoretisch kann demgegenüber gezeigt werden, dass Informationskaskaden bei wachsenden Aktions- und Informationsräumen sowie einem starken eigenen Signal kippen können. Vgl. Hirth/Walter (2001), S. 22.

[33] An dieser Stelle wird lediglich das zweite Modell der Veröffentlichung vorgestellt. Vgl. Belleflamme et al. (2010), S. 21-28.

[34] Die Motivation eines Unternehmers für eine Projektrealisierung muss nicht zwangsläufig mit einer alleinigen Gewinnmaximierung verbunden sein. Eine Produktqualität, die über das ökonomische Optimum hinausgeht, kann u.a. durch eine altruistische Neigung des Gründers sowie durch einen Reputationseffekt hervorgerufen werden. Vgl. Glaeser/Shleifer (2001), S. 112.

Produzenten mengenabhängige Grenzkosten sowie fixe Produktionskosten von Null auf. Es existieren jedoch variable Kosten mit der Produktbeschaffenheit als Bezugsgröße. In der ersten Periode wählt der Monopolist zwischen einem Fremdkapitalgeber und der „Crowd“ als Finanzierungspartner. Diese beiden Alternativen unterscheiden sich dahingehend, dass die Kunden durch eine Crowdfunding-Kampagne ihre Position auf dem Intervall erfahren und bei der Fremdfinanzierung lediglich eine Erwartung über die eigene Position haben. Handelt es sich um eine Unternehmung mit einem Gewinnziel, so kann der Gründer sämtliche Gewinne vollständig vereinnahmen. Die erzielten Gewinne bei einem gemeinnützigen Projekt erhält der Unternehmer dagegen nur teilweise in Form von Sachbezügen. In der zweiten Periode legt der Monopolist, bei gegebener Preis-Qualität-Kombination des Konkurrenzproduktes, die eigene Zusammenstellung aus seiner Sicht optimal fest. Da der Unternehmer nicht nur ein Gewinnziel verfolgt, sondern auch Gefallen an dem relativen Qualitätsniveau seines Gutes findet, wird er bei geringen qualitätsabhängigen Grenzkosten und einem hohen Grad der Produktdifferenzierung einen Finanzierungsaufruf durch Crowdfunding in Verbindung mit einem Non-Profit-Projektstatus wählen.

Im Fokus der Untersuchung von Hardy (2013) steht die Möglichkeit durch ein Belohnungssystem perfekte Preisdiskriminierung[35] beim Crowdfunding zu betreiben. Auf der Grundlage eines zweiperiodigen Basismodells werden verschiedene Weiterentwicklungen betrachtet, die entweder die beiden Rückzahlungsregeln AON und KIA einander gegenüberstellen oder aber die Individualität von Beitragszahlern berücksichtigen. Als Ausgangspunkt kann ein risikoneutraler Produzent in der ersten Periode durch Erzeugung von Anreizen sowohl eine allgemeine Steigerung eines Produktwertes über ein Basisniveau hinaus als auch eine individuelle Produktsteigerung durch sog. „Perks“ herbeiführen. Dabei beschreiben Anreizparameter den prozentualen Anteil am eingesammelten Geld nach Abzug des Kapitalbedarfs, den der Produzent für die allgemeine sowie die individuelle Verbesserung des Produktes ausgeben wird. Geht man davon aus, dass alle Crowdfunder homogen sind, nur über begrenzte

[35] Einem perfekt preisdiskriminierenden Produzenten gelingt es, von jedem Konsumenten den Vorbehaltspreis zu bekommen. Vgl. Varian (2001), S. 420.

freie Geldmittel[36] verfügen und ihren Beitragspreis selbst bestimmten können,[37] behält der Unternehmer im Ergebnis die Hälfte des Gewinns für sich und investiert die andere Hälfte zu gleichen Teilen in die Produktwertsteigerungen. Sowohl die Zahlungsbereitschaft der Unterstützer als auch der Gewinn des Produzenten steigt mit dem Einkommen und der Anzahl an Crowdfundern sowie dem Basiswert des Produktes. Wird das ausgewiesene Startkapital durch die Zahlungen der Unterstützer nicht erreicht, fällt der allgemeine Produktwert geringer als der Basiswert aus. Für die Finanzierungsregel ANO gilt, dass homogene Beitragszahler vom optimalen Preis abweichen, sofern das für die Schaffung des Basiswertes benötigte Anfangskapital nicht durch diesen gedeckt werden kann. Als Folge des AON-Prinzips wählt der Produzent für diesen „schlechten" Fall die Anreizparameter so, dass der Nutzen der Kapitalgeber gleich Null ist.[38] Haben Unterstützer unterschiedliche Einkommen und sind bereit verschieden hohe Beiträge für das Produkt zu zahlen, orientiert sich ihr Beitrag an dem jeweiligen Einkommen. Unter der Annahme, dass der Produzent lediglich das durchschnittliche Einkommen kennt, ändert sich in Bezug auf das Belohnungssystem durch Anreizschaffung aber nichts.

[36] Steigt indes das Einkommen eines Individuums, so kann die Beitragszahlung erhöht werden, ohne dabei den Konsum anderer Güter reduzieren zu müssen (Einkommenseffekt). Vgl. Varian (2001), S. 134.

[37] Weisen Nachfrager eine altruistische Neigung auf oder ist ihr Sinn für Gerechtigkeit stark ausgeprägt, kann das Pay-what-you-want-Prinzip (PWYW) gegenüber feststehenden Preisen vorteilhaft sein. Vgl. Kim et al. (2009), S. 12f. Außerdem ist die soziale Interaktion ein Erfolgsfaktor beim PWYW. Vgl. El Harbi et al. (2011), S. 15. Modelltheoretisch kann zudem gezeigt werden, dass durch eine glaubhafte Androhung von Konsequenzen, wie beispielweise der Wechsel zu einem festen Preisschema, höhere Gewinne mittels PWYW erzielt werden können. Vgl. Mak et al. (2010), S. 37.

[38] Aufgrund eines Rechenfehlers kann dieses Resultat nur für einen bestimmten Definitionsbereich bestätigt werden. Vgl. Hardy (2013), S.25.

3. Weitere Finanzierungsformen junger Unternehmen

3.1 Instrumente

Noch bevor Venture Capital-Gesellschaften in ein Projekt investieren, erhalten Unternehmens- bzw. Existenzgründer Geldmittel häufig von Freunden und Angehörigen („friends and family"), aus Förderprogrammen oder von sogenannten Business Angels. Ein Kredit kommt aufgrund fehlender Sicherheiten der Gründer in aller Regel nicht infrage.[39] Ist *Seed-Stage-Capital*, d.h. Finanzmittel zu einer sehr frühen Phase der Unternehmung, für Forschungs- und Entwicklungsaktivitäten nicht ausreichend vorhanden, entsteht eine Finanzierungslücke („Early-Stage-Gap"),[40] die durch das Crowdfunding geschlossen werden kann (vgl. Abbildung 3. Unternehmensbeteiligungen sind zu diesem Zeitpunkt aber äußerst riskant, da weder ein funktionaler noch ein kommerzieller Erfolg absehbar ist, so dass auch nur bestimmte Arten der Schwarmfinanzierung Anwendung finden.

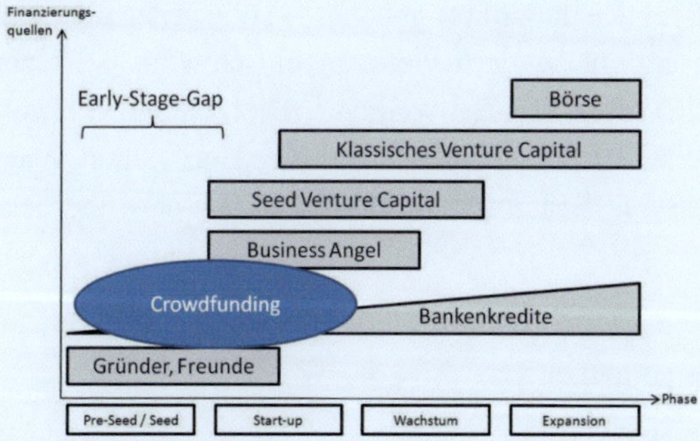

Abbildung 3: Crowdfunding zur Schließung des Early-Stage-Gaps[41]

---

[39] Die häufigsten Gründe für eine Kreditablehnung in Deutschland sind unzureichende Sicherheiten und zu wenig Eigenkapital. Vgl. Zimmermann (2013), S. 36.

[40] Diese Situation wurde durch die Finanzmarktkrise verschärft. Vgl. Block/Sandner (2009).

[41] Quelle: Eigene Darstellung in Anlehnung an Hemer et al. (2011), S. 29.

Bei einem Business Angel handelt es sich typischerweise um einen ehemals erfolgreichen Gründer, der sich sowohl durch seine Fachkenntnisse als auch durch die Bereitstellung von *Early-Stage-Capital* an einer Unternehmung beteiligen möchte.[42] Voraussetzung dafür ist üblicherweise eine abgeschlossene Produktentwicklung, so dass die finanziellen Mittel für Marketingaktivitäten sowie für den Aufbau von Produktionskapazitäten genutzt werden können. Das Gesamtvolumen des investierten Kapitals von Business Angels liegt weit unter dem von Venture Capital-Gesellschaften, da sowohl deren absolute Anzahl als auch das durchschnittliche Investment eines Business Angels geringer sind.[43]

Ist ein wirtschaftlicher Erfolg eines jungen innovativen Unternehmens zu erwarten jedoch keineswegs gewiss, so unterstützen vermehrt Venture Capital-Gesellschaften Start-ups entweder durch voll haftendes Eigenkapital oder in einigen Fällen auch durch Mezzanine-Kapital, wie beispielsweise wandelbare Vorzugsaktien oder Wandelanleihen. Üblich sind hierzulande Minderheitsbeteiligungen von 20 bis 30 %,[44] wobei die Gelder nach einer Anfangsfinanzierung meist gestaffelt (Staging), d.h. erst nach Erreichen einer Zielvereinbarung (Meilenstein), ausgezahlt werden. Durch das bereitgestellte Venture Capital (VC) – auch Wagnis- oder Risikokapital genannt – soll weder eine Zinszahlung noch eine Dividende erzielt, sondern vielmehr ein Gewinn bei einem Verkauf der Beteiligung (Exit) erwirtschaftet werden.[45] Die Haltedauern von Beteiligungen sind üblicherweise 3 bis 10 Jahre.[46] In dieser Zeit stellen Wagniskapitalgeber den betriebswirtschaftlich unerfahrenen Unternehmen überdies Management-

---

[42] Vgl. Wong et al. (2009), S. 222.

[43] Die feststellbaren Business Angel-Investitionen machten im Jahr 2009 3 % (USA) bzw. 7 % (Europa) des VCs aus. Das Angel-Marktvolumen wird aber weitaus größer eingeschätzt. Vgl. Wilson (2011), S. 45.

[44] Vgl. Weitnauer (2001), S. 271 und Hinkel (2001), S. 191.

[45] Bei einem Exit-Ereignis kommt der Verkauf im Zuge eines Börsengangs (*Initial Public Offering*), der Verkauf an einen industriellen Investor (*Trade Sale*), der Verkauf an einen Finanzinvestor (*Secondary Purchase*), der Rückkauf durch den/die unterstützten Gründer (*Buy Back*) oder im schlimmsten Fall die *Liquidation* des Unternehmens in Betracht. Vgl. Stein et al. (2005), S. 125ff.

[46] Vgl. Stein et al. (2005), S. 85ff und Böhler (2004), S. 25.

dienste zum Zweck der Wertsicherung und Wertsteigerung des finanzierten Start-ups zur Verfügung. Im Gegenzug erhalten sie mehr Informations-, Kontroll- und Mitspracherechte als unter anderen Umständen üblich wäre.

3.2 Modelltheoretische Ansätze

Nachfolgend werden einige modelltheoretische Ansätze vorgestellt, die jeweils zwei der soeben erwähnten Finanzierungsmöglichkeiten eines jungen Unternehmens einander gegenüberstellen. Dabei wird herausgearbeitet unter welchen Bedingungen sich ein Gründer für eine bestimmte Finanzierungsoption entschließt.

Ueda (2004) identifiziert in einem dreistufigen Modell Entscheidungskriterien bei der Wahl eines Kapitalgebers. Auf der einen Seite steht einem Unternehmer eine risikoneutrale Bank als Finanzierungspartner zur Verfügung, die aufgrund ihrer unvollständigen Information hinsichtlich der Projektgüte ein Vertragsmenü anbietet. Auf der anderen Seite kann ein Projekt durch einen risikoneutralen VC-Geber finanziert werden, wobei dieser im Zuge der Vertragsanbahnung die Wertigkeit des Projektes erlernt. Der Wagniskapitalgeber ist jedoch in der Lage den Projektinitiator durch Zahlung einer Entschädigungssumme, die von dem Schutzgrad des intellektuellen Eigentums abhängt, zu entmachten. Zu Beginn des sequentiellen Spiels wendet sich der Unternehmer, der mit einem gewissen Vermögen ausgestattet ist, stets an die Bank, um die für seine Geschäftsidee notwendigen finanziellen Mittel einzuwerben. Dabei wird im Erfolgsfall immer ein Kapitalertrag erwirtschaftet, wohingegen der Projektrückfluss bei einem Misserfolg Null ist. Es gibt sowohl gute als auch schlechte Ideen, die sich dahingehend unterscheiden, dass aus ex-ante Sicht nur das hochwertige Projekt im Erwartungswert profitabel ist. Die Bank erhält mittels eines Signals lediglich einen Hinweis auf die Höhe der Erfolgswahrscheinlichkeit, wobei auch das Signal wiederum nur mit einer gewissen Wahrscheinlichkeit korrekt ist. Veranlasst durch den Informationsvorsprung des Unternehmers, der die Erfolgsaussicht seiner Idee kennt, bietet die Bank unterschiedliche Finanzierungskonditionen an, so dass der Kreditnachfrager selbst einen geeigneten Vertrag wählt.[47] Bei der Inanspruchnahme des Kredits dient das Vermögen des Unternehmers als Sicherheit. Um zu verhindern, dass Projekte mit einer niedrigen Erfolgswahrscheinlichkeit realisiert werden, muss gegebenenfalls eine Kompensationszahlung bei Nichtdurchführung geleistet werden. Entscheidet sich der Unternehmer gegen die Bank als Finanzier, kann er das Projekt einem VC-Geber anbieten. Dieser kann aber die Qualität der Idee einschätzen, so dass er schlechte Projekte ablehnt und gute eventuell stielt bzw. gegen Zahlung einer Prämie an den Unternehmer im Alleingang realisiert. Als Resultat wählt der Unternehmer die Bank als Vertragspartnerpartner und nicht den Wagniskapitalgeber, wenn der Schutzgrad des intellektuellen Eigentums gering,[48] das eigene Vermögen groß, der Finanzierungsbedarf klein und die Rendite im Erfolgsfall niedrig ist.

De Bettignies/Brander (2007) stellen in ihrem zweistufigen Modell demgegenüber fest, dass die Motivation des Gründers Arbeitsleistung zu erbringen u.a. von der Wahl des Finanzierungspartners abhängig ist. Unter der Annahme der Notwendigkeit einer Außenfinanzierung stehen dem Unternehmer als externe Finanzquellen hierbei entweder eine Bank oder ein VC-Geber zur Verfügung, zwischen denen er sich zum Zeitpunkt 1 entscheiden muss. Die mit anderen Kreditinstituten konkurrierende Bank ist risikoneutral und fordert neben dem risikolosen Zins eine Ausfallprämie für die Bereitstellung von Fremdkapital, da das Projekt nur mit einer exogen gegebenen Wahrscheinlichkeit zum Erfolg führt. Im Erfolgsfall reichen die Nettorückflüsse aus, um den Nominalbetrag des Kredits vollständig zurückzuzahlen. Andernfalls fällt der Kredit komplett aus. Zum Zeitpunkt 2 wählt der Unternehmer seinen Arbeitseinsatz bei der

[47] Um ein Versagen des (Kredit)-Marktes (vgl. Akerlof (1970), S. 491) zu verhindern, versucht der informierte Marktteilnehmer durch Übermittlung eines Signals die Informationsasymmetrie abzubauen. Da das Signal aber falsch sein kann, verbessert die nach wie vor unvollständig informierte Bank ihre Situation zudem mit Hilfe von *Screening*. Vgl. Spence (1973), S. 358.

[48] Landier (2003) kommt in seinem Modell – im Gegensatz zu Ueda – zu dem Schluss, dass bei einem hohen Schutzgrad der Unternehmer eine Bank als Geldgeber wählt. Das liegt aber daran, dass dort Investoren und nicht Unternehmer vor der Enteignung geschützt werden.

Fremdfinanzierung im Optimum so, dass der erwarteter Grenznutzen seines Einsatzes den damit verbundenen Grenzkosten gleichkommt. Damit sich die Unternehmung für den Gründer lohnt, muss die Produktivität seiner Arbeitsleistung einen bestimmten Schwellenwert überschreiten. Gegenüber einem Wagniskapitalgeber hat der Unternehmer die Verhandlungsmacht und kann somit die Unternehmensanteile aus seiner Sicht optimal festlegen, da der VC-Geber sich ebenfalls gegen Wettbewerber durchsetzen muss. Der gegenseitige Arbeitseinsatz der Teilhaber ergibt sich zum Zeitpunkt 2 endogen und kann von den rationalen Akteuren bereits in $t = 1$ antizipiert werden.[49] Da der Risikokapitalgeber sein Investment in das Projekt auch zum risikolosen Zins anlegen könnte, hat er Opportunitätskosten, die in seiner Auszahlungsfunktion berücksichtigt werden. Zudem entsteht auch bei Misserfolg auf beiden Seiten der Partnerschaft ein irreversibler Arbeitsaufwand. Der VC-Geber weist weiterhin einen Produktivitätsparameter auf, der bekannt ist und nicht dem des Unternehmers entsprechen muss. Im Ergebnis kann gezeigt werden, dass der Gründer bei der Kooperation mit dem Wagniskapitalgeber aufgrund seines gesunkenen Eigentumsanteils am Unternehmen einen geringeren Arbeitseifer zeigt als bei der Finanzierung durch einen Kredit. Die Produktivität des VC-Gebers ist außerdem als wichtige Entscheidungsgröße bei einer etwaigen Eigentumsaufteilung des Unternehmens zu nennen. Ist der Produktivitätsparameter des VC-Gebers hoch, so erhält dieser neben dem Finanzierungsauftrag gegebenenfalls auch mehr Unternehmensanteile als für seine bloße Teilnahme notwendig sind.

In dem dreistufigen Modell von Winton/Yerramilli (2008) werden sowohl die Auswirkung einer asymmetrischen Informationsverteilung zwischen Financiers als auch die Implikation unterschiedlicher Handlungsweisen des Gründers berücksichtigt. Zu Beginn schließt ein finanzschwacher Unternehmer einen Finanzierungsvertrag entweder mit einer Bank oder einer VC-Gesellschaft ab und investiert das erhaltene Geld. Alle Teilnehmer sind risikoneutral. Durch Aufbringung von Überwachungskosten können beide Kapitalgeber den Zustand des Unternehmens zum Zwischenzeitpunkt 1 erlernen. Durch Verweigerung

[49] Neben der Bereitstellung finanzieller Mittel unterstützen VC-Geber eine Unternehmung oftmals mittels einer Beratungsleistung. Damit diese Beratungsleistung zum Projekterfolg beiträgt bzw. einen Mehrwert bringt, ist die finanzielle Verbundenheit des Beraters hilfreich. Vgl. Casamatta (2003), S. 2072.

einer notwendigen Anschlussfinanzierung können die Geldgeber den Gründer zu einer Unternehmensliquidation im schlechten Zustand bewegen. Ansonsten wird das Unternehmen entweder riskant oder sicher fortgeführt, was von der Handlungsweise des Unternehmers abhängt. Im Unterschied zur Bank ist der Wagniskapitalgeber durch zusätzliche Aufwendungen in der Lage einen guten Zustand weiter zu differenzieren („medium" oder „high"). Die erwarteten Investitionsrückflüsse hängen von der jeweiligen Erfolgswahrscheinlichkeit eines Zustands und der gewählten Strategie des Gründers ab. Es stellt sich heraus, dass grundsätzlich die Bank als Finanzierungspartner gewählt wird, außer wenn die erwartete Profitabilität einer riskanten Unternehmensfortführung nicht zu groß, der zusätzliche Überwachungsaufwand gering und die strategische Unsicherheit[50] hoch ist.

Schwienbacher (2007) sieht die Determinanten des Erfolges weniger in der Auswahl des geeignetsten Kapitalgebers oder in der Aufbringung von Arbeitseifer, sondern in der grundsätzlichen Schwierigkeit einen Vertragspartner zu finden und diesen von einer Geschäftsidee zu überzeugen. In dem zweiperiodigen Modell gibt es drei verschiedene Unternehmertypen, die zwischen zwei Finanzierungsstrategien wählen können. Ein *Profit-maximizing-Entrepreneur* (PME) interessiert sich in erster Linie für den erwarteten Gewinn, ein *Lifestyle-Entrepreneur* (LSE) möchte zudem größtmögliche Unabhängigkeit erreichen und ein *Serial-Entrepreneur* (SE) orientiert sich an der Erfolgsaussicht eines Projektes.[51] Die Unternehmer können entweder abwarten in der Hoffnung innerhalb einer bestimmten Frist einen VC-Geber zu finden, der einen ausreichend großen Betrag in ihr Unternehmen investiert (*Wait-and-see-Strategie*), oder das Projekt mit eigenen unzureichenden Geldmitteln – sofern vorhanden – bis zur Erfüllung eines Meilensteins vorantreiben (*Just-do-it-Strategie*). Sowohl das Auffinden eines Wagniskapitalgebers – ohne bereits einen Projektfortschritt erzielt zu haben – als auch das Erreichen des Meilensteins sind unsicher. Wird indes ein VC-Geber aufgetrieben und ist man sich über die Vertragsausgestal-

[50] Hohe strategische Unsicherheit bedeutet in diesem Zusammenhang, dass die Entscheidung für eine Aktion bzw. Strategie in Abhängigkeit des tatsächlichen Subzustands große Auswirkungen hat. Vgl. Winton/Yerramilli (2008), S. 53.

[51] Vgl. Vinturella/Erickson (2003), S. 2.

tung einig, ist ein Projekterfolg garantiert.[52] Aufgrund der unterschiedlichen Ziele der Gründer kann gezeigt werden, dass ein *Serial-Entrepreneur* meist abwarten wird, da er um eine hohe Reputation bemüht ist. Demgegenüber bevorzugt der nach Unabhängigkeit strebende *Life-style-Entrepreneur* die schnelle Realisierung des Vorhabens. Die Handlungsweise des *Profit-maximizing-Entrepreneurs* wird in dem Modell als First-best-Lösung bezeichnet und hängt im hohen Maße von der Parameterkonstellation ab. Haben die Unternehmer keine eigenen finanziellen Ressourcen, um die *Just-do-it-Strategie* durchzuführen, investiert ein Business Angel gegebenenfalls einen kleinen Geldbetrag zum Zweck der Zwischenzielerreichung und erhält im Gegenzug Unternehmensanteile. Beim Vertragsabschluss mit einem Business Angel und gleichzeitigem Abwarten entsteht ein Fehlanreiz (Postponement-Effekt), da bei missglückter Suche nach einem weiteren (Groß)-Investor das Unternehmen anteilig liquidiert wird. Mit anderen Worten erhält dann ein Unternehmer eine Auszahlung ohne etwas dafür getan zu haben. Diesem Fehlanreiz kann durch ein geeignetes Vertragswerk begegnet werden, indem der Business Angel entweder im Liquidationsfall vorrangig bedient wird oder eine hohe Seniorität genießt.

Fairchild (2011) zeigt in seinem Modell, dass synergetische Effekte auf der einen Seite und Empathie auf der andern Seite eine wichtige Rolle bei der Wahl eines Geschäftspartners spielen. Zu Beginn der ersten Periode entscheidet sich ein risikoneutraler Unternehmer unter ökonomischen sowie auf Vertrauen und Empathie basierenden Entscheidungskriterien entweder für einen VC-Geber oder einen Business Angel als Finanzier, da er keine eigenen finanziellen Ressourcen aufweist. Die ebenfalls risikoneutralen potentiellen Geldgeber konkurrieren um die Partnerschaft und investieren gegebenenfalls mehr finanzielle Mittel als für eine Realisierung notwendig wäre. Aus ex-ante Sicht kann die Erfolgswahrscheinlichkeit eines Projektes durch beidseitige Arbeitsintensität

[52] Die Verhandlungsmacht des Gründers ist dabei von mehreren Faktoren, wie beispielsweise der Anzahl an Konkurrenten auf einem VC-Markt, der für die Projektrealisierung verbleibenden Zeit und dem Projektfortschritt, abhängig. Durch das Erreichen von Zwischenergebnissen kann ein Gründer das Interesse mehrerer Risikokapitalgeber wecken. Vgl. Hellmann (2007), S. 100 und Festel/Kratzer (2012), S. 20.

und den Grad komplementärer Kompetenzen[53] gesteigert werden. Ersteres ist für jeden Partner mit der gleichen quadratischen Kostenfunktion in Abhängigkeit vom Arbeitsaufwand verbunden und letzteres ist zwischen Unternehmer und VC-Geber höher zu bewerten. Zum Zeitpunkt 1 wählen die Geschäftspartner ihren Einsatz simultan, ohne die Handlungen des jeweils anderen beobachten zu können, wodurch ein beidseitiges Moral-Hazard-Problem[54] entsteht. Zudem kann im Laufe der Periode 2 das Projekt bzw. der Projektfortschritt von beiden Parteien gestohlen werden, wobei sich dann aber in $t = 3$ ein geminderter Rückfluss im Erfolgsfall ergibt. Bei einem Misserfolg erhalten beide Teilhaber eine Auszahlung von Null. Wählen beide Spieler die gleiche Strategie, werden die Rückflüsse eines erfolgreichen Projektes gleichmäßig aufgeteilt. Demgegenüber geht der kooperierende Partner beim einseitigen Stehlen leer aus. Die Beziehung zwischen Business Angel und Unternehmer ist außerdem durch wechselseitige Empathie[55] gekennzeichnet, sofern sich die Partner vertrauen und zusammenarbeiten. Das Spiel wird durch Rückwärtsinduktion gelöst. Dabei maximiert der Unternehmer seine erwartete Auszahlungsfunktion unter einer Teilnahmebedingung der konkurrierenden Kapitalgeber, die mindestens einen erwarteten Nutzen von Null aufweisen müssen. Im Ergebnis kann gezeigt werden, dass sich in Abhängigkeit von Empathie und Synergiepotential ein ineffizienter Bereich ergeben kann, bei dem sich der Unternehmer für den Business Angel als Geschäftspartner entscheidet, obwohl der erwartete Firmenwert dabei geringer ausfällt. Bei der Finanzierung durch einen VC-Geber stellt beidseitiges Stehlen ein Nash-Gleichgewicht dar und der optimale Arbeitseinsatz beider Akteure steigt mit dem Synergiewert und dem ge-

[53] Ein gutes Zusammenwirken zweier Partner fördert in einem wenig kompetitiven Marktumfeld meist neben den Erfolgsaussichten eines Projektes auch den Marktwert eines Start-up-Unternehmens. Vgl. Inderst/Müller (2004), S. 17f.

[54] Repullo/Suarez (2004) untersuchen die optimale Ausgestaltung eines Finanzierungsvertrages unter dem Aspekt des beidseitigen Moral-Hazard-Problems und mehrerer Finanzierungsrunden.

[55] In der wissenschaftlichen Literatur im Bereich Psychologie wird gegenseitige Empathie oftmals auch als Sympathie bezeichnet. Vgl. Wispé (1986), S. 318. Sally (2001) merkt an, dass Sympathie sowohl durch die psychische als auch durch die physische Distanz zwischen zwei Akteuren beeinflusst wird und in der Spieltheorie berücksichtigt werden sollte.

minderten Rückfluss eines erfolgreichen Projektes, sinkt hingegen mit einem Wertschöpfungsfaktor der Arbeit. Ist die gegenseitige Empathie zwischen Business Angel und Unternehmer groß, kooperieren die Partner und wählen lediglich im „effizienten Bereich" eine höhere Arbeitsintensität.

Im Gegensatz dazu merkt Schwienbacher (2013) an, dass ein höherer Synergiewert über mehrere Finanzierungsphasen hinweg bei einem Vertragsschluss mit einem Generalisten schlichtweg durch fehlende Kompetenzen eines Frühphasenspezialisten entsteht.[56] Unter der Annahme, dass sich sämtliche Investoren in einem kompetitiven Marktumfeld bewegen und alle Akteure des mehrstufigen Modells risikoneutral sind, wählt ein kapitalloser Unternehmer für zwei aufeinanderfolgende Finanzierungsrunden jeweils zwischen einem Spezialisten und einem Generalisten als Vertragspartner. Als Gegenleistung für die Kapitalbereitstellung erhalten Investoren Unternehmensanteile, wobei alle potentiellen Geldgeber im Basismodell in der Lage sind gegebenenfalls beide Runden zu finanzieren. Nach der Frühphasenfinanzierung (erste Runde) gibt es ein akkurates öffentliches Signal hinsichtlich des Projektzustands, dessen Eintrittswahrscheinlichkeit aber durch einen Arbeitseinsatz des gewählten Investors während der ersten Phase beeinflusst werden kann. Im Unterschied zum Generalisten hat der Spezialist Expertise nur im Bereich der Frühphasenfinanzierung und muss einen Reputationsverlust hinnehmen, wenn er auch Geldgeber der zweiten Runde ist.[57] Erzeugt der Unternehmer – durch eine hohe Beteiligungsquote – eine ausreichende Motivation beim Investor Arbeitseinsatz zu leisten, stellt sich der gute Zustand nach einem ersten Investment mit einer höheren Wahrscheinlichkeit ein, als wenn er ihm nur die für die bloße Teil-

[56] Als Spezialist wird hier ein VC-Geber bezeichnet, der sich auf eine frühe Investitionsrunde fokussiert hat. Das könnte auch ein Business Angel sein, sofern er die in dem Modell beschriebenen Anforderungen erfüllt.

[57] Es kann sowohl modelltheoretisch als auch empirisch gezeigt werden, dass die Abweichung vom Kompetenzbereich einer Investmentgesellschaft (*Style Drift*) aufgrund des schlechten Signals für Nachfolgeaufträge ungewöhnlich ist. Das gilt besonders für junge Funds. Vgl. Cumming et al. (2009), S. 673. Bei Corporate Venture Capital Programmen können Lerneffekte nur bei einem Engagement in späten Finanzierungsphasen erzielt werden. Vgl. Yang et al. (2009), S. 270. Daraus kann ein Wettbewerbsnachteil von Frühphasenspezialisten gegenüber Generalisten bei späten Finanzierungsrunden abgeleitet werden.

nahme notwendigen Anteile anbietet. Als Resultat ergibt sich, dass der Spezialist unter bestimmten Voraussetzungen[58] angereizt wird einen entsprechenden Einsatz zu zeigen und der Generalist nicht. Die Entscheidung für den Finanzierungspartner der ersten Runde hängt dann u.a. von der Kompensation für diesen Arbeitseifer und der damit verbundenen Verbesserung der relativen Erfolgswahrscheinlichkeit ab. Zudem kann gezeigt werden, dass ein Spezialist aufgrund seiner eingeschränkten Kompetenzen und der Konkurrenz im guten Zustand die zweite Runde bei einem optimistischen Signal nie finanzieren wird.

Die vorgestellten modelltheoretischen Beiträge im Bereich der Gründungsfinanzierung untersuchen die Handlungsweisen finanzschwacher Projektinitiatoren. Auf der einen Seite beleuchten die Modelle die Beziehung zwischen Vertragsparteien und auf der anderen Seite konkurrieren Kapitalgeber um eben jenen Finanzierungsauftrag. Vernachlässigt wird dabei aber immer die Rolle der Konsumenten. Beim Crowdfunding ist indes das Verhältnis zwischen Unternehmer und Unterstützer von entscheidender Bedeutung, so dass nachfolgend die für diese Beziehung wichtigen Aspekte beschrieben werden. Die soeben aufgeführten Entscheidungskriterien werden in Kapitel 6 noch einmal aufgegriffen und im Zusammenhang mit den Modellerweiterungen des Crowdfundings diskutiert.

Wie bereits in Kapitel 1 und 2 angedeutet zeichnen sich Finanzierungsaufrufe auf standardisierten Crowdfunding-Plattformen meist durch eine qualitativ oder zeitlich differenzierte Preisgestaltung aus. Um den Einfluss der Preisdiskriminierung auf den Unternehmensgewinn eines Monopolisten für unterschiedliche Arten der Produktfinanzierung durch Crowdfunding analytisch untersuchen und vergleichen zu können, werden in Abschnitt 3.3 modelltheoretische Grundlagen der Preisdiskriminierung 2. Grades vorgestellt. In einem zweiten Schritt (Ab-

[58] Unter den Annahmen, dass sich eine Spätphasenfinanzierung für keinen *neuen* Investor im schlechten Zustand aufgrund hoher Due Diligence-Kosten lohnt und der Spezialist sich auch bei einem pessimistischen Signal trotz Reputationskosten weiterhin engagieren wird, fordert dieser weniger Anteile für seinen Arbeitseifer als der Generalist in der ersten Runde. Finanzieren Inverstoren auch im schlechten Zustand die zweite Runde, erhalten sie alle Unternehmensanteile und der Gründer zieht lediglich einen positiven Nutzen aus der Verwirklichung seiner Projektidee.

schnitt 3.4) wird dieses Konzept im Zusammenhang mit der traditionellen Produktfinanzierung beziehungsweise mit dem Modell von Belleflamme/Lambert/Schwienbacher (2011) untersucht.

3.3 Preisdiskriminierung 2. Grades

Individuelle Zahlungsbereitschaften können bei der Preisdiskriminierung 2. Grades nur durch unterschiedliche Produktgestaltung eines generischen Typs befriedigt werden. Heterogene Konsumenten offenbaren ihre Präferenzen dabei anhand eigener Wahl einer bestimmten Menge, Qualität oder eines Kaufzeitpunktes (Selbstselektion).[59] Durch eine solche endogene Auswahl einer Produktvariation erhöht sich meist auch der Gewinn eines Monopolisten.[60]

Mussa/Rosen (1978) vergleichen in ihrem Modell den Gewinn eines Monopolisten mit dem eines Unternehmens im Marktumfeld mit Wettbewerb aber ohne Markteintrittsbarrieren. Beide Typen vertreiben vertikal differenzierte Produkte an anonyme, heterogene Konsumenten, die maximal ein Produkt kaufen und sich durch Selbstselektion einer Qualität-Preis-Kombination zuordnen. Die Unternehmen weisen eine konvexe Grenzkostenfunktion in Abhängigkeit von der Qualität auf. Eine Mengenerhöhung ist hingegen mit keinen zusätzlichen Kosten verbunden. Potentielle Konsumenten sind durch eine Budgetrestriktion eingeschränkt, durch einen entsprechenden Geschmacksparameter charakterisiert, der zwischen 0 und 1 gleichverteilt ist, und besitzen alle die gleiche, in θ linear steigende Nutzenfunktion. Es zeigt sich, dass ein Monopolist eine größere Produktvielfalt im Vergleich zu einem konkurrierenden Unternehmen anbietet. Das hat zur Folge, dass eine bestimmte Konsumentengruppe (Segment) eine niedrigere Qualität für den gleichen Preis wie bei einem Unternehmen unter Wettbewerb erhält. Mit anderen Worten schöpft der Monopolist einen Teil der Konsumentenrente ab und verhindert somit den Konsum von potentiellen Käufern, bei denen das Produkt den Geschmack weniger trifft. Im Ergebnis ist die Preisdiskriminierung 2. Grades aus Sicht eines Monopolisten nicht nur

---

[59] Vgl .Varian (2001), S. 424f.

[60] Vgl. Tirole (1988), S. 142 ff.

im Vergleich zu Unternehmen mit Konkurrenten profitabler, sondern auch gegenüber einheitlicher Preisfestsetzung.

Salant (1989) stellt eine Verbindung zwischen dem soeben beschriebenen Modell und der Untersuchung von Stokey (1979) her, der eine intertemporale Preisdiskriminierung betrachtet. Er stellt dabei fest, dass bei linearen Nutzen- und Grenzkostenfunktionen sowie einer endlichen Anzahl anonymer, heterogener Konsumenten eine Preisdifferenzierung, sowohl bezüglich der Qualität als auch eine zeitliche, suboptimal ist. In Bezug auf Informationsgüter (z.B. Bücher, Filme und Musik) wird dieses Ergebnis in weiteren Analysen bestätigt.[61] Eine kennzeichnende Eigenschaft solcher Objekte ist nämlich, dass sich die Grenzkosten nicht signifikant mit einem Anstieg der Qualität erhöhen.[62]

Bhargava/Choudhary/Krishnan (2000) untersuchen in ihrem Modell die vertikale Produktvariation und Preisgestaltung eines monopolistischen Informationsintermediärs (Vermittler) für anonyme Produktnachfrager, deren Nutzenfunktion bekannt und linear ist.[63] Der Vermittler stellt einer Reihe von unterschiedlichen Konsumententypen, die auf dem Einheitsintervall gleichverteilt sind, lediglich zwei Qualität-Preis-Kombinationen bereit. Dabei müssen die Konsumenten für eine bessere Informationsqualität einen höheren Preis entrichten und vice versa. Ihr Nutzen steigt zudem mit der Anzahl an Produktanbietern, die sich wiederum eine zukünftige Gewinnerhöhung von ihrem Engagement versprechen. Die Partizipation der Anbieter hängt demnach von ihren Erwartungen bezüglich der Kundenbindung und der zu entrichtenden Teilnah-

[61] Vgl. z.B. Jones/Mendelson (1998), Varian (1992) und Meyer (1996).

[62] Varian/Shapiro (1999), S. 23 ff. gehen davon aus, dass die Grenzkostenfunktion in Abhängigkeit von der Produktqualität bei Informationsgütern gleich Null ist.

[63] Bhargava/Choudhary (2001) kommen zu dem Schluss, dass unter den gleichen Annahmen Preisdiskriminierung 2. Grades bei konkaven- und bei den meisten konvexen Nutzenfunktionen eine dominante Strategie darstellt. Dieses Ergebnis ist unabhängig von der Ausgestaltung der Grenzkostenfunktion.

megebühr ab. Ist ein solcher Netzwerkeffekt[64] für die Konsumenten nicht vorhanden, so stellt die vertikal differenzierte Produktgestaltung bei Grenzkosten von Null eine nachteilige Strategie für den Monopolisten dar und er bietet das Produkt nur mit einer hohen Qualität an. Demgegenüber führte eine konvexe Grenzkostenfunktion auch ohne eine Nutzenerhöhung durch die Anwesenheit vieler Anbieter zu einer Preisdiskriminierung 2. Grades.[65] Eine solche Situation ist allerdings, wie bereits angedeutet, bei Informationsgütern unüblich. Interessant ist aber, dass es bei Netzwerkexternalitäten, die auch durch einen – mit der Anzahl der Anbieter anwachsenden – zweiten Summanden in der Nutzenfunktion der potentiellen Käufer beschrieben werden kann, trotz marginaler Kosten von Null zu einer Preisdifferenzierung kommen kann. Dabei ist nicht nur die reine Existenz eines solchen zusätzlichen Summanden in einer linearen Nutzenfunktion eines Nachfragers für die Segmentierung von entscheidender Bedeutung, sondern ihr Wert hat auch großen Einfluss auf den Unternehmensgewinn eines Monopolisten. Wertschätzt ein Kunde des Vermittlers eine breite Masse an Produktanbietern nämlich mehr als eine geringe, so steigt auch der Gewinn ceteris paribus.

Belleflamme/Lambert/Schwienbacher (2011) machen von diesen Eigenschaften linearer Nutzenfunktionen mit einem zweiten Summanden Gebrauch, um eine gewinnmaximierende Preisdiskriminierung 2. Grades auch bei Grenzkosten von Null herbeizuführen. Eine solche Preisgestaltung gewährleistet in ihrem Modell nämlich eine Finanzierung ohne die Aufnahme von Fremdkapital, sofern der Kapitalbedarf gering ist.

3.4 Traditionelle Produktfinanzierung nach Belleflamme et al. (2011)

Der zentrale Gegenstand der hier vorliegenden Arbeit ist eine Erweiterung der Modelle von Belleflamme et al. Deshalb werden als Ausgangspunkt einer spä-

[64] Zwar wird an dieser Stelle von einem Netzwerkeffekt gesprochen, die Erhöhung des individuellen Nutzens eines Nachfragers resultiert aber nicht aus einer positiven Rückkopplung ihrer eigenen Teilnahme, sondern aus einer quantitativen Anwesenheit Dritter (indirekter Netzwerkeffekt).

[65] Die erste Aussage bestätigt dabei das Ergebnis von Stokey (1979) und Salant (1989), wohingegen letztere dem Resultat von Mussa/Rosen (1978) entspricht.

ter folgenden Modellerweiterung (siehe Kapitel 5) im weiteren Verlauf dieses Abschnitts die Annahmen des zweistufigen Modells von Belleflamme/Lambert/Schwienbacher (2011) beschrieben, um anschließend deren analytische Ergebnisse in Bezug auf die traditionelle Produktfinanzierung (TF) vorzustellen. In Abschnitt 4.1 werden ihre Schlussfolgerungen im Zusammenhang mit dem Crowdfunding betrachtet und verglichen.

Dem Modell liegt der Gedanke zugrunde, dass ein monopolistischer Anbieter die Fertigung eines innovativen Objekts,[66] das von einer endlichen Anzahl heterogener Konsumenten nachgefragt wird, durch externe Quellen finanzieren möchte.[67] Dabei verfolgt der Monopolist das Ziel der Gewinnmaximierung. Demgegenüber kaufen potentielle Konsumenten maximal eine Einheit eines Produktes, sofern ihr Nutzen dadurch anwächst. Diese Kunden weisen eine lineare Nutzenfunktion auf und sind durch einen Geschmacksparameter θ charakterisiert, der auf dem Einheitsintervall gleichverteilt ist ($\theta \in [0,1]$). Zudem haben sie eine homogene Basiswertschätzung $R > 0$ bezüglich des Gutes. Jeder Anstieg des Qualitätsniveaus S wird individuell durch θ gewichtet, so dass der Geschmacksparameter auch als Grenznutzen einer Zunahme der Produktqualität bezeichnet werden kann. Der Kauf eines Produktes kostet den Preis p. Damit kann der Nettonutzen U eines Mitglieds der Zielgruppe durch $U = R + S\theta - p$ beschrieben werden. Alle Akteure des Modells sind rational, risikoneutral und haben Kenntnis über die Verteilung von θ, können einen bestimmten Geschmacksparameter aber nicht einem Individuum zuordnen. Die Basiswertschätzung und auch die Qualität des Gutes sind exogen gegeben und allen Beteiligten bereits vor Produktionsbeginn bekannt. Eine Erhöhung der Produktqualität ist mit keinen zusätzlichen Kosten verbunden, so dass die Grenzkosten

[66] Mit dem Begriff „Objekt“ sind alle Erzeugnisse gemeint, die ein Unternehmen hervorbringen könnte. Im weiteren Verlauf der Ausarbeitung werden diese auch als Produkte oder Güter bezeichnet. Eine Spezifizierung dieser *Objekte* erfolgt erst in Abschnitt 6.3.

[67] Das Unternehmen hat keine eigenen finanziellen Ressourcen und ist daher auf die Außenfinanzierung angewiesen.

Null sind.[68] Allerdings muss das Unternehmen durch den Verkauf des Gutes mindestens die Fixkosten der Produktion K decken.

Für das Szenario der traditionellen Produktfinanzierung, z.B. durch einen Kredit, stellt sich der Ablauf in Abbildung 4 dar:

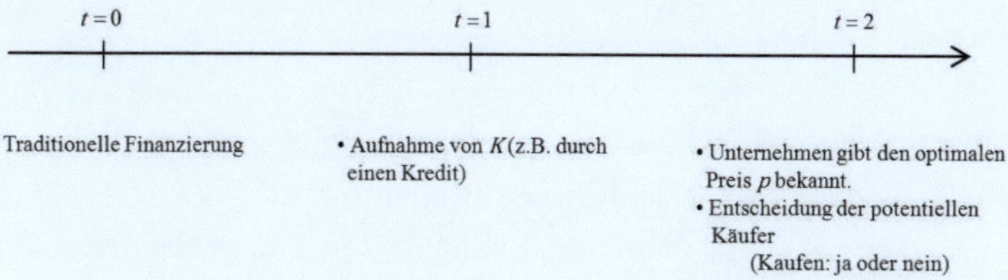

Abbildung 4: Handlungsverlauf der traditionellen Finanzierung

Gegeben das Unternehmen entscheidet sich in $t = 0$ für die traditionelle Finanzierung, dann nimmt es in $t = 1$ das für die Produktion benötigte Startkapital K zum Zinssatz von Null[69] auf, stellt das Gut her und verkauft es in $t = 2$ zum einheitlichen Preis p an diejenigen Konsumenten, die daraus einen positiven Nutzen ziehen. Die bisweilen lange Zeitspanne zwischen Kreditaufnahme und Verkauf wird durch einen Diskontfaktor $0 \leq \delta < 1$ berücksichtigt, der für alle Akteure gleich ist. Somit maximiert der Monopolist den Barwert seines Gewinns in $t = 1$ und die potentiellen Kunden entscheiden sich auf Grundlage des Preises p zum Zeitpunkt 2 für oder gegen einen Kauf. Dabei entsteht ein Schwellenwert für θ, der den indifferenten Kunden kennzeichnet (Teilnahmebedingung (PC)).

$$R + \theta S - p \geq 0 \Leftrightarrow \theta \geq \frac{p - R}{S} \equiv \hat{\theta} \qquad (3.4\text{-}1)$$

[68] Der Monopolist ist aber nur durch eine Crowdfunding-Kampagne in der Lage eine vertikale Produktdifferenzierung herbeizuführen (siehe Abschnitt 4.1). Zudem sind die Grenzkosten hinsichtlich der Produktionsmenge ebenfalls Null.

[69] An dieser Stelle gehen Belleflamme et al. nicht näher auf dieses Konstrukt ein, so dass von einer Beschränkung der Fremdkapitalaufnahme ausgegangen werden muss, was in Abschnitt 4.1.4 weiter diskutiert wird. Risikoneutrale Akteure hätten ohne eine solche Restriktion nämlich einen Anreiz Fremdkapital zum Zinssatz von Null unbegrenzt aufzunehmen, um es anschließend riskant anzulegen, sofern dadurch eine höhere erwartete Rendite erzielt werden kann.

Da der Geschmacksparameter $\theta \in [0,1]$ und gleichverteilt ist, kann die normierte Nachfrage durch $D(p) = 1 - \hat{\theta}$ bzw. $D(p) = 1 - (p - R)/S$ beschrieben werden. Der Monopolist maximiert folgende Zielfunktion:

$$\Pi(p) = \max_p \delta p \underbrace{\left(1 - \frac{(p - R)}{S}\right)}_{D(p)} - K \tag{3.4-2}$$

Der optimale Preis aus Sicht des Unternehmens ergibt sich demzufolge zu $p^* = (R + S)/2$, wodurch der Nachfrage-Schwellenwert $\hat{\theta}^* = (S - R)/2S$ beträgt. Es ist zu erkennen, dass dabei die Bedingung $R \leq S$ gelten muss. In $t = 2$ ergibt sich also ein Umsatz von $p^*(1 - \hat{\theta}^*)$, was in der nachfolgenden Gewinnfunktion (Netto-Gewinn) resultiert:

$$\Pi_T = \begin{cases} \delta \dfrac{(R + S)^2}{4S} - K & mit\ K < \delta \dfrac{(R + S)^2}{4S} \equiv K_T \\ 0 & anderenfalls \end{cases}$$

Die Gesamtmenge aller *potentiellen* Konsumenten kann als Zielgruppe verstanden werden und ist auf 1 normiert. Daher entspricht $1 - \hat{\theta}^* = (S + R)/(2S)$ gleichzeitig der Menge n_r der „regulären" Käufer. Die Menge der Nicht-Konsumenten sei $n_o = 1 - n_r$.

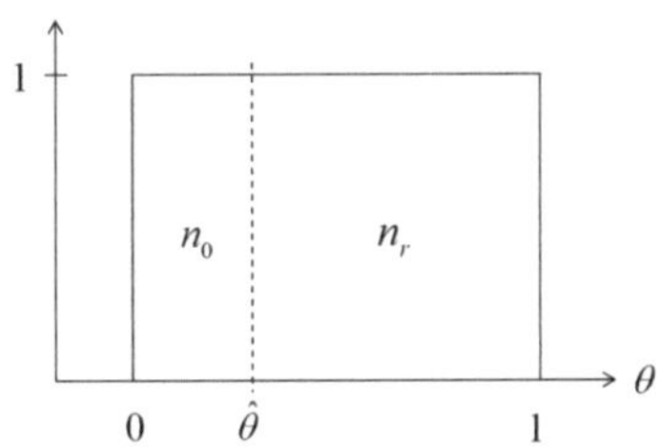

Abbildung 5: Gruppenstärke der regulären Käufer

Wäre zum Beispiel die Gesamtmenge aller Konsumenten gleich N, so betrüge die Menge der regulären Käufer $n_r N = N_r$. Angesichts der Normierung kann das Ergebnis der Maximierung also sowohl als Gesamtgewinn als auch als Gewinn pro Mitglied der Zielgruppe interpretiert werden. Im folgenden Kapitel wird dieses Grundmodell um die Möglichkeit des Crowdfundings erweitert.

4. Modelltheoretische Ansätze zum Crowfunding

Der modelltheoretische Ansatz von Belleflamme/Lambert/Schwienbacher (2011) sowie deren Überarbeitung von 2014 stellt auf dem Gebiet des Crowdfundings eine Pionierarbeit dar. Dementsprechend wird zunächst in Abschnitt 4.1, aufbauend auf Abschnitt 3.4, das Modell aus dem Jahr 2011 für den Fall des Ex-ante-Crowdfundings (EaC) detailliert vorgestellt. Die Autoren untersuchen dabei, unter welchen Umständen eine Crowd-funding-Kampagne traditionellen Formen der Finanzierung vorzuziehen ist. Aufgrund einer qualitätserhöhenden besonderen Konsumerfahrung der Unterstützer beim EaC kann ein Monopolist mittels Preisdiskriminierung einen großen Teil dieses Mehrwerts abschöpfen. Eingeschränkt wird er dabei lediglich durch die Höhe des benötigten Startkapitals.

In Abschnitt 4.2 wird die Modellüberarbeitung von Belleflamme/Lambert/Schwienbacher (2014) beschrieben. Hierbei werden weitere restringierende Annahmen getroffen, die das Modell stark vereinfachen. Zudem stellen die Autoren einen Vergleich zwischen unterschiedlichen Arten der Schwarmfinanzierung an und beziehen Informationsasymmetrien mit ein.

4.1 Modell von Belleflamme/Lambert/Schwienbacher (2011)

Aufbauend auf den in Abschnitt 3.4 dargelegten Annahmen des Modells und der Beschreibung der traditionellen Produktfinanzierung werden nachfolgend die Ergebnisse für das Ex-ante-Crowdfunding präsentiert und kritisch gewürdigt.

4.1.1 Modellaufbau

Jedes Mitglied der Zielgruppe[70] kann ein generisches Produkt nicht nur regulär kaufen (also erst bei Zulieferung zahlen), sondern stattdessen auch durch Vorabbezahlung des Preises p_1 in $t = 1$ vorbestellen. Dabei richtet sich die Höhe

[70] Die *potentiellen* Kunden müssen hier folgende Kriterien erfüllen: Kenntnis über einen Finanzierungsaufruf, Konsumabsicht und Bedarf von nur einer Einheit.

dieses Preises nach dem Kapitalbedarf des Unternehmens und der erwarteten Anzahl der Kapitalgeber, also des erwarteten Anteils $n_c^e \in [0,1]$ der Crowdfunder an der Zielgruppe. Diese Vorbesteller erhalten durch ihre Unterstützung eine nutzenerhöhende Zusatzqualität σ, die auch als besondere Konsumerfahrung verstanden werden kann.[71] Eine Voraussetzung für deren Entstehung ist, dass es eine Mindestanzahl ρ regulärer Käufer gibt ($n_r \geq \rho \; mit \; \rho > 0$), von denen sich die Crowdfunder abgrenzen können und sich dadurch „privilegiert" fühlen. Diese wird im Folgenden als formation constraint (FC) bezeichnet.

So erhielten beispielsweise Unterstützer des durch Crowdfunding finanzierten Kinofilms „Iron Sky" neben einer VIP Eintrittskarte für die deutsche Premiere auch eine namentliche Erwähnung im Abspann des Filmes.[72] Es ist davon auszugehen, dass diesen Konsumenten nur durch die Existenz regulärer Kinobesucher ein Mehrwert entstand.

Das erweiterte Konsumerlebnis im Modell ist homogen und kann kostenneutral erzeugt werden, wird aber von unterschiedlichen Vorbestellern anders wahrgenommen. Damit ergibt sich die empfundene Produktqualität eines bestimmten Kapitalgebers (j) beim Crowdfunding zu $\theta_j(S + \sigma)$ mit $\sigma > 0$, sofern $n_r \geq \rho$ gilt, ansonsten ist $\sigma = 0$.

Der Handlungsablauf des Ex-ante-Crowdfundings wird in Abbildung 6 anschaulich gemacht:

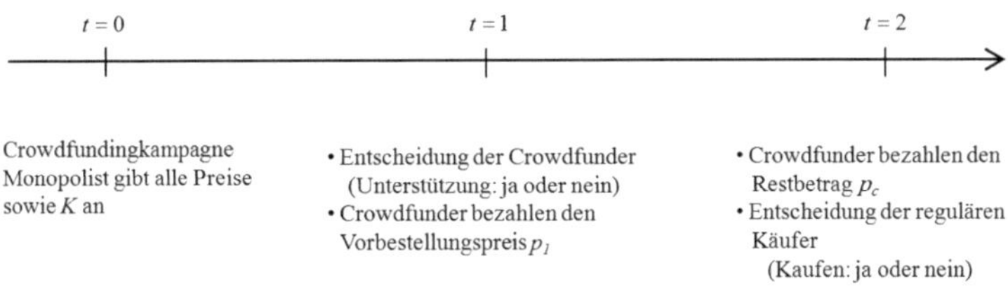

Abbildung 6: Handlungsverlauf des Ex-ante-Crowdfundings

[71] In Kapitel 2 wurden bereits einige Studien beschrieben, die für die Existenz eines solchen Zusatznutzens sprechen.

[72] Vgl. http://www. startnext.de/iron-sky2.

Es ist unerheblich, ob die Crowdfunder in $t = 1$ einen Gesamtpreis in Höhe von $p_1 + \delta p_c$ entrichten müssen oder zum Zeitpunkt 1 nur den Preis für die Vorbestellung (p_1) zahlen, um dann bei Erhalt des Gutes den Restbetrag p_c zu begleichen. Reguläre Käufer entscheiden sich zum Zeitpunkt 2 für oder gegen einen Kauf zum Preis p_r. Um aber auf eine Ex-post-Preisdiskriminierung 2. Grades eingehen zu können, wird nachfolgend stets die zweite Variante – also die Zahlung eines Restbetrags in $t = 2$ – modelliert. Dabei lässt die Modellstruktur sowohl $p_r = p_c$ als auch $p_r \neq p_c$ zu.[73]

4.1.2 Entscheidungsgrundlage potentieller Konsumenten

Unter der Annahme, dass Unterstützer eine Konsumentscheidung auf Grundlage ihrer Erwartungen bezüglich der Anzahl an Vorbestellern (n_c^e) treffen, werden nachfolgend nur Gleichgewichtszustände betrachtet, in denen sich diese Erwartungen auch als richtig herausstellen (fullfilled-expectation approach[74]). Dabei wirkt sich eine Erhöhung von n_c^e positiv auf den Nutzen eines Kapitalgebers aus. Es gibt zwei Situationen, in denen es zu einem Nash-Gleichgewicht kommt: Zum einen kann $n_c^e = 0$ sein, was zu einem Finanzierungsabbruch führen würde, wohingegen $n_c^e > 0$ in einen positiven Vorbestellungspreis resultierte, der mindestens das benötigte Startkapital decken müsste ($p_1 n_c^e \geq K$). Für den zweitgenannten Gleichgewichtszustand und unter der Annahme, dass der Monopolist in $t = 1$ nicht mehr Kapital als notwendig einsammelt,[75] ergibt sich ein Vorbestellungspreis von $p_1 = K/n_c^e$. Die Konsumentscheidung eines Individuums hängt dann von einem Vergleich der drei Optionen – Vorbestellung, regulärer Kauf oder keine Aktion – ab.

$$U_c^e \geq U_r^e \geq 0 \Leftrightarrow -\frac{K}{n_c^e} + \delta(R + \theta(S + \sigma) - p_c) \geq \delta(R + \theta S - p_r) \geq 0$$

---

[73] Die unterschiedlichen Konsumenten können den Preisunterschied in $t = 2$ nicht ausnutzen (Arbitrage), da das Unternehmen die Crowdfunder zu diesem Zeitpunkt bereits identifiziert hat. Zudem ist davon auszugehen, dass ein verbindlicher Kaufvertrag in $t = 1$ geschlossen wird.

[74] Vgl. Katz/Shapiro (1985), S. 425 ff.

[75] Das gilt nur unter der Bedingung, dass der Fall „take the money and run" ausgeschlossen ist. Diese Situation wird in Abschnitt 4.1.4 ausführlich beschrieben.

$$\Leftrightarrow \theta \geq \frac{K}{\delta\sigma n_c^e} - \frac{\Delta}{\sigma} \equiv \bar{\theta}(n_c^e) \geq \hat{\theta} \quad mit\ \Delta \equiv p_r - p_c \tag{4.1-1}$$

Alle Akteure mit $\theta \geq \bar{\theta}(n_c^e)$ bestellen ein Produkt mit verbesserter Qualität $(S+\sigma)$ vor. Im Gleichgewicht (GG) gilt $n_c = n_c^e$, wobei die tatsächliche Anzahl an Crowdfundern hier auch mit Hilfe des zwischen Kauf und Vorbestellung indifferenten Kunden $\bar{\theta}$ beschrieben werden kann. Dies resultiert in einer quadratischen Gleichung:

$$n_c = \underbrace{1 + \frac{\Delta}{\sigma} - \frac{K}{\delta\sigma n_c}}_{1-\bar{\theta}} \Leftrightarrow n_c = \frac{\left(1+\frac{\Delta}{\sigma}\right)}{2} \pm \sqrt{\frac{\left(1+\frac{\Delta}{\sigma}\right)^2}{4} - \frac{K}{\delta\sigma}} \tag{4.1-2}$$

Da der Wurzelterm nicht negativ werden darf, hat die quadratische Gleichung aus (4.1-2) nur unter der nachfolgenden Bedingung reelle Lösungen.

$$\Delta \geq \sigma\left(2\sqrt{\frac{K}{\delta\sigma}} - 1\right) \equiv \underline{\Delta} \tag{4.1-3}$$

Weil Crowdfunder eine höhere Zahlungsbereitschaft als reguläre Konsumenten aufweisen, erscheint es auch aus Sicht des Monopolisten optimal den größeren Wert für n_c aus Gleichung (4.1-2) zu wählen. Zudem vereinfacht die Darstellung der Unterstützeranzahl n_c in Abhängigkeit vom Schwellenwert $\underline{\Delta}$ die Berechenbarkeit des Modells (siehe Appendix A.1).

$$n_c = \frac{1}{2\sigma}\left(\sigma + \Delta + \sqrt{(\sigma+\Delta)^2 - (\sigma+\underline{\Delta})^2}\right) \tag{4.1-4}$$

4.1.3 Optimale Preisfestsetzung und Wahl der Finanzierungsart

Analog zur Ungleichung (3.4-1) kann der zwischen regulärem Kauf und Nicht-Konsum indifferente Kunde durch $\theta \geq (p_r - R)/S \equiv \hat{\theta}$ gekennzeichnet werden. Ist die Menge an Unterstützern echt kleiner Eins ($n_c < 1$) und die Bedingung $0 \leq (p_r - R)/S < 1 - n_c$ erfüllt, so entspricht $n_r = 1 - (p_r - R)/S - n_c$. Dabei ist außerdem zu beachten, dass es mehr reguläre Käufer als eine

Mindestanzahl ρ für die Entstehung einer besonderen Konsumerfahrung ($\sigma > 0$) geben muss (FC). Der Monopolist maximiert unter diesen Randbedingungen die nachfolgende Zielfunktion, wobei die Fixkosten der Produktion durch den Umsatz in $t = 1$ als notwendige Bedingung für einen erfolgreichen Finanzierungsaufruf vollständig gedeckt werden müssen. Somit ist der erste Term der Zielfunktion Null:

$$\Pi = \underbrace{p_1 n_c - K}_{=0} + \delta p_c n_c + \delta p_r n_r$$

Für die Beschreibung einer Ex-post-Preisdiskriminierung 2. Grades wird die Preisdifferenz in die Zielfunktion einbezogen, um diese anschließend nach p_r und Δ partiell abzuleiten. Durch das Einsetzen der jeweiligen Preise bzw. Preisdifferenzen und Gruppenstärken ergibt sich:

$$\begin{aligned}\Pi(\Delta, p_r)^* = \max_{\Delta, p_r} \delta p_r \underbrace{\left(1 - \frac{p_r - R}{S}\right)}_{n_r + n_c} \\ - \delta\Delta \underbrace{\frac{1}{2\sigma}\left(\sigma + \Delta + \sqrt{(\sigma + \Delta)^2 - (\sigma + \underline{\Delta})^2}\right)}_{n_c}\end{aligned} \tag{4.1-5}$$

Durch die partiellen Ableitungen 1. Ordnung kann der Punkt der Zielfunktion mit waagerechter Tangentialebene ermittelt werden.

$$\frac{\partial \Pi}{\partial p_r} = \delta\left(1 - \frac{2p_r - R}{S}\right) = 0 \Leftrightarrow p_r^* = \frac{S + R}{2} \tag{4.1-6}$$

$$\begin{aligned}\frac{\partial \Pi}{\partial \Delta} = -\frac{\delta}{2\sigma}\Bigg[\sigma + 2\Delta + \sqrt{(\sigma + \Delta)^2 - (\sigma + \underline{\Delta})^2} \\ + \frac{\Delta(\sigma + \Delta)}{\sqrt{(\sigma + \Delta)^2 - (\sigma + \underline{\Delta})^2}}\Bigg] = 0\end{aligned} \tag{4.1-7}$$

Mit Hilfe des optimalen regulären Kaufpreises p_r^* kann zudem der indifferente Kunde $\hat{\theta}^*$ spezifiziert werden (siehe Tabelle 1). Aus der Gleichung (4.1-7) ist ersichtlich, dass es nur für eine negative Preisdifferenz ($\Delta < 0$) eine innere Lösung gibt. Demzufolge ist es aus Sicht des Unternehmens gewinnmaximierend, wenn reguläre Käufer zum Zeitpunkt 2 weniger als Crowdfunder bezahlen ($p_r < p_c$), auch ohne dabei den Vorbestellungspreis mit einzubeziehen. Damit die Ungleichung (4.1-3) erfüllt ist, muss das Startkapital $K < (\delta\sigma)/4 \equiv K_{A.1}$ sein, da $\underline{\Delta}$ daraufhin ebenfalls negativ ist (siehe Appendix A.1). Für den Fall, dass ein Monopolist nicht mehr Anfangskapital als $K_{A.1}$ benötigt, ergibt sich die optimale Preisdifferenz dann zu:[76]

$$\Delta^* = \frac{4K - \delta\sigma}{2\delta} \qquad (4.1\text{-}8)$$

Sofern die gemischten Ableitungen 2. Ordnung nach Δ und p_r null sowie die partiellen Ableitungen 2. Ordnung negativ sind, stellt der Punkt (p_r^*, Δ^*) ein Maximum dar.[77] Durch das Einsetzen der optimalen Preisdifferenz Δ^* sowie deren Schwellenwert $\underline{\Delta}$ in die Gleichung (4.1-4) kann die Gruppenstärke der Crowdfunder bestimmt werden (siehe Appendix A.1). Darauf aufbauend lässt sich auch die Anzahl der regulären Käufer und Nicht-Konsumenten errechnen, was in Tabelle 1 zusammenfassend aufgezeigt ist.

Tabelle 1: Gruppenstärken und Preise bei geringem *K*

	Geschmacksparameter	Gruppenstärke	Preis ($t = 1$)
Nicht-Konsumenten	$\theta \in [0, (S-R)/(2S)]$	$(S-R)/(2S)$	
Reguläre Käufer	$\theta \in [(S-R)/(2S), 1/2]$	$R/(2S)$	$\delta p_r = \delta(S+R)/2$
Crowdfunder	$\theta \in [1/2,1]$	$1/2$	$\delta/2(R+S+\sigma)$

Mit Hilfe der jeweiligen Preise und Gruppengrößen wird der maximale Gewinn in Abhängigkeit vom benötigten Startkapital berechnet (siehe Appendix A.1).

[76] Da die Ermittlung dieses Ergebnisses recht umfangreich ist, wird an dieser Stelle auf den Abschnitt 5.1.1 verwiesen, in dem eine Berechnung für eine ähnliche Situation im Detail beschrieben ist.

[77] Zwar zeigen Belleflamme/Lambert/Schwienbacher in ihrem Modell nicht, dass (p_r^*, Δ^*) ein Hochpunkt ist, da das aber bei der Modellerweiterung für eine ähnliche Situation analytisch bewiesen wird (siehe Abschnitt 5.1.1), kann auch hier von gewinnmaximierenden Preisen ausgegangen werden.

$$\pi^*_{A,1}(K) = \delta\frac{(R+S)^2}{4S} + \frac{\delta\sigma}{4} - K \quad mit\, K < \frac{\delta\sigma}{4} \equiv K_{A.1}$$

Benötigt der Monopolist hingegen mehr Kapital ($K > K_{A.1}$) für die Produktion, so ist die Preisdifferenz positiv, was bedeutet, dass Unterstützer für den Erhalt des Produktes zum Zeitpunkt 2 weniger bezahlen als reguläre Käufer ($p_c < p_r$).[78] Da der Gewinn des Unternehmens mit steigendem Δ fällt (siehe Gleichung (4.1-7)), stellt $\Delta = \underline{\Delta} \geq 0$ die Second-best-Lösung (SbL) dar. Zur Deckung der fixen Produktionskosten K werden hierbei mehr Unterstützer ($\underline{n}_c \geq 1/2$) benötigt:

$$\underline{n}_c = \frac{1}{2\sigma}\left(\sigma + \underline{\Delta} + \underbrace{\sqrt{(\sigma+\underline{\Delta})^2 - (\sigma+\underline{\Delta})^2}}_{=0}\right) = \frac{1}{2} + \frac{\underline{\Delta}}{2\sigma} = \sqrt{\frac{K}{\delta\sigma}} \geq \frac{1}{2} \qquad (4.1\text{-}9)$$

Der *theoretische* Maximalwert für das Anfangskapital ist $\delta\sigma \equiv K_{A.4}$ (siehe Gleichung (4.1-9)). Dieser würde aber $\underline{n}_c = 1$ zur Folge haben und somit wegen $n_r = 0 < \rho$ zum Verlust des Zusatznutzens führen ($\sigma = 0$). Daher muss $K_{A.4}$ stets unterschritten werden. Eine besondere Konsumerfahrung σ entsteht nur, wenn die Bedingung $n_r = 1 - (p^*_r - R)/S - \underline{n}_c \geq \rho$ erfüllt ist, was in einer weiteren Budgetrestriktion ($K_{A.2}$) resultiert:

$$K \leq \delta\sigma\left(\frac{R+S}{2S} - \rho\right)^2 \equiv K_{A.2} \qquad (4.1\text{-}10)$$

Es kann gezeigt werden, dass dieser Schwellenwert ($K_{A.2}$) unter bestimmten Annahmen (s.u.) zwischen $K_{A.1}$ und $K_{A.4}$ liegt:

$$\delta\sigma\left(\frac{R+S}{2S} - \rho\right)^2 - \frac{\delta\sigma}{4} = \frac{\delta\sigma(R+2S-2S\rho)(R-2S\rho)}{4S^2} > 0$$
$$\delta\sigma - \delta\sigma\left(\frac{R+S}{2S} - \rho\right)^2 = \frac{\delta\sigma(R+3S-2S\rho)(S+2S\rho-R)}{4S^2} > 0 \qquad (4.1\text{-}11)$$

[78] Einen Randfall ist dabei die Situation $K = \delta\sigma/4$ bzw. $\Delta = 0$.

Dies gilt, sofern die Annahmen $S \geq R$ (siehe Abschnitt 3.4) und $\rho < R/(2S)$ erfüllt sind. Ist $K \in [K_{A.1}, K_{A.2}]$ und die Anzahl an regulären Käufern mindestens ρ, so lassen sich die Preise und die dazugehörigen Gruppenstärken bestimmen.[79]

$$n_r = 1 - \underline{n}_c - \hat{\theta} = 1 - \sqrt{\frac{K}{\delta\sigma}} - \frac{S-R}{2S}$$

$$p_c = p_r^* - \underline{\Delta} = \frac{R+S}{2} - 2\sigma\sqrt{\frac{K}{\delta\sigma}} + \sigma \tag{4.1-12}$$

Demnach ergibt sich der Gewinn für diesen Fall in Abhängigkeit vom benötigten Anfangskapital zu nachfolgendem Ausdruck. Um negative Preise auszuschließen, muss eine weitere Annahme – nämlich $\sigma < S(R+S)/2R$ – getroffen werden.[80]

$$\pi_{A,2}(K) = \delta\frac{(R+S)^2}{4S} + \sqrt{\delta\sigma K} - 2K \quad mit\ K_{A.1} \leq K \leq K_{A.2}$$

Das Unternehmen hat durch Anpassung des regulären Kaufpreises p_r die Möglichkeit, noch mehr Anfangskapital ($K > K_{A.2}$) als bisher dargestellt einzusammeln. Da bei *sehr hohem* Finanzierungsbedarf $\underline{n}_c$ so groß wird, dass $n_r < \rho$ gilt, stellt eine Alternative die Herabsetzung des regulären Kaufpreises dar, so dass $n_r = \rho$ ist. Aus $n_r = 1 - (p_r^* - R)/S - \underline{n}_c = \rho$ folgt nach Umstellen von $\underline{n}_c$ über (4.1-9):[81]

$$p_r = R + S - S\left(\sqrt{\frac{K}{\delta\sigma}} + \rho\right) \tag{4.1-13}$$

[79] Im Appendix A.1 sind alle Preise und Gruppengrößen vollständig dargestellt.

[80] Ein solcher Randfall (z.B. $p_c < 0$) wird in Abschnitt 5.1.3 und 5.1.4 ausführlich beschrieben.

[81] Behielte der Monopolist den optimalen Preis p_r^* bei, mündete das in Π_T.

Dabei wird der Kaufpreis für Vorbesteller in $t = 2$ (Restbetrag) mit Hilfe der Gleichung (4.1-13) berechnet:

$$p_c = p_r - \underline{\Delta} \Leftrightarrow p_c = R + S + \sigma - S\rho - (S + 2\sigma)\left(\sqrt{\frac{K}{\delta\sigma}}\right) \qquad (4.1\text{-}14)$$

Um erneut negative Preise zum Zeitpunkt 2 auszuschließen ergibt sich eine zusätzliche Kapitalrestriktion:

$$p_c \geq 0 \Leftrightarrow K \leq \delta\sigma\left(\frac{R + S + \sigma - S\rho}{S + 2\sigma}\right)^2 \equiv K_{A.3} \qquad (4.1\text{-}15)$$

Es kann gezeigt werden,[82] dass $K_{A.3} > K_{A.2}$ ist. Für einen Kapitalbedarf, der zwischen diesen Grenzen liegt ($K \in \left]K_{A.2}, K_{A.3}\right]$), erwirtschaftet der Monopolist schließlich einen Gewinn von:

$$\pi_{A,3}(K) = \delta\left(R + S - S\left(\sqrt{\frac{K}{\delta\sigma}} + \rho\right)\right)\left(\sqrt{\frac{K}{\delta\sigma}} + \rho\right) + \sqrt{\delta\sigma K} - 2K$$

Selbst bei $K = K_{A.3}$ macht das Unternehmen beim Crowdfunding Gewinn. Zwar tragen die Crowdfunder – aufgrund eines hohen Vorbestellungspreises p_1 zum Zeitpunkt 1 – in $t = 2$ nichts dazu bei ($p_c = 0$), eine minimale Anzahl an regulären Käufer ($n_r = \rho$) entrichtet jedoch einen positiven Kaufpreis p_r (siehe Gleichung (4.1-13)). Da die Fixkosten der Produktion zum Verkaufszeitpunkt durch die Kapitalgeber bereits gedeckt sind, ergibt sich der minimale Gewinn für dieses Szenario demnach zu $\delta p_r \rho$. Ob dieser Gewinn allerdings größer ist als Π_T, wird nachfolgend genauer untersucht.

Abbildung 7 stellt exemplarisch[83] die lineare Gewinnfunktion der traditionellen Finanzierung Π_T (schwarze Gerade) der Gewinnfunktion des Ex-ante-

[82] Im Appendix F.2 wird das für eine ähnliche Situation (Modellerweiterung) gezeigt.

[83] Die Parameterkonstellation ist: $R = 4; S = 8;\ \delta = 1;\ \rho = 0{,}1;\ \sigma = 4{,}5.$

Crowdfundings gegenüber, wobei die aufgezeigte Fallunterscheidung durch eine Farbkodierung beim EaC hervorgehoben wird. Die farbliche Kennzeichnung der unterschiedlichen Bereiche I bis III wird auch für die Modellerweiterung beibehalten. Dabei steht der Bereich I (Grün) für $K < K_{A.1}$, der Bereich II (Rot) für $K \in [K_{A.1}, K_{A.2}]$ und der Bereich III (Blau) für $K \in]K_{A.2}, K_{A.3}]$. Für das aufgezeigte Beispiel ist die Dominanz des Finanzierungsaufrufs ab $\widehat{K}$ nicht mehr gegeben.

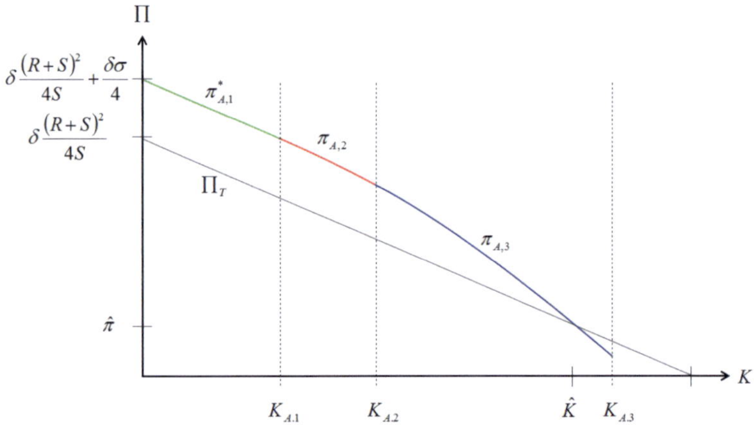

Abbildung 7: Gewinnfunktionen des EaC und der TF
(Zeichnung nicht maßstabsgetreu)

Die Abbildung 7 zeigt weiterhin, dass sowohl Π_T als auch Π_A in K für den jeweiligen Definitionsbereich streng monoton fallende Funktionen sind. Eine Zusammenfassung der bisherigen Ergebnisse liefert die nachfolgende Gewinnfunktion:

$$\Pi_A \begin{cases} \delta\frac{(R+S)^2}{4S}+\frac{\delta\sigma}{4}-K & \text{für } K<\frac{\delta\sigma}{4}\equiv K_{A.1} \\ \delta\frac{(R+S)^2}{4S}+\sqrt{\delta\sigma K}-2K & \text{für } K_{A.1}\le K\le K_{A.2} \\ \delta\left(R+S-S\left(\sqrt{\frac{K}{\delta\sigma}}+\rho\right)\right)\left(\sqrt{\frac{K}{\delta\sigma}}+\rho\right) & \text{für } K_{A.2}<K\le K_{A.3} \\ +\sqrt{\delta\sigma K}-2K & \end{cases} \tag{4.1-16}$$

Im Ergebnis beeinflusst eine Erhöhung des benötigten Startkapitals den Gewinn in zweierlei Weise negativ. Zum einen wirken sich hohe Produktionskosten direkt nachteilig auf den Gewinn aus und zum anderen verhindert ein großes K die First-best-Lösung (FbL), wodurch keine optimale Preisdiskriminierung, zumindest ab $K > K_{A.1}$, stattfinden kann. Außerdem ist eine Vergrößerung der exogenen Größe ρ (FC) ungünstig, da der Monopolist dadurch in seinem Handlungsspielraum eingeschränkt wird. Es ist leicht vorstellbar, dass eine Erhöhung des Zusatznutzens positive Auswirkungen auf den Unternehmensgewinn hat, da dieser kostenneutral erzeugt werden kann und zu einer höheren Zahlungsbereitschaft einiger Konsumenten führt. Zudem wachsen die Schwellenwerte des Kapitalbedarfs mit σ an.

Folgesatz:

Der Gewinn des EaCs im Gleichgewicht sinkt mit K und der Mindestanzahl an regulären Konsumenten ρ, die für die besondere Konsumerfahrung benötigt wird; steigt aber mit dem „Community Benefit" σ.[84]

Des Weiteren kann aus Sicht der Kapitalgeber festgehalten werden, dass eine steigende Anzahl an Crowdfundern eine Nutzenerhöhung des Einzelnen verursacht. Im Appendix A.2 wird nicht nur die in der Ungleichung (4.1-17) dargestellte Preis-Hierarchie bewiesen, sondern auch gezeigt, dass es den soeben beschriebenen Effekt *innerhalb* der Bereiche II und III gibt ($dU_c/d\underline{n}_c > 0$). Für den Bereich I hingegen ($K < K_{A.1}$) ist aufgrund der konstanten Gruppengröße an Vorbestellern ($n_c = 1/2$) keine Nutzenerhöhung zu erwarten.

$$\underbrace{p_1^* + \delta p_c^*}_{Bereich\ I} > \underbrace{p_1 + \delta p_c}_{Bereich\ II} > \underbrace{p_1 + \delta p_c}_{Bereich\ III} \qquad (4.1\text{-}17)$$

Je größer also eine „Community" um ein Produkt ist, deren Mitglieder aus einer Vorbestellung einen Zusatznutzen ziehen, desto besser ist das für den einzelnen Kapitalgeber. Allerdings zahlen Crowdfunder im Gleichgewicht stets mehr als reguläre Käufer:

[84] Vgl. Belleflamme/Lambert/Schwienbacher (2011), S. 20.

$$\text{Bereich I:} \quad (p_1^* + \delta p_c^*) - \delta p_r^* \quad = \delta\sigma/2 > 0$$
$$\text{Bereich II/III:} \quad (p_1 + \delta p_c) - \delta p_r \quad = \delta\sigma\left(1 - \sqrt{K/(\delta\sigma)}\right) > 0 \tag{4.1-18}$$

Dieses Ergebnis ist nicht überraschend, da Konsumenten mit einem Geschmacksparameter $\theta \geq \bar{\theta}$ sich selbst durch Erhalt des bereits mehrfach angesprochenen Zusatznutzens der höheren Preis-Qualität-Kombination zuordnen. Aufgrund der Selbstselektion und der damit verbundenen Preisdiskriminierung erscheint das Crowdfunding auf den ersten Blick gegenüber der traditionellen Finanzierung viele Vorteile nicht nur für das Unternehmen, sondern auch aus Sicht der Kapitalgeber mit sich zu bringen. Die Preisdiskriminierung 2. Grades zwischen Konsumenten mit hoher Zahlungsbereitschaft und den restlichen Käufern ist für den Bereich I optimal, so dass ein Monopolist das EaC für $K < K_{A.1}$ stets bevorzugt. Analog gilt das für $K \in [K_{A.1}, K_{A.2}]$ (Bereich II), da $\pi_{A,2} - \Pi_T = \sqrt{\delta\sigma K} - K$ ist und dieser Ausdruck für den aufgezeigten Definitionsbereich einen positiven Wert annimmt. Es wurde aber bereits angedeutet, dass infolge einiger Einschränkungen, wie beispielsweise die benötigte minimale Anzahl ρ an regulären Käufern (FC), der Ausschluss von negativen Preisen und die Verwendung der Second-best-Lösung, das EaC bei hohem Kapitalbedarf (Bereich III) nicht zwangsläufig eine dominante Strategie für den Monopolisten darstellt. Ein Vergleich der Finanzierungsarten zeigt, dass die traditionelle Produktfinanzierung bei einer bestimmten Parameterkonstellation profitabler ist.

Die Abbildung 8 veranschaulicht, dass Unternehmen, die nicht in der Lage sind einen stark ausgeprägten Community Benefit (σ) zu erzeugen, hohe Kosten der Produktion beispielsweise nur durch einen Kredit finanzieren würden.

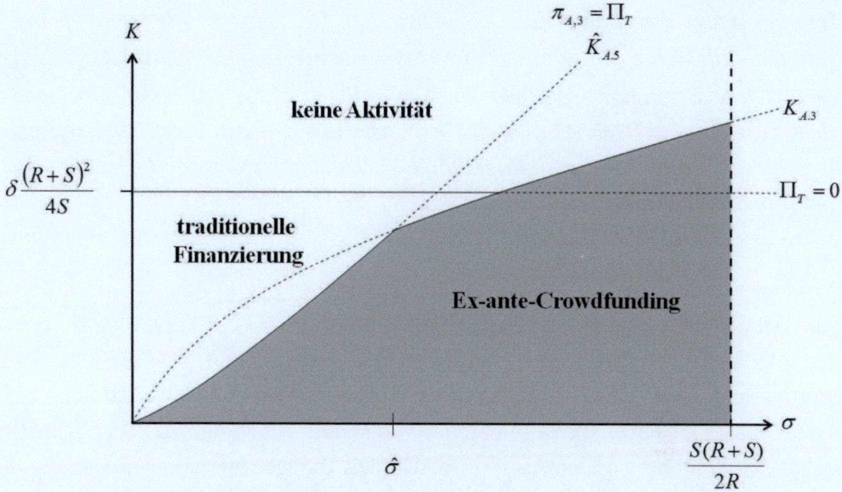

Abbildung 8: Vergleich der Finanzierungsarten EaC und TF[85]

Mit steigendem σ dominiert das EaC und der Monopolist ist zudem in der Lage ein größeres K zu decken. Demzufolge ist die Differenz zwischen $\pi_{A,3}$ und Π_T positiv ($\pi_{A,3} - \Pi_T > 0$), sofern $K \leq \widehat{K}_{A.5}$ gilt.

$$\widehat{K}_{A.5} \equiv \delta\sigma\left(\frac{S(R+S+\sigma-2S\rho)+\sqrt{\sigma S(4S\rho(R-S\rho)+\sigma S+S^2-R^2)}}{2S(S+\sigma)}\right)^2 \quad (4.1\text{-}19)$$

Im Appendix A.2 wird nicht nur gezeigt, dass $\widehat{K}_{A.5} > K_{A.2}$ ist, sondern auch, dass es ein $\hat{\sigma}$ gibt, für das sich die Budgetrestriktionen $\widehat{K}_{A.5}$ und $K_{A.3}$ entsprechen (siehe Abbildung 8). Mit anderen Worten bevorzugt der Monopolist das Crowdfunding, wenn für das Startkapital $K \leq min\{K_{A.3}; \widehat{K}_{A.5}\}$ gilt.

Folgesatz:

In Situationen, in denen ein Monopolist durch einen Finanzierungsaufruf Konsumenten mit hoher Zahlungsbereitschaft veranlasst ein Produkt vorzubestel-

[85] Quelle: Eigene Darstellung in Anlehnung an Belleflamme/Lambert/Schwienbacher (2011), S. 22. Die Werte der Funktionen sind: $R = 4; S = 8;\ \delta = 1;\ \rho = 0{,}1$.

len, bevorzugt dieser das EaC gegenüber der TF, solange das benötigte Anfangskapital dabei unterhalb eines Schwellenwertes ($K \leq min\{K_{A.3}; \widehat{K}_{A.5}\}$) liegt. Diese Bedingung schränkt die Anwendbarkeit des EaCs mit zunehmendem „Community Benefit“, der sich entweder direkt durch eine Erhöhung von σ vergrößert oder leichter infolge einer Verkleinerung des Schwellenwertes ρ hervorgerufen werden kann, immer weniger ein.[86]

4.1.4 Modellkritik

Das Modell von Belleflamme/Lambert/Schwienbacher (2011) ist eine der ersten modelltheoretischen Auseinandersetzungen mit dem Crowdfunding. Die Berücksichtigung eines Community Benefits in den Nutzenfunktionen der Unterstützer ist dabei modelltheoretisch innovativ und führt zu einer realistischen Modellierung. Nichtsdestotrotz werden die getroffenen Annahmen im Folgenden kritisch geprüft.

Belleflamme et al. vernachlässigen, dass die Beschränkung der Fremdkapitalaufnahme eine notwendige Bedingung ist, um die unbegrenzte Aufnahme von K zum Zinssatz von Null risikoneutraler Akteure zu verhindern. Eine solche Restriktion ist in dem Modell als eine weitere Annahme sinnvoll, wenn davon auszugehen ist, dass die benötigten Geldmittel bei der traditionellen Finanzierung nur zweckgebunden vergeben werden. Oftmals haben Start-up-Unternehmen in der Frühphase weder eigene finanzielle Ressourcen noch Kreditsicherheiten,[87] so dass sie Fremdkapital nur mit Hilfe von stattlichen Förderprogrammen aufnehmen können. In Deutschland[88] können Förderanträge nur über die Bankengruppen Genossenschaftsbanken, Kreditbanken und Sparkassen, die dabei oftmals einen Teil des Kreditrisikos tragen, gestellt werden (Hausbankenprinzip). Diese Finanzintermediäre haben also auch bei Durchlei-

[86] Vgl. Belleflamme/Lambert/Schwienbacher (2011), S. 22.

[87] Vgl. Cassar (2004), S. 262. Die eingeschränkte Möglichketi der Innenfinanzierung von jungen Unternehmen führt oftmals nur zu geringen Wachstumsraten. Vgl. Carpenter/Petersen (2002), S. 307.

[88] In vielen anderen OECD Ländern gibt es aber auch ähnliche Förderprogrammstrukturen wie in Deutschland. Vgl. Tilleßen (2004), S. 4.

tungskrediten aufgrund ihrer anteiligen Haftung einen Anreiz die Projekte ausreichend zu evaluieren und nach Vertragsabschluss zu überwachen. Dadurch kann die Annahme der Restriktion einer Geldaufnahme auch bei Förderkrediten begründet werden. Der Zinssatz bei Förderkrediten, zu dem Kapital aufgenommen werden kann, liegt meist unterhalb des marktüblichen Zinssatzes. Um auch Bankkredite in die Untersuchung mit einzubeziehen, werden bei der Analyse der Vorteile (vgl. Kapitel 6) Kosten für die Fremdkapitalaufnahme berücksichtigt.

In dem Modell ergibt sich ein Monopolgewinn, da der Projektinitiator ein innovatives Objekt auf den Markt bringt. Inwiefern die Innovation aber aus einer Unternehmens- bzw. Existenzgründung hervorgeht, hängt in der Theorie in hohem Maße von der Marktstruktur vor und nach der Innovation, von der Radikalität der Innovation und von der Wahrscheinlichkeit des Eintretens dieser ab.[89] Der „Replacement Effect“ besagt, dass etablierte Monopolisten nach der Einführung einer neuen Produkttechnologie gegebenenfalls bereits existierende Monopolrenten zerstören und dadurch ein Zielkonflikt entsteht.[90] Handelte es sich um radikale Innovationen, deren Eintreten unsicher ist, so hätte ein Start-up-Unternehmen einen größeren Anreiz in die Forschung und Entwicklung zu investieren, da sie diesen Trade-Off nicht haben würden. In der Praxis gehen aus dem EaC oftmals Nischenprodukte hervor, die zumindest für eine begrenzte Zeit ein (morphologisches) Monopol erzeugen. Auch Rahmenbedingungen, wie beispielsweise das Steuersystem und Förderprogramme, haben großen Einfluss auf den Typ des Initiators.[91] Bezogen auf das beschriebene Modell kann also unter bestimmten Bedingungen davon ausgegangen werden, dass hinter dem Finanzierungsaufruf kein etabliertes Unternehmen mit eigenen finanziellen Ressourcen und einem vorhandenen Netzwerk steht.

89 Vgl. Tilleßen (2004), S. 17.

90 Der Replacement Effect geht auf Arrow (1962) zurück. Darauf aufbauend untersuchen Cassiman/Ueda (2006) die Strategien etablierter Unternehmen Innovationen kaufmännisch zu verwerten.

91 Vgl. Boadway/Tremblay (2003), S. 38.

Zwar existiert in dem Modell ein Gleichgewichtszustand, in dem kein Crowdfunder ein Projekt unterstützt ($n_c^e = 0$), wird das benötigte Startgeld aber eingesammelt, so ist das Eintreten der Innovation sicher.[92] Das liegt daran, dass zum einen ein Teil der Geldgeber auch gleichzeitig Konsumenten sind und zum anderen alle Akteure ex-ante die tatsächliche Qualität des Produktes kennen. In Abschnitt 2.3 wurde indes gezeigt, dass die Beziehungen der Beteiligten in diesem Markt häufig durch Informationsasymmetrien gekennzeichnet sind und das Durchsetzen eines Produktes am Markt selbst nach erfolgreichem Kampagnenabschluss keineswegs sicher ist. In der Praxis lassen sich zwar Spezialfälle identifizieren, die der Modellstruktur entsprechen, diese sind aber äußerst selten. So wird beispielsweise das Musiklabe „Universal" eine Plattform ins Leben rufen, auf der *bekannte* Alben als Projekt vorgeschlagen und wieder auf Vinyl gepresst werden, sofern genug Unterstützer dafür zahlen („The-Vinyl-Project"). Aber auch hierbei stellt sich die Frage inwieweit in dem Modell davon ausgegangen werden darf, dass alle Mitglieder der Grundgesamtheit von vornherein Kenntnis über einen Finanzierungsaufruf haben. Bechter/Jentzsch (2011) geben an, dass es üblicherweise eine erste Kohorte an Unterstützern gibt, deren soziale Vernetzung großen Einfluss auf den Erfolg des Aufrufs hat.

Die Annahme, dass $S \geq R > 0$ gelten muss, scheint auf den ersten Blick das Modell sehr stark einzuschränken und unrealistisch zu sein.[93] Bei näherer Betrachtung fällt aber auf, dass selbst bei Nichterfüllung ein interpretierbares Ergebnis resultiert. Ist die *objektive* Qualität S geringer als die Basiswertschätzung R eines Kunden, so führt das lediglich dazu, dass alle potentiellen Kunden das Gut in irgendeiner Form konsumieren ($n_0 = 0$). Das Nachfragequantil für den regulären Kauf müsste dann aber durch $\hat{\theta}^* = max\{(S-R)/2S; 0\}$ be-

[92] Unterstellt man, dass die erfolgreiche Finanzierung bei einer Crowdfunding-Kampagne eine *herausragende Eigenschaft* besitzt, so stellt der zweite Gleichgewichtszustand ($n_c^e > 0$) ein fokalen Punkt dar. Ein fokaler Punkt ist eine Koordinationsstrategie und beschreibt bei nicht-kooperativen, simultanen Spielen mit mehreren Nash-Gleichgewichten dasjenige Gleichgewicht, das von allen Spielern als erwartetes Ergebnis angenommen wird. Vgl. Schelling (1960).

[93] Belleflamme et al. stellen zudem fest, dass die Qualität S kleiner als $2R$ sein muss, was allerdings nur aufgrund eines Rechenfehlers zustande kommt. Vgl. Belleflamme/Lambert/Schwienbacher (2011), S. 28.

schrieben werden. Weil alle Mitglieder der Zielgruppe die Qualität durch ihren individuellen Geschmacksparameter gewichten, ist es bei $R > S$ aus Sicht des Monopolisten optimal $p_r = R$ zu wählen. Daraus lassen sich aber keine weiteren Erkenntnisse ableiten, so dass es sinnvoll ist, die Qualität S als eine über R hinausgehende Nutzenerhöhung zu interpretieren. Ist hingegen die Basiswertschätzung R Null, so kann nicht zwischen Konsumentengruppen differenziert werden und es gibt nur reguläre Käufer.[94]

Hardy (2013) beschreibt in seinem Modell die Möglichkeit einer perfekten Preisdiskriminierung beim Crowdfunding (vgl. Abschnitt 2.3). Würde man dessen Konzept auf das soeben erläuterte Modell übertagen, könnte durch Einführung eines individuellen bzw. heterogenen Zusatznutzens auch innerhalb der Gruppe der Crowdfunder eine Preisdiskriminierung stattfinden. Das wirft die Frage nach der Deutung des Community Benefits auf. Folgt man der Definition des EaCs aus Kapitel 2, entsteht eine höhere Zahlungsbereitschaft einiger Konsumenten nur durch eine nicht finanzielle Gegenleistung (besondere Konsumerfahrung) in Form einer namentlichen Erwähnung, Einbindung in die Unternehmensprozesse oder einer vorzeitige Lieferung des Produktes. Das spricht für die Homogenität des Zusatznutzens – zumindest objektiv betrachtet – und dessen kostenneutrale Erzeugung. Tatsächlich kann aber in der Praxis die Vergabe eines Rabatts für eine frühzeitige Unterstützung (Early Bird Discount) bei einigen Finanzierungsaufrufen beobachtet werden.[95] Zudem werden manchmal verschiedene Belohnungssysteme durch Kombination der genannten Gegenleistungen angeboten, was ebenfalls zu einer differenzierten Preisgestaltung führen kann.

Da die Modellstruktur offen lässt ob ein Monopolist entweder ex-ante die Qualität seines Projektes beeinflussen kann oder diese durch einen sog. Naturzug

---

[94] Das entspricht auch dem Ergebnis von Bhargava/Choudhary/Krishnan (2000) aus Abschnitt 3.3. Aus Tabelle 1 geht hervor, dass für $R = 0$ die Gruppenstärke der regulären Käufer Null ist. Demzufolge kann es aber keine besondere Konsumerfahrung für Crowdfunder ($\sigma = 0$) geben. Im Ergebnis gibt es dann nur eine Konsumentengruppe und die Produktion wird über einen Kredit finanziert.

[95] Vgl. beispielsweise das Projekt auf http://www.kickstarter.com/projects/1251236349/blue-laser-lamp-with-passive-cooling-technology.

(vgl. Abschnitt 4.2.2) entsteht, stellt sich die Frage wie etwaige Unterstützer auf der anderen Seite die Produktbeschaffenheit erlernen. In dem Modell wird einfach davon ausgegangen, dass es diesbezüglich keine asymmetrische Informationsverteilung zwischen Anbieter und Nachfrager gibt. Demgegenüber können die Unterstützer die Handlungen des Unternehmens nach Kapitalüberlassung nur unvollständig beobachten (*hidden action*). Zwar ist der Projektinitiator nicht in der Lage die Produktqualität zu verändern nachdem K irreversibel aufgewendet worden ist (*sunk costs*), die Geldmittel können jedoch veruntreut werden. Das wird durch den Fall „take the money and run“ beschrieben.[96] Es wird aber davon ausgegangen, dass keine Gelder zweckentfremdet werden, wenn der Barwert des Gewinns mindestens so groß wie das Anfangskapital ist ($\prod_A \geq K$). Das führt jedoch zu einer weiteren Budgetrestriktion, die den Anwendungsbereich des EaCs weiter einschränkt.[97] Im Ergebnis muss mindestens die doppelt Investitionssumme ($2K$) als Umsatz erwirtschaftet werden. Renditeerwartungen von bis zu 15 % p.a. über eine Vertragslaufzeit von 4 -7 Jahren sind bei der Finanzierung durch Venture Capital durchaus üblich.[98] In Bezug auf das EaC können solche Größenordnungen allerdings nicht bestätigt werden. Zudem handelt es sich bei der Investition i.H.v. K in dem Modell aufgrund der sicheren Rückflüsse nicht um Wagniskapital. Diese wirklichkeitsferne Forderung kann indes unberücksichtigt bleiben, wenn man einfach davon ausgeht, dass durch die Unterstützung ein bindender Kaufvertrag geschlossen wird (vgl. Abschnitt 5.1.1).

[96] Da das Wohlergehen der Unterstützer dabei von den Handlungen des Unternehmens abhängig ist, kann hier auch von einer Prinzipal-Agenten-Beziehung gesprochen werden. Inwiefern unterschiedliche Ziele verschiedener Akteure und Informationsasymmetrien beim Crowdfunding zu Konflikten führen, wird im weiteren Verlauf der Ausarbeitung eingehend behandelt.

[97] Vgl. Belleflamme/Lambert/Schwienbacher (2011), S. 23ff.

[98] Vgl. Schefczyk (2004), S. 3 und Bigus (2003), S. 12. Zwar konnten Mitte der 90er Jahre in Deutschland durchschnittlich noch höhere Renditen erzielt werden (vgl. Weitnauer/Guth (2001), S. 7), der interne Zinsfuß (Internal Rate of Return) europäischer VC-Fonds liegt allerdings gemäß einer Studie der European Venture Capital Association (EVCA) zwischen 1980 und 2013 im Mittel nur bei 1,32%. Vgl. EVCA (2013).

Als Abstraktion von der Wirklichkeit fällt auf, dass alle potentiellen Kunden durch einen auf dem Einheitsintervall gleichverteilten Geschmacksparameter θ charakterisiert sind. Die Rechteckverteilung selbst ist nachfolgend von der Kritik ausgenommen, da die Verwendung einer solchen Dichtefunktion zum einen in der Modelltheorie durchaus gebräuchlich ist und zum anderen in Bezug auf die Dominanz eines Finanzierungsmechanismus nur eine untergeordnete Rolle spielen dürfte. Die Stetigkeit der Rechteckverteilung steht jedoch im Widerspruch zu der Forderung einer endlichen Anzahl diskreter Nachfrager ($N \in \mathbb{N}$; siehe Abschnitt 3.4). Obwohl diese beiden Annahmen unvereinbar sind, bleibt die Position der Nachfragequantile davon unberührt. Die Interpretation der Schwellenwerte $\hat{\theta}$ und $\bar{\theta}$ als ein bestimmter Kunde, der zwischen zwei Arten des Konsums indifferent ist, muss demgegenüber bezweifelt werden. Diese Gegensätzlichkeit hat allerdings keine Auswirkungen auf das Ergebnis des Ausgangsmodells, da sie nur interpretatorischer Art ist. Die stetige Gleichverteilung führt jedoch bei der nachfolgenden Modellüberarbeitung zu einem Kritikpunkt, der das Resultat infrage stellt. Mögliche Lösungsvorschläge werden in Abschnitt 4.2.5 diskutiert.

4.2 Modell von Belleflamme/Lambert/Schwienbacher (2014)

In der Modellüberarbeitung wird neben dem EaC auch das Crowdinvesting (CI), das als sog. „Profit-Sharing“-Modell konzipiert ist, untersucht. Zu diesem Zweck werden weitere Variablen eingeführt, die an der passenden Stelle (Abschnitt 4.2.3) beschrieben werden. Gegenüber dem Ausgangsmodell ergeben sich aber beim EaC Vereinfachungen, weil einige Parameter entfallen (siehe Abschnitt 4.2.1). Dies wird nachfolgend zuerst beschrieben. Anschließend werden in Abschnitt 4.2.2 die Auswirkungen einer asymmetrischen Informationsverteilung zwischen Monopolist und Unterstützern erläutert. Auf der Überarbeitung des EaC-Modells aufbauend und durch die Integration neuer Modellparameter wird das Crowdinvesting dargestellt. In einem zweiten Schritt wird wieder die Informationsasymmetrie (siehe Abschnitt 4.2.4) mit einbezogen. Eine Gegenüberstellung der beiden Arten der Schwarmfinanzierung ist nicht Bestandteil der folgenden Beschreibung, da eine ausführlich Analyse der Vorteile in Kapitel 6 für die Modellerweiterung durchgeführt wird. Eine kritische Würdigung der Modellüberarbeitung findet in Abschnitt 4.2.5 statt.

4.2.1 Erweiterungen der Annahmen und Ergebnisse beim EaC

Da es sich hierbei um eine Überarbeitung des Ausgangsmodells handelt, liegen überwiegend dieselben Annahmen zugrunde. Änderungen ergeben sich lediglich bezüglich nachfolgender Punkte:

- Der Preis für die Vorbestellung und der zu einem späteren Zeitpunkt zu zahlende Restbetrag wird bei der Modellüberarbeitung zu einem Preis zusammengefasst, der in $t = 1$ komplett von den Unterstützern zu entrichten ist und durch p_c gekennzeichnet wird.[99]
- Die Basiswertschätzung R des Gutes sowie der Diskontfaktor δ entfallen und die Qualität S wird vorerst auf 1 normiert, so dass der Nutzen eines regulären Käufers $U_r = \theta - p_r$ und der eines Crowdfunders $U_c = \theta(1 + \sigma) - p_c$ entspricht.
- Die Grenzkosten bezüglich der Qualität sind konstant und können auch größer Null sein. Die Autoren geben jedoch an, dass dies keine allzu strenge Einschränkung gegenüber dem ursprünglichen EaC-Modell darstellt, da die Preise auch als Aufschlag auf konstante und positive Grenzkosten angesehen bzw. als Deckungsbeitrag (DB I) interpretiert werden können.
- Zudem ergeben sich weitere Parameter, die nachfolgend an der passenden Stelle eingeführt und näher beschrieben werden. Etwaige Budgetrestriktionen und Gewinnfunktionen werden durch den Index B gekennzeichnet, um eine Abgrenzung zum Ausgangsmodell sowie zu einer späteren Modellerweiterung zu gewährleisten.

Der Handlungsablauf der Modellüberarbeitung ergibt sich wie folgt: Am Anfang legt der Monopolist den Preis p_c verbindlich fest, ohne aber den regulären Kaufpreis p_r zu nennen, da dieser erst zum Zeitpunkt 2 bekanntgegeben

[99] Zwar ist das im ersten EaC-Modell von 2011 ebenfalls möglich ($p_1 + \delta p_c$ in $t = 1$), aufgrund der Beschreibung einer Ex-post-Preisdiskriminierung 2. Grades werden dort aber zwei Preise modelliert.

wird.[100] Da alle Akteure vollständige und perfekte Information besitzen, können sie aber den Preis p_r mit Hilfe des Lösungskonzeptes der Rückwärtsinduktion frühzeitig antizipieren und demnach auch schon in $t = 1$ eine Konsumentscheidung treffen. Bei vollständiger und perfekter Information kennen alle Spieler zum Zeitpunkt ihrer Entscheidung nicht nur die eigene Auszahlungsfunktion, sondern auch die der Mitspieler und können vorausgegangene Aktionen beobachten.[101] Werden die fixen Produktionskosten K durch die Unterstützer zum Zeitpunkt 1 gedeckt ($n_c p_c \geq K$), wird der Markt für reguläre Käufer zum Zeitpunkt 2 geöffnet, andernfalls stoppt das „Spiel". Der auszahlungsmaximierende Gleichgewichtspreis p_r des letzten Teilspiels sowie die dazugehörige Gleichgewichtsmenge n_r ergeben sich bei einem solchen dynamischen Spiel mit vollständiger und perfekter Information in Abhängigkeit von der vorausgegangenen Anzahl an Crowdfundern.

Beschließt also eine hinreichend große Gruppe an Crowdfundern ($n_c p_c \geq K$ mit $n_c \in [0,1]$) bei gegebenem Preis p_c ein Produkt vorzubestellen, wobei der indifferente Kunde wieder durch $\bar{\theta} \equiv 1 - n_c$ charakterisiert wird, kommen nur noch Konsumenten mit einem Geschmacksparameter von $\theta \in [0, \bar{\theta}]$ für den regulären Kauf zum Zeitpunkt 2 infrage. Der zwischen regulärem Kauf und keinem Konsum indifferente Kunde kann durch $\hat{\theta} \equiv p_r \leq \bar{\theta}$ beschrieben werden. Auf dieser Grundlage maximiert der Monopolist seinen Gewinn im letzten Teilspiel und die verbleidenden *potentiellen* Kunden wählen ihre Aktion auf Basis ihrer Nutzenfunktion aus.

$$\pi_2 = \max_{p_r} p_r(\bar{\theta} - p_r)$$

[100] Belleflamme et al. begründen das damit, dass die Existenz des Produktes vor einem Finanzierungsaufruf unsicher ist und der Monopolist sich dementsprechend noch nicht verbindlich auf einen regulären Kaufpreis festlegen kann. Vgl. Belleflamme et al. (2014), S. 592. Diese Argumentation ist aus Sicht des Autors nicht einleuchtend, da es im Gleichgewicht keine Unsicherheit gibt. Dementsprechend muss die Spielstruktur des Modells anders begründet werden (siehe Appendix B.2).

[101] Vgl. Sieg (2010), S. 39.

Der Gleichgewichtspreis und der optimale Gewinn des Unternehmens in $t = 2$ ergeben sich zu: $p_r^*(\bar{\theta}) = \bar{\theta}/2$ und $\pi_2^*(\bar{\theta}) = \bar{\theta}^2/4$. Die Konsumentscheidung eines Individuums der vorangestellten Entscheidungsstufe hängt von einem Vergleich der zwei Optionen Vorbestellung und regulärer Kauf ab, wobei die Spieler hier bei gegebenem Preis p_c den regulären Kaufpreis p_r^* antizipieren (s.o.).

$$\theta(1+\sigma) - p_c \geq \theta - p_r^* \Leftrightarrow \theta \geq \frac{p_c - p_r^*}{\sigma} \equiv \bar{\theta}$$
$$\Rightarrow \bar{\theta} = \frac{1}{\sigma}\left(p_c - \frac{\bar{\theta}}{2}\right) \Leftrightarrow \bar{\theta} = \frac{2p_c}{1+2\sigma} \tag{4.2-1}$$

Gemäß dem Nash-Gleichgewicht des letzten Teilspiels, maximiert der Monopolist folgende Zielfunktion, wobei π_1 der Umsatz in $t = 1$ und π_2 der Umsatz in $t = 2$ ist.

$$\prod_B = \max_{p_c} \underbrace{p_c\left(1 - \frac{2p_c}{1+2\sigma}\right)}_{\pi_1} + \underbrace{\frac{1}{4}\left(\frac{2p_c}{1+2\sigma}\right)^2}_{\pi_2} - K$$

Unter Einhaltung der Bedingungen $\pi_1 \geq K$ und $0 \leq \bar{\theta} \leq 1$ sowie $d^2\prod/dp_c^2 < 0$ ergibt sich der Gleichgewichtspreis für Vorbesteller p_c^* mit dem dazugehörigen Nachfragequantil $\bar{\theta}^*$ zu (siehe Appendix B.1):

$$p_c^* = \frac{(1+2\sigma)^2}{2(1+4\sigma)}$$
$$\bar{\theta}^* = \frac{2p_c^*}{1+2\sigma} \Leftrightarrow \bar{\theta}^* = \frac{1+2\sigma}{1+4\sigma} \tag{4.2-2}$$

Es ist offensichtlich, dass die Gruppengröße an Unterstützern ($n_c^* = 1 - \bar{\theta}^*$) stets zwischen 0 und 1 liegt (siehe Gleichung (4.2-2)), was aufgrund der Modellkonzeption zwingend erforderlich ist. Durch das Einsetzen des Gleichgewichtspreises p_c^* in die Zielfunktion kann sowohl der Umsatz zum Zeitpunkt 1 und 2 als auch der Gesamtgewinn des Unternehmens ermittelt werden. Demnach ergibt sich der Netto-Gewinn für den **uneingeschränkten Fall** ($\pi_1 \geq K$) zu:

$$\pi_{B,1}^* = \pi_1^* + \pi_2^* - K \Rightarrow \pi_{B,1}^* = \frac{1}{4} + \frac{\sigma^2}{1+4\sigma} - K$$

$$mit\ K \leq \frac{\sigma(1+2\sigma)^2}{(1+4\sigma)^2} \equiv K_{B.1} \tag{4.2-3}$$

Im Anhang wird neben einer detaillierten Berechnung der Gewinnfunktion $\pi_{B,1}^*$ sowie der Budgetrestriktion $K_{B.1}$ (siehe Appendix B.1) die sequentielle Struktur des Spiels begründet (siehe Appendix B.2).

Bei Nichteinhaltung der Budgetrestriktion ($K > K_{B.1}$), muss der Gleichgewichtspreis p_c^* der First-best-Lösung so angepasst werden, dass die Gleichung $\pi_1 = K$ erfüllt ist (**eingeschränkter Fall**). Dies resultiert in einer quadratischen Gleichung, die nur unter einem zweiten Schwellenwert für das Anfangskapital ($K_{B.2}$) reelle Lösungen hat:

$$p_c\left(1 - \frac{2p_c}{1+2\sigma}\right) = K \Leftrightarrow \hat{p}_c = \frac{1}{4}\left(1 + 2\sigma \pm \sqrt{(1+2\sigma)(1+2\sigma-8K)}\right)$$

$$mit\ K < \frac{(1+2\sigma)}{8} \equiv K_{B.2} \tag{4.2-4}$$

Aus der Gleichung (4.2-1) geht hervor, dass der Preis für Crowdfunder den Ausdruck $(1+2\sigma)/2$ unterschreiten muss, um $0 < \bar{\theta} < 1$ zu gewährleisten. Es kann aber gezeigt werden, dass für $K > K_{B.1}$ – selbst bei der Wahl des höheren Wertes für $\hat{p}_c$ aus der Gleichung (4.2-4), wovon vorerst ausgegangen wird – stets $\hat{p}_c < p_c^*$ gilt (siehe Appendix B.2). Folglich ist auch $0 < \hat{p}_c < (1+2\sigma)/2$ gegeben. Dieser geringere Preis muss bei hohen Produktionskosten durch eine größere Menge an Projektunterstützern kompensiert werden, damit der Finanzierungsaufruf erfolgreich ist. Die Gruppenstärke der Crowdfunder wächst dabei mit dem benötigten Anfangskapital. Weil der komplette Umsatz durch die Vorbesteller zur Deckung der Produktionskosten verwendet wird, entspricht der Gesamtgewinn des eingeschränkten Falls dem *angepassten* Umsatz ($\hat{\pi}_2$) durch reguläre Käufer. Da $\hat{\pi}_2$ mit dem Preis für Crowdfunder steigt, wird der höhere Preis aus der Gleichung (4.2-4) für die Berechnung des Gewinns $\pi_{B,2}$ herangezogen (siehe Appendix B.1).

$$\pi_{B,2} = \hat{\pi}_2 = \frac{1}{4}\left(\frac{2\hat{p}_c}{1+2\sigma}\right)^2 = \frac{1}{16}\left(1+\sqrt{\frac{8}{1+2\sigma}(K_{B.2}-K)}\right)^2$$

Analog zum Ausgangsmodell ist das Crowdfunding bei hohem Kapitalbedarf nicht zwangsläufig eine dominante Strategie für den Monopolisten. So ergibt sich beispielsweise für $K = K_{B.2}$ noch ein positiver Gewinn i.H.v. $\pi_{B,2} = 1/16$, verglichen mit der traditionellen Finanzierung[102] ist das EaC für $\sigma < 1/4$ aus Sicht des Unternehmens dabei aber nicht mehr vorteilhaft (siehe Appendix B.1). Zwar wird das an dieser Stelle nicht weiter diskutiert, als Ergebnis kann aber festgehalten werden, dass ein großes K auch hier die First-best-Lösung verhindert und somit die Dominanz des Crowdfundings nicht immer gegeben ist. Eine Zusammenfassung der aufgezeigten Fallunterscheidungen liefert nachfolgende Gewinnfunktion. Dabei ist zu beachten, dass $K_{B.1} < K_{B.2}$ ist (siehe Appendix B.2).

$$\Pi_B = \begin{cases} \frac{1}{4} + \frac{\sigma^2}{1+4\sigma} - K & \text{für } K \leq K_{B.1} \\ \frac{1}{16}\left(1+\sqrt{\frac{8}{1+2\sigma}(K_{B.2}-K)}\right)^2 & \text{für } K_{B.1} \leq K < K_{B.2} \\ 0 & \text{für } K_{B.2} \leq K \end{cases} \qquad (4.2\text{-}5)$$

Es ist ersichtlich, dass sich hohe Produktionskosten direkt nachteilig auf den Gewinn auswirken. Zudem ist ab $K > K_{B.1}$ aus Sicht des Monopolisten keine optimale Preisdiskriminierung mehr möglich. Demgegenüber beeinflusst die besondere Konsumerfahrung σ das EaC in zweierlei Weisen positiv. Erstens steigt der Gewinn in σ und zweitens erhöhen sich die Kapitalbeschränkungen

[102] Die Gewinnfunktion der traditionellen Finanzierung ist: $1/4 - K$. Diese wird im Appendix B.1 ausführlich hergeleitet.

mit steigendem Zusatznutzen, wobei die Differenzfunktion $K_{B.2} - K_{B.1}$ in σ sinkt.[103]

Zusammenfassend lassen sich ähnlich Aussagen wie bei dem Ausgangsmodell formulieren. Neu hingegen ist die Einbeziehung von Unsicherheit und Informationsasymmetrie, was im folgenden Abschnitt 4.2.2 erläutert wird.

4.2.2 Einbeziehung von Informationsasymmetrie beim EaC

Weil Crowdfunding-Kampagnen häufig zur Finanzierung noch nicht marktreifer Produkte aufrufen, herrscht üblicherweise ex-ante eine hohe Unsicherheit bezüglich der Produktqualität. Dabei werden nachfolgend zwei Situationen unterschieden. Zum einen betrifft diese Unsicherheit sowohl den Produzenten als auch die Crowdfunder gleichermaßen (Informationssymmetrie) und zum anderen nur einen Teil der Akteure. Der erstgenannte Sachverhalt wird im Folgenden nur ansatzweise beschrieben, da sich durch die Modellierung keine weiteren Erkenntnisse im Vergleich zum Basismodell ableiten lassen. Für das zweitgenannte Szenario wird angenommen, dass der Monopolist die Qualität S erlernen kann und somit private Informationen hält, was zu einer asymmetrischen Informationsverteilung zwischen Monopolist und den Unterstützern/Konsumenten führt. Ist die dem Unternehmen bekannte Produktqualität lediglich exogen gegeben, so liegt ein Fall mit *hidden characteristics* vor, was zur *Adversen-Selektion* führt. Kann der Monopolist hingegen über die Produktqualität im Laufe des Entwicklungsprozesses, d.h. nach der Finanzierung, selbst entscheiden (*hidden action*), verursacht das ein *Moral-Hazard-Problem.*

Um zu zeigen, dass die beschriebenen Modellergebnisse auch bei Unsicherheit mit symmetrischer Informationsverteilung Gültigkeit besitzen, wird nachfolgend eine entsprechende Erweiterung des soeben vorgestellten Basismodells in Grundzügen umrissen: Ex-ante kennen dabei sowohl die potentiellen Kunden als auch der Monopolist nur die erwartete Qualität $E[\tilde{S}]$. Ex-post, d.h. nach der Investition etwaiger Unterstützer, ergibt sich die wahre Produktqualität jeweils mit einer Wahrscheinlichkeit von $1/2$ entweder zu $S + \varepsilon$ oder zu $S - \varepsilon$, wobei

[103] Vgl. Belleflamme et al. (2014), S. 594.

$\varepsilon \in]0, S[$ ist. Da die erwartete Produktqualität in $t = 1$ mit der wahren des Basismodells übereinstimmt und alle Akteure risikoneutral sind, bleibt die Gruppenstärke an Vorbestellern unverändert.[104] Zum Zeitpunkt 2 ist die tatsächliche Qualität bekannt und Vorbesteller haben entweder zu viel oder zu wenig für das Gut bezahlt. Der Monopolist erzielt demgegenüber ex-post im Vergleich zum Basismodell einen höheren bzw. niedrigeren Gewinn. Werden die Ergebnisse aber ex-ante wahrscheinlichkeitstheoretisch interpretiert, ergeben sich keine weiteren Erkenntnisse.

Interessanter ist der Fall einer asymmetrischen Informationsverteilung: Um zu zeigen was passiert, wenn der Monopolist private Informationen über die exogen gegebene Produktqualität S hat, die *potentiellen* Konsumenten nicht zur Verfügung stehen, müssen weitere Annahmen getroffen werden. Da die Information der Nachfrager unvollständig ist, muss das Spiel als dynamisches Spiel mit vollständiger, aber unvollkommener Information, modelliert werden (Harsanyi-Transformation[105]). Hierbei können aber unglaubwürdige Nash-Gleichgewichte nicht mehr durch Teilspielperfektheit ausgeschlossen werden und das GG-Konzept muss um die Komponenten der fortlaufenden Rationalität sowie durch sog. „Beliefs" (Einschätzung über Eintrittswahrscheinlichkeiten) erweitert werden. Bei Informationsmengen, die auf dem Gleichgewichtspfad liegen, werden die Vorstellungen über die Wahrscheinlichkeiten dabei entsprechend der Bayesschen Regel und den Gleichgewichtsstrategien gebildet.[106] Ein solches Lösungskonzept wird *Perfektes Bayessches Gleichgewicht* (PBGG) genannt. Nachfolgend wird von der Interpretation aller Preise als Aufschlag auf konstante Grenzkosten (DB I) abgerückt und variable Kosten mit der Produktqualität als Bezugsgröße abgebildet. Es wird davon ausgegangen, dass eine niedrige Qualität (S_L) kostengünstiger als eine hohe (S_H) hergestellt werden kann ($c_H > c_L \geq 0$). Ein sog. „Naturzug" bestimmt am Anfang des Spiels die „Eigenschaft" oder auch den „Typ" des Monopolisten, der mit einer Wahrscheinlichkeit λ entweder ein Produkt mit S_H oder der Gegenwahrscheinlichkeit

[104] Für einen solchen Vergleich müsste die Qualität wieder normiert werden ($S = 1$). Es ist davon auszugehen, dass die Grenzkosten hier Null sind (siehe Abschnitt 4.2.5).

[105] Vgl. Harsanyi (1967-68).

[106] Vgl. Sieg (2010), S. 120f .

$1-\lambda$ ein Produkt mit der Qualität S_L hervorbringt, was *common knowledge* darstellt. Es gilt ferner, dass $S_L < S_H$ ist. Die Vorstellung (Belief) aller *potentiellen* Konsumenten bezüglich der Ausprägung der Produktqualität *vor* dem Konsum wird durch S^e gekennzeichnet und kann entweder $S^e = S_L(S_H)$ oder $S^e = \lambda S_H + (1-\lambda)S_L \equiv \bar{S}$ annehmen. Ersteres gilt, sofern die Kunden *nur* von einer geringen (hohen) Qualität ausgehen und $\bar{S}$ entspricht der Einschätzung, dass beide Zustände mit einer positiven Wahrscheinlichkeit eintreten können.

Zum Zeitpunkt 2 entscheiden sich Konsumenten mit $\theta \in [0, \bar{\theta}]$ für einen regulären Kauf, wenn $\theta \geq p_r/S^e$ erfüllt ist. Der Monopolist maximiert seinen Gewinn auf der Basis einer bereits vorhandenen Menge an Projektunterstützern.

$$\pi_2 = \max_{p_r}(p_r - c_i)\left(\bar{\theta} - \frac{p_r}{S^e}\right) \quad mit\ c_i \in \{c_H; c_L\}$$

Der optimale Gewinn sowie der Gleichgewichtspreis zum Zeitpunkt 2 stellen sich wie folgt ein: $p_r(\bar{\theta}, i) = (\bar{\theta}S^e + c_i)/2$ und $\pi_2^*(\bar{\theta}, i) = (\bar{\theta}S^e - c_i)^2/4S^e$. In $t = 1$ wird das Nachfragequantil der Vorbestellung analog zum Basismodell durch $\bar{\theta} = (p_c - p_r^e)/\sigma$ beschrieben, wobei p_r^e dem erwarteten regulären Kaufpreis in $t = 2$ entspricht. An dieser Stelle sei angemerkt, dass sich die Beliefs der Zielgruppe während des gesamten Spiels nicht ändern. Um zu untersuchen, ob sich das Crowdfunding für alle *Unternehmenstypen* lohnt, wird in einem ersten Schritt $S^e = \bar{S}$ angenommen und für p_r^e gilt dann:

$$\begin{aligned} p_r^e &= \lambda\frac{1}{2}(\bar{\theta}\bar{S} + c_H) + (1-\lambda)\frac{1}{2}(\bar{\theta}\bar{S} + c_L) \\ \Leftrightarrow p_r^e &= \frac{1}{2}(\bar{\theta}\bar{S} + \bar{c}) \quad mit\ \bar{c} = \lambda c_H + (1-\lambda)c_L \end{aligned} \tag{4.2-6}$$

Die Vorbesteller beziehen diesen erwarteten regulären Gleichgewichtspreis p_r^e in ihr Entscheidungskalkül mit ein, wodurch sich der Schwellenwert $\bar{\theta}$ wie folgt darstellen lässt:

$$\bar{\theta} = \frac{1}{\sigma}\left(p_c - \frac{1}{2}(\bar{\theta}\bar{S} + \bar{c})\right) \Leftrightarrow \bar{\theta} = \frac{2p_c - \bar{c}}{\bar{S} + 2\sigma} \tag{4.2-7}$$

Der Monopolist maximiert seine Zielfunktion, wobei er die Informationsmengen auf dem Gleichgewichtspfad aller nachfolgenden Spieler berücksichtigt.[107]

$$\prod_B(c_i) = \max_{p_c} \underbrace{(p_c - c_i)\left(1 - \frac{2p_c - \bar{c}}{\bar{S} + 2\sigma}\right)}_{\pi_1} + \underbrace{\frac{1}{4\bar{S}}\left(\frac{2p_c - \bar{c}}{\bar{S} + 2\sigma}\bar{S} - c_i\right)^2}_{\pi_2} - K$$

Da der Gewinn in c_i fällt, muss gezeigt werden, dass sich eben auch ein Monopolist vom Typ S_H für das EaC entscheidet. Ansonsten fielen die Vorstellung der potentiellen Konsumenten und das Verhalten des Unternehmens auseinander und es gäbe für diesen Fall kein PBGG. Zu diesem Zweck wird bei gegebenem Belief ($S^e = \bar{S}$) der maximale Kapitalbedarf (**eingeschränkter Fall**) in Abhängigkeit von c_H berechnet:

$$\begin{gathered}(p_c - c_H)(1 - \bar{\theta}) = K \\ \Leftrightarrow 2p_c^2 - (\bar{S} + 2\sigma + \bar{c} + 2c_H)p_c + (\bar{S} + 2\sigma)K + (\bar{S} + 2\sigma + \bar{c})c_H = 0\end{gathered} \tag{4.2-8}$$

Das Polynom vom Grade 2 hat nur unter nachfolgender Bedingung reelle Lösungen (siehe Appendix B.1):

$$K \leq \frac{(\bar{S} + \bar{c} + 2\sigma - 2c_H)^2}{8(\bar{S} + 2\sigma)} \equiv K_{B.2}(\bar{S}, \bar{c}; c_H) \tag{4.2-9}$$

In einem zweiten Schritt wird diese Budgetrestriktion mit dem Ergebnis bei $S^e = S_j$ verglichen. D.h. alle Mitglieder der Zielgruppe haben zu jedem Zeitpunkt des Spiels die Vorstellung, dass nur eine *bestimmte* Produktqualität $j \in \{H; L\}$ produziert werden wird. Durch das Einsetzen von $p_r^e = \left(\bar{\theta}S_j + c_j\right)/2$ in $\bar{\theta} = (p_c - p_r^e)/\sigma$ ergibt sich: $\bar{\theta} = \left(2p_c - c_j\right)/\left(S_j + 2\sigma\right)$. Dementsprechend ist die zu maximierende Zielfunktion:

[107] Auch hier müssen wieder die notwendigen Bedingungen $\pi_1 \geq K$ und $0 \leq \bar{\theta} \leq 1$ erfüllt sein. Zudem muss der Gleichgewichtspreis der Vorbesteller den Gewinn maximieren.

$$\prod_B(c_i) = \max_{p_c} \underbrace{(p_c - c_i)\left(1 - \frac{2p_c - c_j}{S_j + 2\sigma}\right)}_{\pi_1} + \underbrace{\frac{1}{4S_j}\left(\frac{2p_c - c_j}{S_j + 2\sigma}S_j - c_i\right)^2}_{\pi_2} - K$$

Analog zum vorherigen Fall ($S^e = \bar{S}$) sinkt der Gewinn in c_i. Demzufolge ist, bei einer gegebenen Einschätzung der Konsumenten, $\prod_B(c_L)$ immer größer als $\prod_B(c_H)$. Sofern sich also das Crowdfunding für einen Monopolisten mit hoher Produktqualität lohnt, gilt das auch für ein Unternehmen des Typs S_L, womit $S^e = S_H$ nicht vereinbar ist.[108] Als Folge stellt sich der maximal zu finanzierende Kapitalbedarf für den Fall $S^e = S_j$ mit $j \in \{H; L\}$ als Bedingung für eine reelle Lösung der quadratischen Gleichung (4.2-10), gegeben $S^e = S_L$, ein (siehe Appendix B.1).

$$(p_c - c_i)\left(1 - \frac{2p_c - c_L}{S_L + 2\sigma}\right) = K$$
$$\Leftrightarrow K \leq \frac{(S_L + c_L + 2\sigma - 2c_i)^2}{8(S_L + 2\sigma)} \equiv K_{B.2}(S_L, c_L; c_i) \tag{4.2-10}$$

Die Vorstellung der Konsumenten, dass nur Projekte mit niedriger Qualität realisiert werden, ist nur für *bestimmte* Werte des Anfangskapitals gegeben:

$$\frac{(S_L + c_L + 2\sigma - 2c_H)^2}{8(S_L + 2\sigma)} < K \leq \frac{(S_L + 2\sigma - c_L)^2}{8(S_L + 2\sigma)} \tag{4.2-11}$$

Die bisherigen Ergebnisse können folgendermaßen zusammengefasst werden, wobei hier das benötigte Anfangskapital als Signal interpretiert wird, das der Monopolist (Sender) den Konsumenten (Empfänger) übermittelt.

- Für $K \leq K_{B.2}(\bar{S}, \bar{c}; c_H)$ können die Vorbesteller zwischen den zwei *Unternehmenstypen* nicht unterschieden, da sowohl eine hohe als auch eine geringe Produktqualität durch das Crowdfunding finanziert werden kann. Das PBGG ist ein *Pooling-Gleichgewicht.*

[108] Die Wahrscheinlichkeitseinschätzung darüber, dass es für diesen Fall *nur* Unternehmen mit hoher Produktqualität gibt, ist nicht 1.

- Für $K_{B.2}(S_L, c_L; c_H) < K \leq K_{B.2}(S_L, c_L; c_L)$ ist es den Vorbestellern möglich den *Unternehmenstyp* zu erkennen, da für diesen Definitionsbereich nur eine niedrige Qualität durch das EaC finanziert werden kann. Das PBGG ist ein *Separierendes-Gleichgewicht.*
- Für $K > max\{K_{B.2}(\bar{S}, \bar{c}; c_H); K_{B.2}(S_L, c_L; c_L)\}$ kann das Gut im PBGG für keine Qualitätsausprägung durch das EaC finanziert werden.

Durch eine Gegenüberstellung der Ungleichungen (4.2-9) und (4.2-11) kann der Zusammenhang $K_{B.2}(\bar{S}, \bar{c}; c_H) > K_{B.2}(S_L, c_L; c_H)$ gezeigt werden. Zwar ist es nicht ohne weiteres möglich für die Budgetrestriktionen $K_{B.2}(\bar{S}, \bar{c}; c_H)$ und $K_{B.2}(S_L, c_L; c_L)$ einen solchen Vergleich anzustellen, als Ergebnis kann aber dennoch festgehalten werden, dass es einen Bereich $(K_{B.2}(S_L, c_L; c_H) < K \leq min\{K_{B.2}(\bar{S}, \bar{c}; c_H); K_{B.2}(S_L, c_L; c_L)\})$ gibt, in dem das *Pooling-Gleichgewicht* und das *Separierende-Gleichgewicht* gemeinsam existieren.

Wäre der Monopolist in der Lage die Qualität seines Produktes selbst zu wählen (*hidden action*), entfiele der Naturzug und ein *Moral-Hazard-Problem* würde entstehen. Unter der Annahme, dass eine höhere Produktqualität auch mit höheren Kosten verbunden ist, hätten Projektinitiatoren einen Anreiz die Fertigung eines Gutes mit S_H durch die Bekanntgabe „falscher“ Preise vorzutäuschen, um im Endeffekt ein schlechtes Produkt herzustellen. Als Folge führt die asymmetrische Informationsverteilung mit endogener Festlegung der Qualität zur Erzeugung nur geringwertiger Produkte. Wäre ein Unternehmen hingegen in der Lage die Beschaffenheit eines Gutes zu signalisieren, so könnten möglicherweise auch hochwertige Güter entstehen.[109]

4.2.3 Crowdinvesting (Profit-Sharing-Modell)

Die Modellkonzeption orientiert sich hierbei an der des Abschnitts 4.2.1, so dass u.a. die Produktqualität wieder auf Eins normiert wird ($S = 1$) und die Preise abermals als Deckungsbeitrag I interpretiert werden. Änderungen ergeben sich lediglich bezüglich folgender Punkte:

[109] Belleflamme et al. gehen davon aus, dass die Wahl der Finanzierungart als ein Signal bezüglich der Qualität dient, zeigen das aber nicht analytisch. Vgl. Belleflamme et al. (2014), S. 600.

- Die Investoren erhalten durch ihre Unterstützung keine nutzenerhöhende Zusatzqualität σ (besondere Konsumerfahrung), sondern ziehen schlichtweg einen zusätzlichen Nutzen Σ aus der Investition als solche (besondere Investitionserfahrung). Dieser ist homogen und unabhängig von dem Konsum.[110]
- Als Gegenleistung für eine Investition bekommen die Crowdfunder/Investoren einen Anteil $\beta \in [0,1[$ am Gewinn des Monopolisten, der für alle Kapitalgeber gleich ist (β / n_c).
- Budgetrestriktionen und Gewinnfunktionen werden durch den Index PS gekennzeichnet, um eine Abgrenzung zum ersten und zweiten EaC-Modell sowie zu einer späteren Modellerweiterung zu gewährleisten.

Nachfolgend wird analog zum Abschnitt 4.2.1 der Fall einer symmetrischen Informationsverteilung untersucht. Der Handlungsablauf ergibt sich folgendermaßen: Zu Beginn des Spiels legt der Monopolist den Anteil β seines Gewinns π_{PS} fest, den er bereit ist abzutreten. Mitglieder der Zielgruppe entscheiden sich auf Basis ihrer Nutzenfunktion für oder gegen ein Investment, was jeden Investor K/n_c kostet.[111] Sofern der Kapitalbedarf durch die Crowdfunder zum Zeitpunkt 1 gedeckt werden kann, wird der reguläre Kaufpreis p_r in $t = 2$ veröffentlicht[112] und potentielle Kunden treffen ihre Konsumentscheidung. Der realisierte Gewinn wird – ebenfalls zum Zeitpunkt 2 – entsprechend aufgeteilt.

Da alle Spieler vollständige und perfekte Informationen haben, sind potentielle Investoren frühzeitig in der Lage durch das Lösungskonzept der Rückwärtsin-

---

[110] In Kapitel 2 wurden bereits einige Studien erwähnt, die für das Vorhandensein eines solchen Zusatznutzens sprechen.

[111] Zum einen sei an dieser Stelle erwähnt, dass die Zielgruppe n für einen späteren Vergleich dieselbe wie beim EaC sein muss. Zum anderen lassen Belleflamme et.al hier unerwähnt, dass der Preis für einen Gewinnanteil eines Investors auf Grundlage der erwarteten Anzahl an Crowdfundern bestimmt wird. Im Gleichgewicht gilt wieder $n_c^e = n_c$. Jeder Kapitalgeber ist somit unerlässlich für den Finanzierungserfolg.

[112] Belleflamme et al. geben an, dass sich der Monopolist hierbei nicht schon in $t = 1$ auf den regulären Kaufpreis verbindlich festlegen muss, da das Produkt ohnehin nur zum Zeitpunkt 2 erhältlich ist. Vgl. Belleflamme et al. (2014), S. 595.

duktion nicht nur den Preis p_r, sondern auch den Gewinn in $t = 2$ und somit den Rückfluss aus einer etwaigen Investition zu antizipieren. Unter der Annahme eines erfolgreichen Finanzierungsaufrufs ergeben sich der auszahlungsmaximierende reguläre Gleichgewichtspreis p_r^* und die dazugehörige Gleichgewichtsmenge n_r^* – analog zur traditionellen Finanzierung (vgl. Appendix B.1) – jeweils zu $1/2$. Alle Mitglieder der Zielgruppe mit $\theta \in [1/2,1]$ kaufen das fertige Produkt unabhängig von ihrer Investitionsentscheidung, wodurch sich im letzten Teilspiel ($t = 2$) ein Gesamtgewinn von 1/4 einstellt. Potentielle Crowdfunder investieren in $t = 1$, sofern ihr Nutzen dabei größer oder gleich Null ist, was nachfolgend als participation constraint (PC) bezeichnet wird:

$$\frac{\beta}{n_c}\frac{1}{4} - \frac{K}{n_c} + \Sigma \geq 0 \qquad (4.2\text{-}12)$$

Es wird die Annahme getroffen, dass das Produkt bei einem Kampagnenabbruch nicht produziert wird und es keine Alternative zu diesem Investment gibt. Der Gewinn des Monopolisten beträgt $(1-\beta)/4$, woraus gefolgert werden kann, dass es für das Unternehmen optimal ist β so gering wie möglich zu halten. Durch das Umstellen der Ungleichung (4.2-12) und Gleichsetzen ergibt sich: $\beta = 4K - 4n_c\Sigma$. Da der Gewinnanteil β in n_c schrumpft, ist es aus Sicht des Unternehmens gewinnmaximierend $n_c = 1$ zu wählen.[113] Dabei können drei Fälle unterschieden werden:

1) Ist das benötigte Startkapital $K \geq (1/4) + \Sigma$, so erzielt der Monopolisten keinen positiven Gewinn ($\pi_{PS}^1 = 0$) und das Gut kann nicht durch CI finanziert werden.
2) Für $\Sigma < K < (1/4) + \Sigma$ sind alle Mitglieder der Zielgruppe Crowdfunder und der Gewinn des Unternehmens ist: $\pi_{PS}^2 = (1/4) - (K - \Sigma)$.
3) Ist das Anfangskapital $K \leq \Sigma$, so muss der Monopolist keinen Anteil an seinem Gewinn abtreten ($\beta = 0$) und kann den gesamten Gewinn

[113] Belleflamme et al. klären nicht inwiefern eine Mindestanzahl an Nicht-Investoren, von denen sich die Kapitalgeber abgrenzen können und sich dadurch „privilegiert" fühlen, eine Voraussetzung für die Entstehung einer besonderen Investitionserfahrung ist.

i.H.v. $\pi_{PS}^{3} = 1/4$ behalten. Die Anzahl an Investoren ergibt sich zu: $\hat{n}_c = K/\Sigma$.[114]

Nachfolgend wird hierbei von einer **breiten Masse an Investoren** gesprochen. Die bisherigen Ergebnisse werden in der Gewinnfunktion (4.2-13), die durch den Index PS und a gekennzeichnet ist, zusammengefasst:

$$\prod_{PS}^{a} = \begin{cases} \frac{1}{4} & f\ddot{u}r\ 0 \leq K \leq \Sigma \\ \frac{1}{4} - (K - \Sigma) & f\ddot{u}r\ \Sigma < K \leq \frac{1}{4} + \Sigma \\ 0 & f\ddot{u}r\ K > \frac{1}{4} + \Sigma \end{cases} \tag{4.2-13}$$

Wird der individuelle Nutzen, den ein potentieller Projektunterstützer (j) aus dem Konsum zieht, in sein Entscheidungskalkül mit einbezogen, so ergibt sich die Nutzenfunktion für die Investition unter Beachtung der Teilnahmebedingung (PC) zu:[115]

$$\underbrace{\theta_j - \frac{1}{2}}_{Konsum} + \underbrace{\frac{\beta}{n_c}\frac{1}{4} - \frac{K}{n_c} + \Sigma}_{Investition} \geq 0 \tag{4.2-14}$$

Hierbei gilt, dass alle Investoren auch Konsumenten sind und demnach ein Geschmacksparameter von $\theta \in [1/2,1]$ aufweisen müssen (**schmale Masse an Investoren**), was als Verträglichkeitsbedingung (CC) bezeichnet wird. Auf der anderen Seiten sind reguläre Käufer nicht zwangsläufig Crowdfunder ($n_c \subseteq n_r$). Der indifferente Investor wird durch $\bar{\theta} \equiv 1 - n_c \geq 1/2$ gekennzeichnet:

---

[114] Das entspricht dem Fall des Crowddonatings, da Investoren bzw. „Spender“ hier keine finanzielle Gegenleistung für ihre Unterstützung verlangen. Es bleibt aber unerwähnt, wie $\hat{n}_c = K/\Sigma \leq 1$ bei einer breiten Masse an Investoren zustande kommen kann: Die CI-Kampagne müsste nämlich abgebrochen werden, sobald der benötigte Kapitalbedarf erreicht ist. Wie es aber auch für diese Randfall zu $n_c = 1$ kommen könnte, wird in Abschnitt 5.2 geklärt.

[115] Hierbei sei angemerkt, dass diese Konstruktion der geforderten Unabhängigkeit von Konsum und Investment prinzipiell widerspricht, was in Abschnitt 4.2.5 weiter diskutiert wird.

$$\bar{\theta} = \frac{1}{2} - \left(\frac{\beta}{n_c}\frac{1}{4} - \frac{K}{n_c} + \Sigma\right) \tag{4.2-15}$$

Interessant ist dabei, dass aus Sicht eines Kapitalgebers die Kosten für den Erwerb eines Gewinnanteils größer als der Rückfluss bzw. der Nutzen aus demselben ist und die Investition demnach – zumindest isoliert bertachtet – nicht lohnt. Das wird aber durch den individuellen Nutzen, den der Konsum zum Zeitpunkt 2 für manche Käufer stiftet, kompensiert.

Der Monopolist maximiert jetzt seinen Gewinn $\pi_{PS} = (1-\beta)/4$ unter zwei Randbedingungen: Erstens müssen alle Crowdfunder auch reguläre Käufer sein ($n_c \leq 1/2$) und zweitens ist $\beta \in [0,1[$. Die Gleichung (4.2-15) nach β aufgelöst ($\beta = 2(2n_c^2 - n_c(1+2\Sigma) + 2K)$) und anschließend nach n_c abgeleitet, ergibt die optimale Anzahl an Kapitalgebern n_c^*. Der dazugehörige Gewinnanteil β^* im Gleichgewicht kann daraufhin ebenfalls ermittelt werden (siehe Appendix B.1). Dabei muss aber $d^2\beta/dn_c^2 > 0$ gelten.

$$\begin{gathered} n_c^* = \frac{1}{4}(1+2\Sigma) \quad mit\; \Sigma \leq \frac{1}{2} \\ \beta^* = \frac{1}{4}\left(16K - (1+2\Sigma)^2\right) \quad mit\; K \geq \frac{(1+2\Sigma)^2}{16} \end{gathered} \tag{4.2-16}$$

Es ergeben sich in Abhängigkeit der Werte für das Startkapital *K* und für die besondere Investitionserfahrung Σ vier Fälle, die in der Tabelle 2 aufgeführt sind. Auch für die Situation einer **schmale Masse an Investoren** gilt, dass jeder einzelne Kapitalgeber unverzichtbar für den Finanzierungserfolg ist. Nur Crowdfunder mit einem sehr hohen Geschmacksparameter unterstützen hierbei das Projekt.

Tabelle 2: Fallunterscheidungen bei einer schmalen Masse an Investoren

	$K > \frac{(1+2\Sigma)^2}{16}$	$K \leq \frac{(1+2\Sigma)^2}{16}$
$\Sigma < \frac{1}{2}$	(A)	(C)
$\Sigma \geq \frac{1}{2}$	(B)	(D)

Eine detaillierte Berechnung der jeweiligen Gewinnfunktionen der vier Fälle aus Tabelle 2 sowie die entsprechenden Gruppenstärken und Gewinnanteile befindet sich im Appendix B.1. Im Folgenden werden lediglich die Resultate kurz beschrieben:

(A) Die beiden genannten Bedingungen sind erfüllt und es gibt eine innere Lösung (siehe Gleichung (4.2-16)). Der Gewinn im Gleichgewicht ergibt sich zu: $\pi_{PS}^{A} = (1/4) + ((1 + 2\Sigma)^2/16) - K$.

(B) Da die Vereinbarkeitsbedingung (CC) verletzt ist, werden alle Konsumenten zu Investoren ($n_c = 1/2$) und der Gewinn des Monopolisten beträgt: $\pi_{PS}^{B} = (1/4) + (\Sigma/2) - K$.

(C) Hier ist die zweitgenannte Bedingung nicht erfüllt, da das benötigte Anfangskapital K einen kleineren Wert als in (4.2-16) erläutert annimmt. Dementsprechend wird die Investorenanzahl so gewählt, dass $\beta = 0$ ist. Durch $\Sigma < 1/2$ wird $\hat{n}_c < 1/2$ gewährleistet und der Gewinn ergibt sich zu: $\pi_{PS}^{C} = 1/4$.

(D) Werden hingegen beide Bedingungen verletzt, so stellt sich für $K < \Sigma/2$ ein Gewinn i.H.v. $\pi_{PS}^{D} = \pi_{PS}^{C}$ ein. Demgegenüber beträgt der Gewinn des Monopolisten $\pi_{PS}^{D} = \pi_{PS}^{B}$, sofern $K \in [\Sigma/2, (1 + 2\Sigma)^2/16]$ ist.[116]

Diese Ergebnisse sind in nachfolgender Gewinnfunktion, die durch den Index *PS* und *b* (**schmale Masse**) gekennzeichnet ist, zusammenfassend dargestellt.

$$\Pi_{PS}^{b} = \begin{cases} \frac{1}{4} & für\ K < \frac{\Sigma}{2}\ \&\ \Sigma \geq \frac{1}{2} \\ \frac{1}{4} & für\ K \leq \frac{(1+2\Sigma)^2}{16}\ \&\ \Sigma < \frac{1}{2} \\ \frac{1}{4} - \left(K - \frac{(1+2\Sigma)^2}{16}\right) & für\ K \in \left[\frac{(1+2\Sigma)^2}{16}, \frac{1}{4} + \frac{(1+2\Sigma)^2}{16}\right]\ \&\ \Sigma \leq \frac{1}{2} \\ \frac{1}{4} - \left(K - \frac{\Sigma}{2}\right) & für\ K \in \left[\frac{\Sigma}{2}, \frac{1}{4} + \frac{\Sigma}{2}\right]\ und\ \Sigma \geq \frac{1}{2} \\ 0 & anderenfalls \end{cases}$$

[116] Sowohl beim Fall (C) als auch beim Fall (D) kann wieder von einer Spende gesprochen werden. Wie die genaue Anzahl der Spender zustande kommt, muss noch geklärt werden (siehe Abschnitt 5.2).

Es gibt in Abhängigkeit einer gegebenen Parameterkonstellation jeweils zwei Möglichkeiten. Zum einen kann der abzutretende Gewinnanteil vom Unternehmen so gewählt werden, dass eine breite Masse an Investoren das Projekt unterstützt. Ist die Investition als solche nicht lohnenswert, da der Monopolist nur einen kleinen Anteil an seinem Gewinn abtritt, so investieren nur diejenigen Mitglieder der Zielgruppe in das Projekt, die das Produkt zu einem späteren Zeitpunkt auch käuflich erwerben möchten. Dementsprechend ist die Anzahl an Crowdfundern dabei klein.

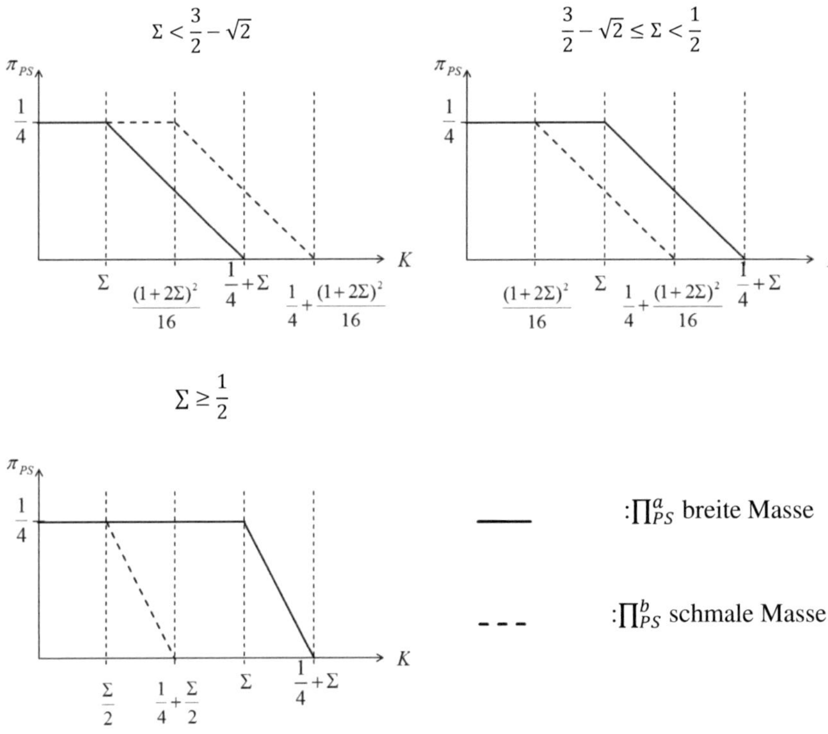

Abbildung 9: Überlagerung der beiden Gewinnfunktionen des Crowdinvestings[117]
(Zeichnungen nicht maßstabsgetreu)

[117] Quelle: Belleflamme/Lambert/Schwienbacher (2014), S. 604.

Durch eine graphische Überlagerung der beiden beschriebenen Gewinnfunktionen ($\prod_{PS}^{a}$ und $\prod_{PS}^{b}$) kann bei einer gegebenen Parameterkonstellation jeweils die beste Option aus Sicht des Monopolisten identifiziert werden. Die drei unterschiedlichen Konstellationen in Abhängigkeit vom Wert für die besondere Investitionserfahrung Σ aus Abbildung 9 ergeben sich anhand eines analytischen Vergleichs der beiden Funktionen (siehe Appendix B.1).

Die aus der Gegenüberstellung resultierende optimale Kombination der Gewinnfunktionen sieht wie folgt aus:

$$\prod_{PS} = \begin{cases} \frac{1}{4} & für\ 0 \leq K \leq f(\Sigma) \\ \frac{1}{4} + f(\Sigma) - K & für\ f(\Sigma) \leq K \leq \frac{1}{4} + f(\Sigma) \\ 0 & für\ K \geq \frac{1}{4} + f(\Sigma) \end{cases} \tag{4.2-17}$$

$$mit\ f(\Sigma) = \frac{(1 + 2\Sigma)^2}{16} \quad für\ \Sigma < \frac{3}{2} - \sqrt{2}, \quad ansonsten\ f(\Sigma) = \Sigma$$

Die besondere Investitionserfahrung beeinflusst das Ergebnis in dreierlei Weisen positiv. Erstens steigt der Gewinn in Σ, zweitens erhöhen sich die Kapitalbeschränkungen mit steigendem Zusatznutzen und drittens kann der Monopolist ab einem Schwellenwert für die besonderen Investitionserfahrung i.H.v. $\Sigma = (3/2) - \sqrt{2}$ eine breite Masse an Kapitalgebern ansprechen. Letzteres wirkt sich nicht nur positiv auf den Gewinn aus, sondern erhöht auch die Budgetrestriktionen gegenüber dem Fall einer schmalen Masse an Investoren. Zwar sinkt die Gewinnfunktion des Profit-Sharings genau wie die der traditionellen Finanzierung (siehe Appendix B.1) in K, es kann aber leicht gezeigt werden, dass das Crowdinvesting gegenüber der traditionelle Finanzierung aufgrund des Zusatznutzens Σ eine dominante Strategie ist.

4.2.4 Einbeziehung von Informationsasymmetrie beim PS

Die Situation, dass weder der Monopolist noch die Mitglieder der Zielgruppe ex-ante, d.h. vor der Investition, die tatsächliche Qualität S kennen[118] (Informationssymmetrie) und lediglich Erwartungen hinsichtlich der Ausprägung der Produktqualität $E[\tilde{S}]$ haben (Unsicherheit), kann leicht beschrieben werden: Potentielle Kapitalgeber gehen in $t = 1$ nämlich davon aus, dass die Nachfrage zum Zeitpunkt 2 bei *Grenzkosten von Null* wie folgt aussieht:

$$\begin{aligned} U_r^e \geq 0 &\Leftrightarrow \frac{1}{2}\theta(S+\varepsilon) + \frac{1}{2}\theta(S-\varepsilon) \geq p_r \\ &\Leftrightarrow \theta S \geq p_r \equiv \hat{\theta} S \end{aligned} \tag{4.2-18}$$

Das entspricht dann auch dem *tatsächlichen* Nachfragequantil zum Zeitpunkt 2, sofern reguläre Käufer die Qualität dann kennen. Wird das Ergebnis ex-ante wahrscheinlichkeitstheoretisch ausgelegt, können abermals keine weiteren Schlüsse gezogen werden. Ex-post betrachtet sind alle Akteure, die zum Zeitpunkt 1 aktiv waren, je nach Zustand entweder besser oder schlechter gestellt als angenommen.

Wird die Produktqualität dem Monopolisten hingegen *vor* dem Finanzierungsaufruf durch einen Naturzug offenbart ($S \in \{S_L; S_H\}$), so liegt ein Fall mit *hidden characteristics* vor. Analog zum Abschnitt 4.2.2 kennen die Mitglieder der Zielgruppe nämlich die Auszahlungsfunktion des Unternehmens bzw. S *vor* dem Konsum oder den Rückflüssen aus einer etwaigen Investition hier nicht (Informationsasymmetrie). Sie haben aber wieder eine Wahrscheinlichkeitseinschätzung über die Ausprägung der Qualität (S^e), die zwei Zustände annehmen kann, und verhalten sich fortlaufend rational. Gehen die potentiellen Kunden lediglich von einer geringen (hohen) Produktqualität aus, so ist $S^e = S_L(S_H)$. Ein Unternehmen bringt mit der Wahrscheinlichkeit λ ein hochwertiges Gut (S_H) und mit der Gegenwahrscheinlichkeit $1-\lambda$ eines mit S_L hervor, was bekannt ist (*common knowledge*). Teilen die Nachfrager die Einschätzung (Belief)

[118] In diesem Abschnitt wird analog zum Abschnitt 4.2.2 nicht von einer Normierung der Qualität ausgegangen.

darüber, dass beide Zustände mit einer positiven Wahrscheinlichkeit erreicht werden können, dann entspricht $S^e = \lambda S_H + (1-\lambda)S_L \equiv \bar{S}$. Die Preise werden hierbei nicht als Deckungsbeitrag (DB I) interpretiert, so dass variable Kosten in den Gewinnfunktionen mit berücksichtigt werden müssen. Das *Perfekte Bayessche Gleichgewicht* wird durch die Logik der Rückwärtsinduktion ermittelt.

Die Nachfragefunktion zum Zeitpunkt 2 ergibt sich zu $D(p) = 1 - (p_r/S^e)$, da alle Mitglieder der Zielgruppe mit $\theta \in [p_r/S^e, 1]$ das Produkt kaufen. Dementsprechend ist die zu maximierende Zielfunktion des Monopolisten:

$$\pi_2 = \max_{p_r}(p_r - c_i)\left(1 - \frac{p_r}{S^e}\right) \quad mit\ c_i \in \{c_H; c_L\}$$

Da hier sowohl die notwendige als auch die hinreichende Bedingung für ein Maximum erfüllt ist (siehe Appendix B.1), stellt sich der optimale Gewinn wie folgt ein: $\pi_2^*(i) = (S^e - c_i)^2/(4S^e)$. Der damit einhergehende Gleichgewichtspreis ergibt sich zu: $p_r(i) = (S^e - c_i)/2$. Da *potentielle* Investoren ebenfalls unvollständig informiert sind, müssen sie auf Grundlage ihrer Vorstellung (Belief) den Preis p_r^e sowie den Gewinn π_2^e in $t = 1$ antizipieren, um eine Investitionsentscheidung treffen zu können. Dabei können wieder zwei Fälle unterschieden werden. Entweder wird der Nutzen aus einem späteren Konsum mit einbezogen oder die Investition ist unabhängig von einem regulären Kauf in $t = 2$. Beide Nutzenfunktionen müssen für die Erfüllung der Teilnahmebedingung (PC) größer oder gleich Null sein.

$$\begin{cases} \theta S^e - p^e + V \geq 0 & f\ddot{u}r\ \theta \in \left[\frac{p^e}{S^e}, 1\right] \\ V \geq 0 & f\ddot{u}r\ \theta \in \left[0, \frac{p^e}{S^e}\right] \end{cases} \tag{4.2-19}$$
$$mit\ V \equiv \frac{\beta}{n_c}\pi^e - \frac{K}{n_c} + \Sigma$$

Adressiert der Monopolist eine **breite Masse an Investoren**, so setzt er $V = 0$ und erhält $\beta = (K - n_c\Sigma)/\pi^e$. Da ein minimaler Gewinnanteil β die Zielfunktion des Unternehmens ($\Pi = (1-\beta)\pi_2^*$) maximiert und β in n_c schrumpft, wird abermals $n_c = 1$ gesetzt. Daraus folgt, dass $\beta = (K - \Sigma)/\pi^e$ ist. In Abhängigkeit vom benötigten Anfangskapital können drei Fälle unterschieden werden:

1) Ist $K \geq \pi^e + \Sigma$, so kann das Gut hier nicht durch das CI finanziert werden, da der Gewinnanteil $\beta \geq 1$ sein müsste und der Monopolist erzielt einen Gewinn von Null ($\pi_{PS}^1 = 0$).
2) Für $\Sigma < K < \pi^e + \Sigma$ liegt der Gewinnanteil zwischen 0 und 1, alle Mitglieder der Zielgruppe sind Investoren ($n = n_c = 1$) und der Gewinn ergibt sich zu: $\pi_{PS}^2 = \pi_2^*(1 - (K - \Sigma)/\pi^e)$.
3) Ist $K \leq \Sigma$, so wird das Unternehmen den Investoren keinen Gewinnanteil als Gegenleistung ($\beta = 0$) für ihr Investment anbieten. Nichtsdestotrotz wird das Finanzierungsziel durch Spenden von $\hat{n}_c = K/\Sigma$ Crowdfundern erreicht und der Gewinn ist: $\pi_{PS}^3 = \pi_2^*$.[119]

Fokussiert sich der Monopolist hingegen auf Kapitalgeber, die auf Grundlage des erwarteten regulären Kaufpreises p_r^e vorhaben das Produkt zum Zeitpunkt 2 auch käuflich zu erwerben (**schmale Masse an Investoren**), so kann zwar der daraus resultierende erwartete Nutzen ($U_r^e = \theta S^e - p^e$) in deren Entscheidungskalkül integriert werden, deren Anzahl ist dann aber durch die Verträglichkeitsbedingung (CC) begrenzt ($n_c \leq 1 - p^e/S^e$):

$$U_c^e = \underbrace{\theta S^e - p^e}_{Konsum} + \underbrace{\frac{\beta}{n_c}\pi^e - \frac{K}{n_c} + \Sigma}_{Investition} \geq 0$$

$$\Leftrightarrow \theta \geq \frac{1}{S^e}\left(p^e - \left(\frac{\beta}{n_c}\pi^e - \frac{K}{n_c} + \Sigma\right)\right) \equiv \bar{\theta} \qquad (4.2\text{-}20)$$

Aus $n_c = 1 - \bar{\theta}$ folgt für den Gewinnanteil β (siehe Appendix B.1):

$$\beta = \frac{1}{\pi^e}(S^e n_c^2 - (S^e - p^e + \Sigma)n_c + K) \qquad (4.2\text{-}21)$$

[119] Auch hier gilt wieder, dass $n_c = 1$ sein sollte, da das Ablehnen von Spenden unglaubwürdig ist.

Die Gleichgewichtsmenge n_c^* ergibt sich durch die Bedingung erster Ordnung (FOC) der Funktion (4.2-21), wobei $n_c \leq 1 - p^e/S^e$, $\beta \geq 0$ und $d^2\beta/dn_c^2 > 0$ eingehalten werden müssen. Durch das Einsetzen von n_c^* in die Funktion (4.2-21) kann zudem der korrespondierende Gewinnanteil β^* im Gleichgewicht berechnet werden (siehe Appendix B.1):

$$n_c^* = \frac{1}{2S^e}(S^e - p^e + \Sigma) \quad mit\ \Sigma \leq S^e - p^e$$

$$\beta^* = \frac{1}{4S^e\pi^e}(4S^eK - (S^e - p^e + \Sigma)^2) \quad mit\ K \geq (S^e - p^e + \Sigma)^2/4S^e \qquad (4.2\text{-}22)$$

Analog zum Abschnitt 4.2.3 werden nachfolgend vier Fälle unterschieden, die in Tabelle 3 aufgeführt sind. Hierbei gilt wieder, dass die Crowdfunder durch einen hohen Geschmacksparameter charakterisiert sind und alle Unterstützer unverzichtbar für den Finanzierungserfolg sind. Die ausführlichen Berechnungen der Gewinnfunktionen und die dazugehörigen Gewinnanteile und Gruppenstärken der vier Fälle befinden sich im Appendix B.1.[120]

Tabelle 3: Fallunterscheidungen bei *unwissenden* Investoren

	$K > \frac{(S^e - p^e + \Sigma)^2}{4S^e}$	$K \leq \frac{(S^e - p^e + \Sigma)^2}{4S^e}$
$\Sigma < S^e - p^e$	(A)	(C)
$\Sigma \geq S^e - p^e$	(B)	(D)

(A) Zum einen wird die Restriktion für das Startkapital (untere Grenze) hier überschritten und zum anderen wird der Wert für die besonderen Investitionserfahrung unterschritten, so dass es eine innere Lösung

[120] Analog zum Abschnitt 4.2.3 sind bei einer schmalen Masse alle Investoren auch Konsumenten. Auf der anderen Seite müssen reguläre Käufer nicht zwangsläufig Crowdfunder sein.

gibt (vgl. Gleichung (4.2-22)). Der Gleichgewichtsgewinn stellt sich dementsprechend wie folgt ein:

$$\pi_{PS}^{A} = \pi_2^{*}\left(1 - \frac{1}{\pi^e}\left(K - \frac{(S^e - p^e + \Sigma)^2}{4S^e}\right)\right)$$

(B) Hier ist die Verträglichkeitsbedingung ($n_c \leq 1 - p^e/S^e$) nicht erfüllt und alle Konsumenten werden zu Investoren ($n_c = 1 - p^e/S^e$). Wird diese Käufer- bzw. Crowdfunder-Anzahl in die Gleichung (4.2-21) eingesetzt, ergibt sich ein Gewinnanteil von: $\beta = (S^eK - (S^e - p^e)\Sigma)/(S^e\pi^e)$. Demzufolge kann der Gewinn berechnet werden zu:

$$\pi_{PS}^{B} = \pi_2^{*}\left(1 - \frac{1}{\pi^e}\left(K - \frac{(S^e - p^e)\Sigma}{S^e}\right)\right)$$

(C) Da das benötigte Startkapital K hier klein ist, muss der Monopolist keinen Anteil an seinem Gewinn abtreten ($\beta = 0$), und der Gewinn entspricht $\pi_{PS}^{C} = \pi_2^{*}$. D.h. der Umsatz zum Zeitpunkt 2 ist der Gesamtgewinn des Unternehmens durch die Crowdinvesting-Kampagne. Die Anzahl an Investoren $\hat{n}_c$ kann durch die quadratische Gleichung $\beta = (1/\pi^e)(S^e n_c^2 - (S^e - p^e + \Sigma)n_c + K)$ bestimmt werden, wobei $\Sigma < S^e - p^e$ für die Einhaltung von $\hat{n}_c < 1 - p^e/S^e$ sorgt.

(D) Werden demgegenüber beide Bedingungen verletzt, so kann erstens bei $K < (S^e - \pi^e)\Sigma/S^e$ ein Gewinn von $\pi_{PS}^{D} = \pi_{PS}^{C}$ erzielt werden, da $\beta = 0$ gesetzt werden kann. Die Menge an Investoren ergibt sich analog zu Fall (C). Eine zweite Möglichkeit ist, dass der Gewinn dem des Falls (B) entspricht ($\pi_{PS}^{D} = \pi_{PS}^{B}$), was für $K \in [(S^e - \pi^e)\Sigma/S^e, (S^e - p^e + \Sigma)^2/(4S^e)]$ gegeben ist.[121]

[121] Wie die genaue Anzahl an Spendern sowohl für den Fall (C) als auch für den Fall (D) zustande kommt, muss noch geklärt werden (siehe Abschnitt 5.2).

Eine Zusammenfassung dieser Ergebnisse für den Fall einer **schmalen Masse an Investoren** bei Informationsasymmetrie kann nachfolgender Gewinnfunktion entnommen werden, die durch den Index PS und b gekennzeichnet ist:

$$\Pi_{PS}^{b} = \begin{cases} \pi_{PS}^{C} & für\, K \leq \frac{(S^e - p^e + \Sigma)^2}{4S^e}\; und\, \Sigma < S^e - p^e \\ \pi_{PS}^{C} & für\, K \leq \frac{(S^e - p^e)\Sigma}{S^e}\; und\, \Sigma \geq S^e - p^e \\ \pi_{PS}^{A} & für\, K \in \left[\frac{(S^e - p^e + \Sigma)^2}{4S^e}, \pi_2^* + \frac{(S^e - p^e + \Sigma)^2}{4S^e}\right]\; und\, \Sigma \leq S^e - p^e \\ \pi_{PS}^{B} & für\, K \in \left[\frac{(S^e - p^e)\Sigma}{S^e}, \pi_2^* + \frac{(S^e - p^e)\Sigma}{S^e}\right]\; und\, \Sigma \geq S^e - p^e \\ 0 & anderenfalls \end{cases}$$

Der Monopolist hat auch hier (asymmetrische Informationsverteilung) wieder zwei Optionen. Er kann entweder durch die Wahl des Gewinnanteils β eine breite Masse an Investoren zur Deckung der fixen Produktionskosten ansprechen oder nur eine schmale Masse an Crowdfundern zur Unterstützung bewegen. Bei der zuletzt genannten Möglichkeit sind alle Investoren auch gleichzeitig reguläre Käufer. Durch einen Vergleich der zwei Gewinnfunktionen Π_{PS}^{a} und Π_{PS}^{b} kann die optimale Kombination ermittelt werden (siehe Appendix B.1):

$$\Pi_{PS} = \begin{cases} \pi_2^* & für\; 0 \leq K \leq f(\Sigma) \\ \pi_2^*\left(1 - \frac{1}{\pi^e}\big(K - f(\Sigma)\big)\right) & für\; f(\Sigma) \leq K \leq \pi_2^* + f(\Sigma) \\ 0 & für\; K \geq \pi_2^* + f(\Sigma) \end{cases}$$

$$mit\; f(\Sigma) = \frac{(S^e - p^e + \Sigma)^2}{4S^e} \quad für\; \Sigma \leq S^e + p^e - 2\sqrt{S^e p^e}, \quad ansonsten f(\Sigma) = \Sigma$$

Der maximale Finanzierungsumfang stellt sich in Abhängigkeit der variablen Kosten sowie den Beliefs der etwaigen Investoren ein:

$$K_{PS}(S^e, c^e; c_i) = \begin{cases} \pi_2^*(c_i) + \frac{(S^e - p^e + \Sigma)^2}{4S^e} & für\; \Sigma \leq S^e + p^e - 2\sqrt{S^e p^e} \\ \pi_2^*(c_i) + \Sigma & für\; \Sigma > S^e + p^e - 2\sqrt{S^e p^e} \end{cases} \quad (4.2\text{-}23)$$

Wird der durch den Monopolisten bekanntgegebene Kapitalbedarf als Signal interpretiert, so ergeben sich mehrere Gleichgewichtszustände. Dabei nimmt der erwartete reguläre Kaufpreis p_r^e aus ex-ante Sicht der potentiellen Investoren bei $S^e = \bar{S}$ den Wert $p_r^e = (\bar{S} + \bar{c})/2$ an. Teilen die einzelnen Mitglieder der Grundgesamtheit die Einschätzung darüber, dass $S^e = S_j$ mit $j \in \{H; L\}$ ist, so entspricht $p_r^e = \left(S_j + c_j\right)/2$.

- Für $K \leq K_{PS}(\bar{S}, \bar{c}; c_H)$ ist das PBGG ein *Pooling-Gleichgewicht,* da die Investoren nicht in der Lage sind zwischen den zwei *Unternehmenstypen* zu differenzieren. Aufgrund der Tatsache, dass hierbei $(S^e = \bar{S})$ stets $\pi_2^*(c_H) < \pi_2^*(c_L)$ gilt (siehe Appendix B.2), kann nicht mehr Startkapital als angegeben eingesammelt werden.
- Für $K_{PS}(S_H, c_H; c_H) < K \leq K_{PS}(S_L, c_L; c_L)$ und bei einer Parameterkonstellation (s.u.) ist das PBGG ein *Separierendes-Gleichgewicht*, da es den Investoren möglich ist den *Unternehmenstyp* zu erkennen. Es wird nur eine geringe Produktqualität hergestellt, was dem Belief $S^e = S_L$ entspricht.
- Für $K_{PS}(S_L, c_L; c_L) < K \leq K_{PS}(S_H, c_H; c_H)$ und einer Parameterkonstellation (s.u.) ist das PBGG ebenfalls ein *Separierendes-Gleichgewicht*, da es den Investoren möglich ist den *Unternehmenstyp* zu erkennen. Es wird nur eine hohe Qualität produziert, was der Vorstellung $S^e = S_H$ gleichkommt.
- Für $K > max\{K_{PS}(\bar{S}, \bar{c}; c_H); K_{PS}(S_L, c_L; c_L)\}$ und einer Parameterkonstellation kann das Gut im PBGG für keine Qualitätsausprägung finanziert werden. Für $K > max\{K_{PS}(\bar{S}, \bar{c}; c_H); K_{PS}(S_H, c_H; c_H)\}$ gilt das Gleiche bei einer *anderen* Parameterkonstellation.

Die Existenz der zwei dargestellten separierenden Gleichgewichtszustände kann zwar nicht analytisch bewiesen werden, es lassen sich aber Zahlenbeispiele finden, die es dem Unternehmen gestatten die Übermittlung des benötigten Kapitalbedarfs als Signal für die Produktqualität zu gebrauchen. Da die Darstellung von Belleflamme et al. nach Ansicht des Autors an dieser Stelle fehlerhaft ist und die Existenz der Separierenden Gleichgewichte eben nur unter weiteren restringierenden Annahmen begründet werden kann, erfolgt eine detaillierte

Analyse bezüglich der Gleichgewichtszustände in Abschnitt 4.2.5 (Modellkritik).

Belleflamme et al. geben weiterhin an, dass die Wahl der Art der Schwarmfinanzierung als Signal hinsichtlich der Produktgüte gedeutet werden kann, sofern der Monopolist in der Lage ist die Qualität zu beeinflussen (*hidden action*). Da diese Möglichkeit des Unternehmens aber im engen Zusammenhang mit den zuvor beschriebenen diskussionsbedürftigen separierenden Gleichgewichtszuständen des Falls mit *hidden characteristics* steht, erfolgt eine nähere Betrachtung ebenfalls im Abschnitt 4.2.5.

4.2.5 Modellkritik

In der Modellüberarbeitung von Belleflamme/Lambert/Schwienbacher (2014) wird neben dem EaC auch das CI ausführlich erläutert. Zudem können durch die Modellierung dieser Mechanismen auch andere Arten der Schwarmfinanzierung, wie beispielsweise das Crowddonating, teilweise erklärt werden, wodurch eine umfassende Analyse der Vorteile von Crowdfunding-Kampagnen gegenüber traditionellen Finanzierungsformen ermöglicht wird. Doch gilt es, die in der Modellüberarbeitung getroffenen Annahmen sowie die daraus resultierenden Schlüsse kritisch zu würdigen.

Im Vergleich zum Ausgangsmodell (siehe Abschnitt 4.1.2) fällt auf, dass der positive Summand R (Basiswertschätzung) nicht mehr Bestandteil der Nutzenfunktion potentieller Konsumenten ist. Somit kann – in Bezug auf das EaC – eine vorteilhafte Preisdiskriminierung nur durch eine sequentielle Spielstruktur erreicht werden. Der Monopolist ist daher angehalten die Veröffentlichung des regulären Kaufpreises p_r zurückzuhalten, obwohl alle Akteure bei Informationssymmetrie in der Lage sind diesen Preis zu antizipieren. Zudem ist die Kenntnis über den regulären Kaufpreis p_r eine Voraussetzung für die Entscheidungsfindung der Kapitalgeber. Es könnte somit gefolgert werden, dass jegliche Kunden ihre Konsumabsicht gleichzeitig beschließen, was aber dem hier dargestellten Handlungsverlauf widerspräche.

Angesichts des CIs propagieren Belleflamme et al. auf der einen Seite die getrennte Betrachtung des Investments vom Konsum, beziehen aber auf der anderen Seite für den Fall einer **schmalen Masse an Investoren** den Nutzen, den ein späterer Konsum stiftet, mit ein. Auch für eine **breite Masse an Investoren** gilt, dass ihre Investitionsentscheidung auf dem antizipierten Gewinn aus Periode 2 gründet. Im Vergleich zum EaC kann hier aber die sequentielle Handlungsabfolge besser begründet werden. Zwar könnte der Monopolist bei der Modellierung des CIs als ein statisches Spiel mit vollständiger Information meist einen höheren Gewinn erzielen, der reguläre Kaufpreis wäre aber auch von der besonderen Investitionserfahrung abhängig (vgl. Appendix B.2). Definitionsgemäß erhalten Investoren den Zusatznutzen Σ jedoch ausschließlich für den Erwerb eines Gewinnanteils und eben nicht für den Konsum. Um die geforderte Unabhängigkeit von Investment und Konsum zu gewährleiten, muss also der Handlungsverlauf des PS-Modells dem in der Realität beobachteten Ablauf entsprechen.

Ausgehend von dem Kritikpunkt einer stetigen Verteilung von θ aus dem Abschnitt 4.1.4, muss das Zustandekommen einer **schmalen Masse an Investoren** beim CI kritisch hinterfragt werden. Durch Kombination des Nutzens aus Konsum und Investition wird hierbei bekanntermaßen der indifferente Kunde $\bar{\theta}$ identifiziert, der geleichzeitig das Nachfragequantil für den Fall b (schmale Masse) darstellt. Aus dem Optimierungsprozess geht dann n_c hervor und es wird behauptet, dass alle Unterstützer unverzichtbar für den Kampagnenerfolg sind. Das muss aber durch die Stetigkeit von θ bezweifelt werden. Die Existenz eines Gleichgesichtszustands, in dem ein Produkt durch eine schmale Masse beim CI finanziert wird, gründet nämlich auf der Richtigkeit der Ungleichung (4.2-14), die suggeriert, dass es keine alternative Anlage- bzw. Konsummöglichkeit gibt. Interpretierte man den Konsumenten/Investor θ_j als ein unendlich kleines Mitgliede der Zielgruppe, so würde dessen Abweichen keinen Einfluss auf den Erfolg eines Finanzierungsaufrufes haben und der alleinige reguläre Kauf in $t = 2$ könnte von ihm als weitere Option in Betracht gezogen werden. Die Lösung entspräche dann der aus Fall a. Nach Ansicht des Autors ist es aber unbefriedigend aufgrund einer wirklichkeitsfremden stetigen Verteilung den Fall einer schmalen Masse an Investoren auszuschließen. Ein Lösungsvorschlag für diesen Konflikt kann aus der unterschiedlichen Deutung der Gewinnfunktion abgeleitet werden (vgl. Abschnitt 3.4). Würde man die normierten Gruppenstärken nämlich als einen prozentualen Anteil einer Grundgesamtheit auffassen, stellte sich die tatsächliche Gruppengröße durch die Multiplikation einer *diskre-*

ten Gesamtmenge ($N \in \mathbb{N}$) ein. Folgt man dieser Interpretation, hätte kein Individuum einen Anreiz zu unilateralen Abweichung, da der Finanzierungsaufruf scheitern würde. Im Ergebnis käme das beschriebene Nash-Gleichgewicht dann zustande.

Die Interpretation der Preise als Aufschlag auf konstante Grenzkosten hat keine Konsequenzen für den Optimierungsprozess, solange die Qualität allen Akteuren bekannt ist ($S = 1$). Die Darstellung der Produktqualität als binäre Zustandsvariable bei der Erweiterung der Modellüberarbeitung (Informationsasymmetrie) führt hingegen zu Inkonsistenzen in Bezug auf den anfänglichen Kapitalbedarf. Die Zweipunktverteilung selbst ist nachfolgend von der Kritik ausgenommen, da für die Entscheidungssituation der potentiellen Unterstützer oder Käufer allein die *erwartete* Qualität relevant ist und die Verteilung nur eine untergeordnete Rolle spielt, obwohl es unrealistisch erscheint, dass sich entweder nur eine hohe oder niedrige Produktgüte ergibt. In der Literatur ist eine solche Bernoulli-Verteilung aber durchaus üblich.[122] Die Annahme, dass es bei der Herstellung auch variable Kosten gibt, ist überzeugend, da es sich bei den beworbenen Projekten nicht zwangsläufig um Informationsgüter handeln muss (vgl. Abschnitt 3.3). Dass diese Kosten aber nicht immer gebührend berücksichtigt werden, kann dagegen als Schwachpunkt des Modells aufgefasst werden.

Zwar wird der Fall „Informationssymmetrie und Unsicherheit" nur ansatzweise untersucht, es kann aber gezeigt werden, dass die Vernachlässigung der variablen Kosten – zumindest in einigen Fällen – ex post zur Insolvenz führt. Das für die Produktion zum Zeitpunkt 1 eingesammelte Kapital muss nämlich auch nach der Offenbarung der wahren Produktqualität noch ausreichend sein. Würde sich beispielsweise im Falle des EaCs die Beschaffenheit des Produktes als hochwertig herausstellen und wäre dies mit höheren variablen Kosten verbunden, so könnten besonders für das Szenario **„eingeschränkter Fall"** die Herstellkosten nicht gedeckt werden. Allerdings deuten Belleflamme et al. an, dass sich die Produktgüte hier erst herausstellt, nachdem K irreversibel aufgewendet

[122] Vgl. z.B. Ueda (2004), De Bettignies/Brander (2007), Winton/Yerramilli (2008) und Fairchild (2011).

worden ist (*sunk costs*).[123] Es bleibt demzufolge offen, ob es für diese Situation überhaupt variable Kosten gibt, die in Abhängigkeit der Qualität in ihrer Höhe variieren, und wann diese erhoben werden müssten. Zudem ist unklar inwieweit reguläre Käufer die Produktqualität in $t = 2$ kennen. Für das Problem der *Adversen-Selektion* wird nachfolgend ersteres im Hinblick auf das EaC und letzeres für das CI kritisch hinterfragt.

Gegenüber dem Ausgangsmodell wird der Vorbestellungs- und Kaufpreis hier zu einem Gesamtbetrag p_c zusammengefasst, der von den Crwodfundern bereits zum Zeitpunkt 1 zu entrichten ist. Mittels des daraus resultierenden Umsatzes müssen *sämtliche* Kosten der Produktion gedeckt werden, egal ob durch die Kapitalgeber zusätzlich noch ein Gewinn erzielt werden kann (First-best-Lösung) oder nicht. Herrscht Informationsasymmetrie zwischen Monopolist und Konsumenten, so kann gezeigt werden, dass in einigen Randfällen die Veröffentlichung von K als Signal bezüglich der Produktbeschaffenheit dienen kann. Zwar ist die Integration variabler Kosten sinnvoll, der dadurch entstehende separierende Gleichgewichtszustand existiert allerdings nur für $K_{B.2}(S_L, c_L; c_H) < K \leq K_{B.2}(S_L, c_L; c_L)$ und besteht gegebenenfalls neben einem Pooling-Gleichgewicht. Im Ergebnis kann nur schlechte Qualität durch das EaC signalisiert werden und das auch nur für einen sehr beschränkten Definitionsbereich. Abgesehen davon stellt die Vernachlässigung der mengenabhängigen Kosten, die durch den Kauf regulärer Konsumenten in $t = 2$ entstehen, eine zusätzliche Schwachstelle dar.[124] Es bleibt hier nämlich unklar wie das Unternehmen Güter für den regulären Markt herstellen kann ohne durch den Vorverkauf einen Gewinn erzielt zu haben.[125] Ein möglicher Erklärungsansatz wäre das zeitliche Zusammenfallen der Entstehung dieser variablen Kosten mit dem Entrichten des Kaufpreises p_r. Andernfalls müsste der Schwellenwert des *fixen*

---

[123] Vgl. Belleflamme et al. (2014), S. 598.

[124] Bellefalmme et al. stellen fest, dass der Umsatz $p_c(1 - \bar{\theta})$ zum Zeitpunkt 1 sowohl die fixen Kosten K als auch die variablen Kosten der Crowdfunder $c_i(1 - \bar{\theta})$ decken muss, lassen aber die Finanzierung von $c_i(\bar{\theta} - (p_r/S^e))$ unerwähnt. Vgl. Belleflamme et al. (2014), S. 608.

[125] Bei dem beschränkten Fall erzielt der Monopolist nur für $K < K_{B.2}(\bar{S}, \bar{c}; c_H)$ und $S = S_L$ einen Gewinn.

Kapitalbedarfs $K_{B.2}$ angepasst werden, was dessen Berechnung verkomplizieren würde. Selbiges gilt für das CI, da hierbei durch die Ausgabe von Gewinnanteilen lediglich der fixe Anteil der Herstellkosten finanziert und kein Gewinn erwirtschaftet wird. Auch die Darstellung der Gleichgewichtszustände ist für diesen Mechanismus fragwürdig und wird daher nachfolgend genauer untersucht.

Unbestritten ist, dass je nach Parameterkonstellation ein größerer Gewinn entweder mit einem hochwertigen oder mit einem minderwertigen Produkt erzielt werden kann. Inwieweit das beim Crowdinvesting zu einem Separierenden Gleichgewicht für einige Randfälle führt, muss kritisch hinterfragt werden. Angenommen, es gelte: $S_H = 2$; $S_L = 1$; $c_H = 1$ und $c_L = 0$, dann stellte sich heraus, dass $K_{PS}(S_H, c_H; c_H) < K_{PS}(S_L, c_L; c_L)\ \forall\ \Sigma$ ist (siehe Gleichung (4.2-23)). Für das *fixe* Startkapital $K \in]K_{PS}(S_H, c_H; c_H), K_{PS}(S_L, c_L; c_L)]$ ist die Einschätzung $S^e = S_L$ der Mitglieder der Zielgruppe dann zu jedem Zeitpunkt beständig – sofern die mengenabhängigen Kosten nicht finanziert werden müssten –, da ein Monopolist mit hoher Qualität (S_H) in $t = 2$ zahlungsunfähig werden würde.[126] Etwas komplexer stellt sich der Fall dar, bei dem durch Bekanntgabe des Kapitalbedarfs das Vorliegen eines hochqualitativen Produkts (S_H) signalisiert werden soll, was nachfolgend exemplarisch für $c_H = 0{,}5$ c.p. diskutiert wird. Es ist ersichtlich, dass hier $K_{PS}(S_L, c_L; c_L) < K_{PS}(S_H, c_H; c_H)$ gilt (siehe Gleichung (4.2-23)), wodurch Belleflamme et al. die Existenz eines Trennungsgleichgewichts, für den in Abschnitt 4.2.4 aufgezeigten Definitionsbereich, begründen. Stellte sich für den Monopolisten durch den Naturzug allerdings heraus, dass er eine niedrige Produktgüte aufweist, so wäre er durch das Vortäuschen eines „falschen" Gewinnanteils bzw. Preises bei einem gegebenen Belief von $S^e = S_H$ in der Lage auch hohe Fixkosten einzusammeln. Demzufolge muss die Vorstellung der Kunden, dass nur ein hochqualitatives Produkt hergestellt wird, unter den getroffenen Annahmen bezweifelt werden.

[126] Um auch zum Zeitpunkt 2 den Erwartungen der Konsumenten gerecht zu werden, müsste sich ein solcher Monopolist ($S = S_H$) an den optimalen Preis für eine niedrige Qualität halten. Dadurch erzielte er zwar einen Umsatz i.H.v. $1/4$; dem stünden aber auch Kosten i.H.v. $1/2$ in $t = 2$ gegenüber. Würde er den Preis anpassen, erzielte er einen Gewinn von Null zudem fielen die Beliefs der Konsumenten und die Handlung des Unternehmens auseinander.

Da aber dadurch das Ergebnis der Erweiterung der Modellüberarbeitung auf den Kopf gestellt werden würde, soll nachfolgend durch Abwandlung einiger Annahmen das Vorliegen dieses PBGG dennoch – zumindest ansatzweise – belegt werden.

- Eine *erste Möglichkeit* bestünde in der weiter oben bereits bemängelten Integration sämtlicher variabler Kosten in das benötigte Startkapital – d.h. auch die der regulären Konsumenten. Eine hohe Qualität könnte signalisiert werden, sofern die fixen Produktionskosten keinen größeren Wert als $K_{PS}(\bar{S}, \bar{c}; c_H)$ annehmen könnten. Der tatsächliche Wert der Fixkosten müsste zwar nicht bekannt sein, deren Deckelung erscheint jedoch konstruiert und praxisfern.
- Demnach wäre die Aufhebung der Annahme, dass auch die regulären Käufer in $t = 2$ nur eine Wahrscheinlichkeitseinschätzung über die Ausprägung der Produktbeschaffenheit haben, eine ungleich bessere und *weitere Möglichkeit* der Signalisierung von $S = S_H$. Die Kenntnis über die Qualität erscheint plausibel, sobald das fertige Produkt regulär erhältlich ist. Der Spielbaum im Appendix B.2 beschreibt ein solches Signalspiel. Zwar kann dadurch das Vorliegen des Separierenden Gleichgewichts, das den Übermittler als Produzenten eines hochwertigen Gutes ausweist, in Ansätzen begründet werden, dessen Anwendbarkeit bleibt jedoch limitiert.

Zudem zeigt eine numerische Simulation, dass auch hier wieder mehrere Gleichgewichtszustände gemeinsam bestehen können. Hinzu kommt, dass es sogar bei bestimmten Konstellationen für $K \in \,]K_{PS}(\bar{S}, \bar{c}; c_H), K_{PS}(S_L, c_L; c_L)[$ gar keinen PBGG gibt, so dass weder eine hohe noch eine geringe Qualität hergestellt werden kann. Im Ergebnis ist der Gebrauch von K als Signalisierungsinstrument im hohen Maße von exogenen Größen abhängig und es können keine allgemeingültigen Schlüsse gezogen werden. Außerdem ist es gut vorstellbar, dass die Beschaffenheit eines Produktes – je nach Entwicklungsintensität – variiert und von dem Monopolisten beeinflusst werden kann, was den Fall der *Adversen-Selektion* unglaubhaft erscheinen lässt.[127]

Durch die Modellierung eines *Moral-Hazard-Problems*, d.h. der Monopolist kann während des Entwicklungsprozesses über die Qualität selbst entscheiden, kann diesem Kritikpunkt entsprochen werden. Durch Verwendung der in Abschnitt 4.2.2 und 4.2.4 beschriebenen *Perfekten Bayesschen Gleichgewichte* ist es dem Unternehmen u.U. möglich durch Wahl des Finanzierungsmechanismus die Produktqualität zu signalisieren. Auch hier ist eine analytische Beweisführung aufgrund der Komplexität nicht darstellbar. Darüber hinaus gilt dabei weitgehend dieselbe Kritik wie für den Fall mit *hidden characteristics.*

Insgesamt kann die Berücksichtigung einer asymmetrischen Informationsverteilung als sinnvolle Erweiterung der Modellüberarbeitung angesehen werden, da bei der Schwarmfinanzierung üblicherweise zur Unterstützung noch nicht marktreifer Produkte aufgerufen wird. Die tatsächliche Qualität kann hier allerdings nur in wenigen Randfällen signalisiert werden. Agrawal/Catalini/ Goldfarb (2011) kommen darüber hinaus zu dem Schluss, dass es auch Informationsasymmetrie zwischen Crowdfundern gibt (vgl. Abschnitt 2.3), was in der Modellüberarbeitung unberücksichtigt bleibt. Auch in Bezug auf die sequentielle Spielstruktur kann festgehalten werden, dass diese zwar den in der Praxis beobachtbaren Handlungsverlauf abbildet, aber nicht immer die modelltheoretische Entscheidungssituation der Kapitalgeber und Kunden widerspiegelt.

Einige dieser Kritikpunkte werden im weiteren Verlauf der Arbeit im Rahmen von entsprechenden Modellerweiterungen berücksichtigt.

[127] Vgl. Hardy (2013), S. 6.

5. Asymmetrische Informationsverteilung zwischen Crowdfundern

Aufbauend auf den in Kapitel 4 beschriebenen modelltheoretischen Ansätzen hinsichtlich EaC und CI beschäftigt sich dieses Kapitel mit einer jeweiligen Erweiterung der Modelle (siehe Abschnitt 5.1 und 5.2). Im abschließenden Abschnitt 5.3 wird ein Fazit gezogen.

5.1 Ex-ante-Crowdfunding

In diesem Abschnitt wird eine Erweiterung des EaC-Modells von Belleflamme/Lam-bert/Schwienbacher (2011) betrachtet. Lediglich ein Anteil der Grundgesamtheit besitzt nun zu Beginn des Spiels vollständige Informationen sowie Kenntnis über die Existenz eines Projektes und kann bei gegebenen Preisen und Kosten eine Konsumentscheidung treffen. Diese wird von uninformierten, potentiellen Kunden beobachtet, von denen ex-ante nicht alle von dem Finanzierungsaufruf wissen. Aufgrund der Anzahl der ersten Kohorte an Unterstützern (informierte Crowdfunder) können uninformierte Akteure Rückschlüsse auf die Qualität des Produktes ziehen und sich demzufolge auch für eine Aktion entschließen.

Auch wenn der Modellaufbau dem des Ausgangsmodells ähnelt, werden in Abschnitt 5.1.1 zunächst einige für die Weiterentwicklung des Modells notwendige Zusammenhänge und Notationen wiederholt und neue eingeführt. In den Abschnitten 5.1.2 bis 5.1.4 werden drei Fallunterscheidungen aufgezeigt, die in Abhängigkeit von dem benötigten Kapital jeweils unterschiedliche Preiskonstellationen zur Folge haben. Dabei beschreibt der erste Fall die Möglichkeit des Unternehmens einen sehr hohen Preis von den Crowdfundern zu verlangen, falls das benötigte Anfangskapital klein ist. Der zweite und dritte Fall beschäftigt sich mit Handlungsalternativen des Unternehmens bei hohen Kosten der Projektrealisierung. Eine Zusammenfassung der Ergebnisse erfolgt in Abschnitt 5.1.5.

5.1.1 Aufbau der Modellerweiterung

Der Modellablauf von Belleflamme/Lambert/Schwienbacher (2011) aus Abschnitt 4.1.1 wird im Folgenden unter Beachtung des oben genannten Problems, das aus der Informationsasymmetrie zwischen den beiden Gruppen an Vorbestellern resultiert, um eine Handlungssequenz erweitert. Zu diesem Zweck entscheidet sich der informierte Anteil der Grundgesamtheit, der die Auszahlungsfunktionen aller Mitspieler von Anfang an kennt, nun unmittelbar vor den Uninformierten bei veröffentlichten Preisen und Kosten für oder gegen eine Unterstützung. Folglich wird die Gesamtmenge an Crowdfundern in zwei Teilgruppen aufgespalten. Dabei beschreibt $n_{ci} = \alpha n_c$ mit $\alpha \in [0,1]$ die normierte Anzahl der informierten Unterstützer und $n_{cu} = (1-\alpha)n_c$ die ex-ante unwissenden Crowdfunder. Ferner wird der anteilige Preis eines Vorbestellers, welcher der Deckung des Anfangskapitals K dient, weiter segmentiert (p_{1i} bzw. p_{1u}). Der aktuelle Finanzierungsstand ist während der Kampagnenlaufzeit stets für alle Beteiligten ersichtlich und hat zudem Signalwirkung bezüglich der Qualität.

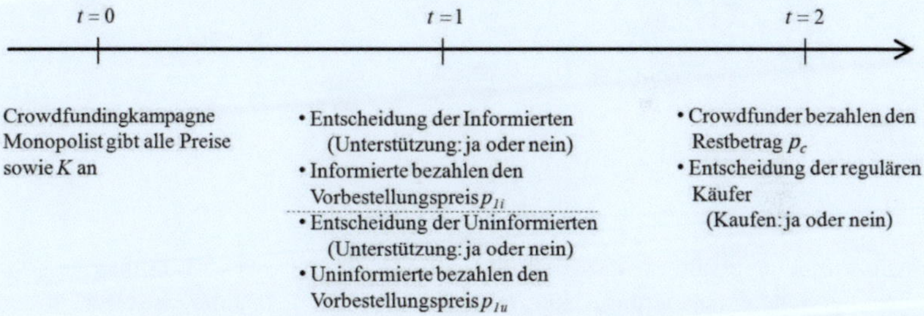

Abbildung 10: Handlungsverlauf der Modellerweiterung (EaC)

Die Kapitalgeber machen ihre Entscheidung wieder von ihren Erwartungen bezüglich der Gesamtmenge an Unterstützern (n_c^e) abhängig, wodurch sich weiterhin zwei Gleichgewichtszustände einstellen (vgl. Abschnitt 4.1.2). Falls das Unternehmen sich in $t = 0$ entscheidet eine EaC-Kampagne durchzuführen, müssen die benötigten Fixkosten der Produktion[128] K durch die jeweiligen

[128] Die Grenzkosten sind hier wieder Null.

Vorbestellungspreise der informierten und uninformierten Crowdfunder in $t = 1$ gerade gedeckt werden.[129]

$$K = n_{ci}^{e} p_{1i} + n_{cu}^{e} p_{1u} \tag{5.1-1}$$

Es ist zu beachten, dass die Preise für die Vorbestellung der zwei Gruppen an Unterstützern nicht identisch sein müssen. Wird beispielsweise ein „Early Bird Discount" (EBD) gewährt, d.h. p_{1i} ist echt kleiner als p_{1u}, so müssen weitere Parameter der Gleichung (5.1-1) angepasst werden, um diese zu erfüllen. Die normierte Anzahl der informierten Spieler wird im Folgenden als Anteil $\bar{\alpha} \in]0,1]$ der Grundgesamtheit angegeben und ist eine über alle *potentiellen* Kunden gleichverteilte, exogene Größe, die allen Akteuren zum Zeitpunkt ihrer Entscheidung bekannt ist.[130] Entschließt sich eine hinreichend große Menge an Kunden ein Produkt vorzubestellen, so kann es produziert werden. Reguläre Käufer erhalten das Produkt durch Zahlung des vollen Kaufpreises p_r in $t = 2$.[131] Die Crowdfunder bekommen es durch Begleichung des noch ausstehenden und für alle Kapitalgeber identischen Restbetrags p_c ebenfalls zum Zeitpunkt 2.[132]

[129] Alle Projektunterstützer sind nach der Definitionsgleichung (5.1-1) unerlässlich für eine erfolgreiche Finanzierung. Hier wird zunächst die Annahme getroffen, dass ein Monopolist zum Zeitpunkt 1 nicht mehr Startkapital als notwendig einsammelt, was im Abschnitt 5.3 noch begründet wird.

[130] Hierbei wird angenommen, dass auch unwissende Akteure z.B. durch die Anzahl an Facebook-Kontakten einer Unternehmung oder durch Blogbeiträge $\bar{\alpha}$ erlernen, sobald sie von dem Finanzierungsaufruf erfahren haben. Vgl. Giudici et al. (2013), S. 5.

[131] Egal ob sie ex-ante informiert oder uninformiert sind, reguläre Käufer zahlen alle den gleichen Preis p_r.

[132] Es wird davon ausgegangen, dass durch die Vorbestellung ein bindender Kaufvertrag geschlossen wird. Dabei verpflichten sich die Projektunterstützer zur Zahlung des Preises p_c in $t = 2$ und der Monopolist muss das Produkt liefern. Inwiefern die Modellkonzeption auch hier wieder einen Gesamtpreis in $t = 1$ i.H.v. $p_{1i} + \delta p_c$ bzw. $p_{1u} + \delta p_c$ zuließe, wird in Abschnitt 5.3 erörtert.

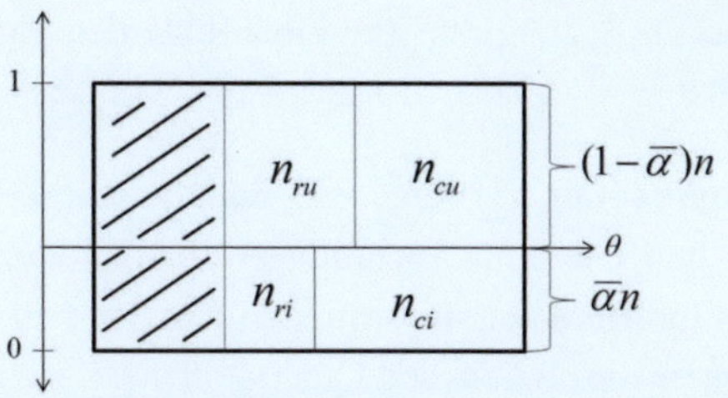

Abbildung 11: Aufteilung der Grundgesamtheit in die Konsumentengruppen

Der mitunter lange Zeitraum zwischen Vorbestellung und Erhalt des Produktes wird durch die Verwendung eines Diskontfaktors δ, der für alle Beteiligten gleich ist, berücksichtigt. Im weiteren Verlauf wird davon ausgegangen, dass die Verteilung der Information unabhängig vom Geschmacksparameter θ ist (siehe Abbildung 11) und keine Kosten der Informationsbeschaffung entstehen.

Alle Akteure sind in der Lage vorausgegangene Aktionen zu beobachten (Spiel mit perfekter Information). Informierte Spieler (Sender) kennen zudem nicht nur die eigene Auszahlungsfunktion, sondern auch die der Mitspieler und können demnach auf Basis ihrer Nutzenfunktion bei bekanntgegebenen Preisen und Kosten frühzeitig eine Konsumentscheidung treffen. Die Anzahl der ersten Kohorte dient den Unwissenden (Empfänger) als Signal s. Uninformierte, *potentielle* Kunden kennen eingangs weder die Qualität S noch können sie die „Richtigkeit“ der Preise und Kosten beurteilen und werden daher auch als „dumm“ bezeichnet. Außerdem haben nicht alle dummen Mitglieder der Zielgruppe *ex-ante* Kenntnis von der Existenz eines Aufrufs.[133] Für uninformierte Crowdfunder, die frühzeitig von einer EaC-Kampagne *durch Zufall* wissen, wird hier die Annahme getroffen, dass sich diese Vorbesteller an die sequentielle Struktur halten und gegebenenfalls auch den vermeintlich höheren anteiligen Preis p_{1u} entrichten. Im Verlaufe des Abschnitts wird aber gezeigt, dass

[133] Es wird aber davon ausgegangen, dass unwissende, potentielle Konsumenten durch die Kommunikation mit informierten Crowdfundern über soziale Netzwerke oder durch sog. Popularitäts-Rankings der einschlägigen Plattformen auf einen Aufruf aufmerksam werden. Sowohl Ward/Ramachandran (2010) als auch Giudici et al. (2013) bestätigen, dass soziales Kapital großen Einfluss auf den Finanzierungserfolg einer Crowdfunding-Kampagne hat (vgl. Abschnitt 5.3).

auch eine endogene Festlegung der Zugreihenfolge den Handlungsverlauf des Spiels nicht gefährdet.

Im Gleichgewicht gilt somit $n_{ci}^e = n_{ci}$ und dumme Mitglieder der Zielgruppe kennen dann auch den Geschmacksparameter $\bar{\theta}_{ci}$ des zwischen Vorbestellen und regulär Kaufen indifferenten, informierten Kunden (s.u.). Daher sind sie in der Lage Erwartungen bezüglich der Qualität $E[S|s]$ zu bilden und können selbst eine *qualifizierte* Entscheidung hinsichtlich ihrer Vorbestellung tätigen. Die Nutzenfunktion eines uninformierten Kapitalgebers kann, aufbauend auf der Gleichung (4.1-1), wie folgt dargestellt werden:

$$U_{cu}^e = -p_{1u} + \delta(R + \theta(E[S|s] + \sigma) - p_c) \tag{5.1-2}$$

Da unwissende Crowdfunder im Moment ihrer Konsumentscheidung dann ebenfalls vollständig über die Produktqualität im Bilde sind, gilt $E[S|s] = S$. Für das Zustandekommen einer Gleichgewichtslösung müssen *alle* dummen Akteure bis zu diesem Zeitpunkt von dem Finanzierungsaufruf erfahren haben (s.u.).

Für einen ex-ante informierten, *potentiellen* Projektunterstützer lohnt sich die Vorbestellung, wenn sein Nutzen positiv (PC) und größer als der eines regulären, informierten Käufers ist ($U_{ci} \geq U_{ri}$). Die Mitglieder dieser Konsumentengruppe werden im Folgenden auch als *Innovatoren* bezeichnet.

$$\begin{gathered} \delta(R + \theta(S + \sigma) - p_c) - p_{1i} \geq \delta(R + \theta S - p_r) \\ \Leftrightarrow \theta \geq \frac{p_{1i}}{\delta\sigma} - \frac{\Delta}{\sigma} \equiv \bar{\theta}_{ci} \quad mit\ \Delta \equiv p_r - p_c \end{gathered} \tag{5.1-3}$$

Analog zu dem Ausgangsmodell wird hier eine Preisdifferenz Δ eingeführt, um eine Ex-post-Preisdiskriminierung 2. Grades zu beschreiben. Durch die Verwendung der Ungleichung (5.1-2) lässt sich der minimale Wert für θ identifizieren, zu dem ein dummer Kunde bereit ist, das angebotene Produkt als Kapitalgeber zu unterstützen. Diese werden nachfolgend auch *Early Adopter* genannt.

$$U_{cu} \geq U_{ru} \Leftrightarrow U_{cu} \geq \delta(R + \theta S - p_r)$$
$$\Leftrightarrow \delta(\theta\sigma + p_r - p_c) \geq p_{1u} \Leftrightarrow \theta \geq \frac{p_{1u}}{\delta\sigma} - \frac{\Delta}{\sigma} \equiv \bar{\theta}_{cu} \qquad (5.1\text{-}4)$$

Würden sich die Vorbestellungspreise der zwei Kohorten gleichen, stimmten auch die Nachfragequantile $\bar{\theta}_{ci}$ und $\bar{\theta}_{cu}$ überein. Als weitere Modellannahme wird aber davon ausgegangen, dass *alle* Akteure erst ab einem bestimmten Wert für α über das Vorliegen eines Finanzierungsaufrufs Kenntnis erlangen.[134] Daher muss gegebenenfalls ein Early Bird Discount ($p_{1i} < p_{1u}$) vergeben werden. Bei einem Rabatt für Innovatoren ist der Schwellenwert $\bar{\theta}_{ci}$ stets kleiner als $\bar{\theta}_{cu}$ (vgl. Gleichung (5.1-3) und (5.1-4)) und der Anteil der Innovatoren an der Gruppenstärke aller Vorbesteller (α) entspricht nicht dem Anteil der Informierten an der gesamten Zielgruppe ($\bar{\alpha}$). Die Summe der in Abbildung 12 dargestellten Rechtecke 1 und 2 (linke Seite) ergibt die Gesamtmenge an Kapitalgebern n_c.

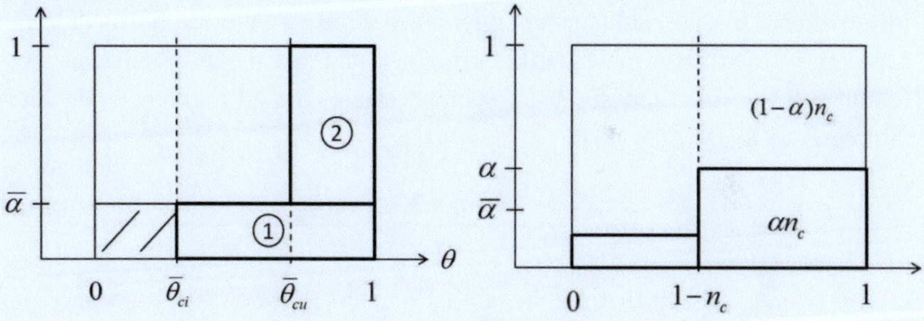

Abbildung 12: Größe der unterschiedlichen Gruppen an Unterstützern

[134] Es ist leicht vorstellbar, dass bei einem sehr kleinen $\bar{\alpha}$ die Vernetzung der Informierten nicht ausreichend ist, um alle Unwissenden zu erreichen. Darüber hinaus zeigen Kuppuswamy/Bayus (2013), dass bei den meisten EaC-Projekten ca. $1/3$ der Vorbestellungen in der ersten Woche eines Aufrufs getätigt werden – und zwar unabhängig von der Gesamtanzahl an Unterstützern. Die übrigen Crowdfunder tätigen eine Vorbestellung tendenziell gegen Laufzeitende eines Finanzierungsaufrufs. Im Unterschied zu erfolgreichen Projekten, ist das Finanzierungsziel bzw. der Kapitalbedarf gescheiterter Kampagnen im Durchschnitt mehr als drei Mal so groß. Vgl. Kuppuswamy/Bayus (2013), S. 28.

Entscheidet sich eine Teilmenge der Informierten (n_{ci}) ein Projekt bei feststehenden Preisen als Innovatoren zu unterstützen und zahlen diese p_{1i}, so müssen die Early Adopter den noch ausstehenden Restbetrag ($K - n_{ci}p_{1i}$) des Startkapitals decken. Dementsprechend kann der Vorbestellungspreis p_{1u} für unwissende Kapitalgeber mit Hilfe der Gleichung (5.1-1) wie folgt dargestellt werden, wobei die zwei Gruppen der Crowdfunder als Anteil an deren Gesamtmenge angegeben werden (vgl. Abbildung 12):

$$p_{1u} = \frac{K - n_{ci}p_{1i}}{n_{cu}} \Leftrightarrow p_{1u} = \frac{K - \alpha n_c p_{1i}}{(1-\alpha)n_c} \qquad (5.1\text{-}5)$$

Auf diesen Grundlagen maximiert der Monopolist unter zwei Nebenbedingungen nachfolgende Zielfunktion: Zum einen müssen die Fixkosten der Produktion als notwendige Bedingung für eine erfolgreiche EaC-Kampagne in $t = 1$ komplett gedeckt werden und zum anderen muss die erste Kohorte für ein „vollständiges“ Signal hinreichend groß sein (αn_c). Zwar entscheiden sich die zwei Konsumentengruppen sequentiell (dynamisches Spiel mit unvollständiger Information), die auszahlungsmaximierenden Preise sowie die dazugehörigen Mengen werden aber gleichzeitig festgelegt und bekanntgegeben (vgl. Abschnitt 4.1.3). Aus Sicht des Unternehmens lautet die zu maximierende Zielfunktion wie folgt:

$$\Pi(p_c, p_r)^* = \max_{p_c, p_r} \underbrace{(1-\alpha)n_c p_{1u} + \alpha n_c p_{1i} - K}_{=0} + \underbrace{\delta \alpha n_c p_c + \delta(1-\alpha)n_c p_c}_{=\delta n_c p_c} + \delta n_r p_r$$

$$\Leftrightarrow \Pi(\Delta, p_r)^* = \max_{\Delta, p_r} (n_r + n_c)\delta p_r - n_c \delta \Delta$$

Da der Umsatz in $t = 1$ gerade die Fixkosten der Produktion deckt, ist der Gewinn in dieser Periode Null. Dementsprechend sind die Entscheidungsgrößen des Unternehmens die Preise zum Zeitpunkt 2; und die Vorbestellungspreise ergeben sich im Optimum durch die genannten Randbedingungen. Die Zielfunktion des Unternehmens ließe sich ebenfalls nach den Preisen p_c und p_r ableiten. Hier ist es aber wieder vorteilhaft die Preisdifferenz Δ heranzuziehen, um nachfolgend auf die Ex-post-Preisdiskriminierung 2. Grades eingehen zu können.

Da die zwei erwähnten Nebenbedingungen bei der Gewinnmaximierung gebührend berücksichtigt werden müssen, wird die gesamte Gruppenstärke an Vorbestellern n_c in Abhängigkeit der exogenen Größen $\bar{\alpha}$ und K sowie unter Berücksichtigung des erforderlichen Wertes für α dargestellt.

Dazu wird die Grundgesamtheit gemäß den Abbildungen 11 und 12 in einen informierten und uninformierten Anteil zerlegt. Die zwei resultierenden Dichtefunktionen werden zusammen mit den bereits beschriebenen Nachfragequantilen der Vorbestellung $\bar{\theta}_{ci}$ und $\bar{\theta}_{cu}$ für die Berechnung von n_c herangezogen.[135] Um die Nebenbedingungen in die Zielfunktion mit einzubeziehen, wird der anteilige Preis für dumme Kapitalgeber (p_{1u}) gemäß der Gleichung (5.1-5) beschrieben.

$$n_c = (1-\bar{\alpha})\int_{\bar{\theta}_{cu}}^{1} 1d(\theta) + \bar{\alpha}\int_{\bar{\theta}_{ci}}^{1} 1d(\theta) \tag{5.1-6}$$

Durch das Berechnen und Umstellen der Gleichung (5.1-6) ergibt sich die komplette Menge an Projektunterstützern als Lösungen eines Polynoms vom Grad 2. Es kann gezeigt werden, dass es dabei nur unter folgender Bedingung reelle Ergebnisse gibt (siehe Appendix C.1):

$$\Delta \geq \sigma\left(2\sqrt{\frac{(1-\bar{\alpha})K}{\delta\sigma(1-\alpha)}} - 1 - \frac{(\alpha-\bar{\alpha})p_{1i}}{\delta\sigma(1-\alpha)}\right) \equiv \underline{\Delta} \tag{5.1-7}$$

Für eine analytische Untersuchung ist es vorteilhaft n_c in Abhängigkeit von $\underline{\Delta}$ zu beschreiben. Durch geschicktes Umstellen kann die Anzahl an Crowdfundern schließlich wie folgt dargestellt werden, wobei zum Zweck einer übersichtlicheren Gestaltung der Ausdruck $[(\alpha-\bar{\alpha})p_{1i}]/[\delta(1-\alpha)]$ durch γ substituiert wird (siehe Appendix C.1):

$$n_c = \frac{1}{2\sigma}\left(\gamma + \sigma + \Delta \pm \sqrt{(\sigma+\Delta+\gamma)^2 - \left(\sigma+\underline{\Delta}+\gamma\right)^2}\right) \tag{5.1-8}$$

[135] Das entspricht der bereits erwähnten Addition der in Abbildung 12 visualisierten Rechtecke 1 und 2.

Wie bereits dargelegt, sind grundsätzlich alle Crowdfunder bereit durch den Erhalt des Zusatznutzens σ insgesamt einen höheren Gesamtpreis als andere Konsumentengruppen zu entrichten (siehe Abschnitt 4.1.2). Daher ist das Unternehmen prinzipiell an einer großen Menge an Unterstützern in einer frühen Projektphase interessiert und wählt den höheren Wert für n_c. Allerdings muss dabei stets $n_c \leq 1 - \rho$ eingehalten werden, da es ansonsten keine regulären Käufer gäbe. Das wäre zwar u.U. günstig für den Monopolisten, würde aber zum Verlust der Qualitätserhöhung für Crowdfunder (Entstehungsbedingung) und somit zum Scheitern des Finanzierungsaufrufs führen. Unter der Voraussetzung, dass n_r größer, gleich einem bestimmten Wert ρ ist, entspricht die Anzahl der regulären Käufer $n_r = 1 - n_c - (p_r - R)/S$.[136]

In Bezug auf das Optimierungsproblem gilt, dass es bei der partiellen Ableitung der Zielfunktion nach der Preisdifferenz ($\partial\Pi/\partial\Delta$) nur für $\Delta < 0$ eine innere Lösung gibt (siehe Appendix C.1). Das bedeutet, dass es für das Unternehmen optimal ist, wenn Crowdfunder auch zum Zeitpunkt 2 mehr bezahlen als reguläre Käufer (First-best-Lösung). Allerdings ist das nur bei einem kleinen Finanzierungsbedarf möglich, da die Gruppenstärke der Unterstützer ansonsten zur Deckung des Startkapitals nicht ausreichen würde. Ist also p_c größer als p_r, so muss auch $\underline{\Delta}$ negativ sein (vgl. Ungleichung (5.1-7)), woraus eine Kapitalrestriktion $K_{1.1}(p_{1i})$[137] abgeleitet werden kann. Aus Sicht des Unternehmens kann die optimale Preisdifferenz in Abhängigkeit von p_{1i} bestimmt werden zu (siehe Appendix C.1):

$$\Delta^*(p_{1i}) = \frac{4\sigma(1-\bar{\alpha})K}{2\big((\alpha-\bar{\alpha})p_{1i} + \delta\sigma(1-\alpha)\big)} - \frac{1}{2}\left(\sigma + \frac{(\alpha-\bar{\alpha})p_{1i}}{\delta(1-\alpha)}\right) \qquad (5.1\text{-}9)$$

136 Die Argumentation für einen positiven Wert für die Gruppenstärke der regulären Käufer ist dieselbe wie in Abschnitt 4.1.2.

137 Dabei ist zu beachten, dass der Preis p_{1i} ebenfalls von K abhängig ist. Um die *tatsächliche* Kapitalrestriktion $K_{1.1}(\alpha, \bar{\alpha})$ abbilden zu können, muss noch der Vorbestellungspreis p_{1i} anhand der genannten Randbedingungen ermittelt werden (siehe Abschnitt 5.1.2).

Damit Δ kleiner Null ist, muss der erste Term geringer als der zweite sein und das ist eben nur bei einem *kleinen* K der Fall. Zudem muss der Punkt $(p_r^*; \Delta^*)$ der Zielfunktion ein Maximum darstellen (siehe Appendix C.2), wobei sich der reguläre Kaufpreis im Gleichgewicht analog zum Abschnitt 4.1.3 zu $p_r^* = (S + R)/2$ ergibt:

$$\frac{\partial^2 \Pi}{\partial p_r \partial \Delta} = \frac{\partial^2 \Pi}{\partial \Delta \partial p_r} = 0 \wedge \frac{\partial^2 \Pi}{\partial {p_r}^2} < 0 \wedge \frac{\partial^2 \Pi}{\partial \Delta^2} < 0 \qquad (5.1\text{-}10)$$

Es wurde bereits festgestellt, dass das Nachfragequantil $\bar{\theta}_{ci}$ bei Gewährung eines Rabatts (EBD) kleiner als $\bar{\theta}_{cu}$ ist und dann auch $\alpha > \bar{\alpha}$ gilt. Im Umkehrschluss ist $\alpha < \bar{\alpha}$, sofern informierte Crowdfunder mehr bezahlen als ex-ante unwissende Projektunterstützer. Ob es dabei allerdings zu einem *Separierenden Gleichgewicht* kommt, muss noch geklärt werden. Es ist leicht zu zeigen (siehe Appendix C.2), dass die Anzahl an Crowdfundern für $\alpha = \bar{\alpha}$ sowie $\bar{\alpha} = 1$ (Informationssymmetrie) der des Ausgangsmodells entspricht (vgl. Tabelle 1). Das zeigt, dass das Ausgangsmodell als Randfall in der Erweiterung enthalten ist. Für $1 > \bar{\alpha}$ wird nachfolgend stets von Informationsasymmetrie gesprochen, auch wenn die Lösung der des Ausgangsmodells gleichkommt.

Bei $p_{1i} \leq p_{1u}$ könnten dumme Unterstützer, die frühzeitig von der Existenz eines Aufrufs wissen, einen Anreiz haben zu spekulieren und auf Basis des vermeintlich geringeren Preises p_{1i} eine Vorbestellung tätigen, ohne die genaue Ausprägung von S zu kennen. Das würde aber zu einem Finanzierungsabbruch führen, da aufgrund der Definitionsgleichung (5.1-1) das benötigte Startkapital bei einer Spekulation nicht erzielt werden würde. Gleichen sich die Vorbestellungspreise, so gibt es aus Sicht dieser Early Adopter keinen Grund für die Spekulation. Nachfolgend werden in Abhängigkeit vom Kapitalbedarf drei unterschiedliche Preiskonstellationen analytisch untersucht.

5.1.2 Negative Preisdifferenz bei kleinem K (**Fall 1**)

Die Preisdifferenz $\Delta^*(p_{1i})$ ist für ein *kleines* K stets negativ (First-best-Lösung). Mit steigendem Kapitalbedarf wird $\Delta^*(p_{1i})$ größer, was bedeutet, dass das Unternehmen zwischen den Preisen des Zeitpunkts 2 zwar diskriminieren kann, jedoch deren Differenz kleiner wird. Ein großer Wert für p_{1i} wirkt diesem Effekt scheinbar entgegen, sofern $\alpha > \bar{\alpha}$ ist (vgl. Gleichung (5.1-9)). Eine detaillierte Untersuchung dieser Zusammenhänge ist Gegenstand dieses Abschnitts. Die Gruppenstärke an Crowdfundern ergibt sich in Abhängigkeit von p_{1i} für den ersten Fall zu (siehe Appendix D.1).

$$n_c^*(p_{1i}) = \frac{1}{2}\left(1 + \frac{(\alpha - \bar{\alpha})p_{1i}}{\sigma\delta(1-\alpha)}\right) \tag{5.1-11}$$

Um die optimale Anzahl an Unterstützern $n_c^*(\alpha, \bar{\alpha}, K)$ allein durch exogene Größen beschreiben zu können, wird p_{1i} im Verlauf dieses Abschnitts noch mit Hilfe der erläuterten Randbedingungen explizit bestimmt. Grundsätzlich können aber bereits jetzt vier Typen potentieller Konsumenten für den Fall 1 unterschieden werden:

- Bei einem sehr geringen Geschmacksparameter $\theta \in [0, (p_r^* - R)/S]$ gibt es eine Gruppe, die das angebotene Produkt weder für einen der beiden Crowdfunding-Preise noch für den regulären Kaufpreis konsumieren möchte. Die Gruppenstärke dieser *Nicht-Konsumenten* entspricht im GG $n_0 = (S - R)/(2S)$.[138]
- Die Anzahl an *regulären Käufern* beläuft sich auf $n_r^* = R/2S - [(\alpha - \bar{\alpha})p_{1i}]/[2\delta\sigma(1-\alpha)]$, wobei $n_r^* \geq \rho$ sein muss (**Annahme 1.1**[139]). Genau wie bei den Nicht-Konsumenten können Angehörige dieser Gruppe sowohl informiert als auch uninformiert sein. Für den Kauf in $t = 2$ spielt die Ex-ante-Information allerdings nur eine untergeordnete Rolle, da alle Konsumenten ex-post die Qualität kennen. Uninformierte reguläre Käufer weisen einen Geschmacksparameter von $\theta \in [(p_r^* - R)/S, \bar{\theta}_{cu}^*]$ auf und bei informierten ist $\theta \in [(p_r^* - R)/S, \bar{\theta}_{ci}^*]$.[140]

[138] Angehörige dieser Gruppe können sowohl informiert als auch uninformiert sein.

[139] Im Zuge dieser Modellerweiterung werden begrenzende Annahmen jeweils an der passenden Stelle eingeführt und erläutert. Eine zusammenfassende Übersicht befindet sich zudem im Abschnitt 5.1.5.

[140] Es wird noch gezeigt, dass es seitens der informierten Akteure nicht zwangsläufig reguläre Käufer geben muss.

- Die Mindestwertschätzung $\bar{\theta}_{cu}^*$ für den Erhalt des Zusatznutzens σ nimmt bei der dritten Konsumentengruppe – den dummen Kapitalgebern – im Vergleich zur Gruppe der Innovatoren einen größeren Wert an, sofern ein EBD vergeben werden muss. Die Anzahl an *Early Adoptern* kann mit Hilfe der Formel $n_{cu}^* = (1-\alpha)n_c^*$ bzw. $n_{cu}^* = (1-\bar{\alpha})(1-\bar{\theta}_{ci})$ ausgerechnet werden.
- Über die Qualität informierte Kunden werden hingegen zu Vorbestellern, falls ihr Nutzen dabei den der anderen Typen übersteigt und positiv ist. Hierbei sei nochmals erwähnt, dass es für ein vollständiges Signal einen bestimmten Anteil an Crowdfundern (α) geben muss, der sich schon frühzeitig als Meinungsführer zu einem neuartigen Produkt bekennt und dieses bewirbt. Diese *Innovatoren* stellen die letzte (vierte) Konsumentengruppe dar.

Durch das Einsetzen der optimalen Preise sowie der dazugehörigen Gruppengrößen kann die Gewinnfunktion $\pi_{C,1}^*(p_{1i})$ in Abhängigkeit von p_{1i} in einem ersten Schritt ermittelt werden (siehe Appendix D.1). In Anlehnung an den Abschnitt 4.1 wird diese Funktion so umgestellt, dass der Schwellenwert für das Startkapital $K_{1.1}(p_{1i})$ mit einbezogen wird. Dadurch lässt sich die Gewinnfunktion leichter analytisch untersuchen. In einem zweiten Schritt wird dann der anteilige Preis p_{1i} berechnet und eingesetzt.

$$\pi_{C,1}^* = \delta\left[\frac{(R+S)^2}{4S}\right] + \left(1+\frac{(\alpha-\bar{\alpha})p_{1i}}{\sigma\delta(1-\alpha)}\right)\left(\frac{\delta\sigma(1-\bar{\alpha})}{\left((\alpha-\bar{\alpha})p_{1i}+\delta\sigma(1-\alpha)\right)}\right)[K_{1.1}-K]$$

$$mit\ \left(\frac{\delta\sigma(1-\alpha)}{(1-\bar{\alpha})4}\right)\left(1+\frac{(\alpha-\bar{\alpha})p_{1i}}{\delta\sigma(1-\alpha)}\right)^2 \equiv K_{1.1}(p_{1i}) \qquad (5.1\text{-}12)$$

$K_{1.1}(p_{1i})$ beschreibt den Schwellenwert des Anfangskapitals, der für den ersten Fall gerade nicht mehr durch die „Crowd“ gedeckt werden kann und entweder mit Hilfe der Ungleichung (5.1-7) oder (5.1-9) ausgerechnet wird. Der erste Term der Gewinnfunktion $\pi_{C,1}^*(p_{1i})$ ist der Umsatz[141] durch alle Kunden für

[141] Der Umsatz entspricht hier dem Deckungsbeitrag (DB 1), da die Grenzkosten Null sind.

den Erhalt von R und S und findet sich auch so im Ausgangsmodell wieder (vgl. Gleichung (4.1-16)). Bei einem Kapitalbedarf von $K \approx K_{1.1}$ würde dieser die Untergrenze des Gewinns für den Fall 1 beziffern, da der zweite Term fast gleich Null wäre. Sind die benötigten Fixkosten der Produktion hingegen kleiner $K_{1.1}(p_{1i})$, so erzielt der Monopolist durch die gewichtete besondere Konsumerfahrung für Projektunterstützer einen zusätzlichen Gewinn.

Mit Hilfe der zwei Randbedingungen, dass zum einen α einen bestimmten Wert annehmen und zum anderen das Startkapital durch die Vorbestellungspreise gerade gedeckt werden muss, können sowohl $p_{1i}(\alpha, \bar{\alpha}, K)$ als auch $p_{1u}(\alpha, \bar{\alpha}, K)$ unter Verwendung der optimalen Entscheidungsgrößen explizit bestimmt werden. Darauf aufbauend lässt sich auch die *endgültige* Gewinnfunktion $\pi^*_{C,1}(\alpha, \bar{\alpha}, K)$ ermitteln. Aufgrund deren Komplexität wird an dieser Stelle aber lediglich auf den Anhang D.1 und auf die Abbildung 13 verwiesen. Demgegenüber kann die resultierende Budgetrestriktion $K_{1.1}(\alpha, \bar{\alpha})$ durch Verwendung des Ausdrucks für den Vorbestellungspreis (vgl. Appendix D.1) anschaulich dargestellt werden.

$$K < \frac{\delta\sigma(1-\alpha)}{(1-\bar{\alpha})}\left[\frac{(1-\bar{\alpha})\bar{\alpha}}{(2\bar{\alpha} - 3\alpha\bar{\alpha} + \alpha^2)}\right]^2 \equiv K_{1.1}(\alpha, \bar{\alpha}) \qquad (5.1\text{-}13)$$

Zur Illustration der Zusammenhänge ist die Gewinnfunktion $\pi^*_{C,1}(\alpha, K)$ in Abbildung 13 für eine bestimmte Parameterkonstellation[142] in Abhängigkeit vom benötigten Anfangskapital K und α auf Grundlage eines informierten Anteils von 30 % bezüglich der Zielgruppe abgebildet.[143] Dabei kann gezeigt werden, dass sowohl die Gewinn- als auch die Kapitalfunktion $K_{1.1}(\alpha, \bar{\alpha})$ für $\alpha = \bar{\alpha}$ mit denen des Ausgangsmodells übereinstimmen (siehe Appendix D.2). In Abbildung 13 ist das jeweils durch die rote Line bei $\alpha = 0{,}3$ gekennzeichnet. Ausge-

[142] Der Darstellung liegt folgende Parameterkonstellation zugrunde: $R = 4; S = 8;\ \delta = 1;\ \bar{\alpha} = 0{,}3;\ \rho = 0{,}1;\ \sigma = 10$. Auswirkungen durch Änderung eines Parameters ceteris paribus werden im Anhang diskutiert.

[143] Gegenüber anderen Preiskombinationen (siehe Abschnitte 5.1.3 und 5.1.4) ist eine analytische Untersuchung für den Fall 1 nur in Ansätzen möglich. Daher werden die Modellergebnisse hier überwiegend anhand von Abbildungen diskutiert. Die Resultate lassen sich aber durch eine numerische Simulation validieren.

hend davon ist zu erkennen (linke Seite), dass die Gewinnfunktion (grüne Ebene) zu beiden Seiten hin fällt. Entspricht also das für ein vollständiges Signal benötigte α nicht zufällig dem Anteil der Informierten an der Grundgesamtheit ($\bar{\alpha}$), fällt der Gewinn im GG niedriger aus als bei Informationssymmetrie. Der Monopolist muss also für das Szenario $\alpha > \bar{\alpha}$ Gewinneinbußen hinnehmen, um mit Hilfe eines Rabatts für informierte Akteure den Wert für das erforderliche α gerade zu erreichen. Für eine Gleichgewichtslösung muss der EBD dabei mengenbegrenzt sein.

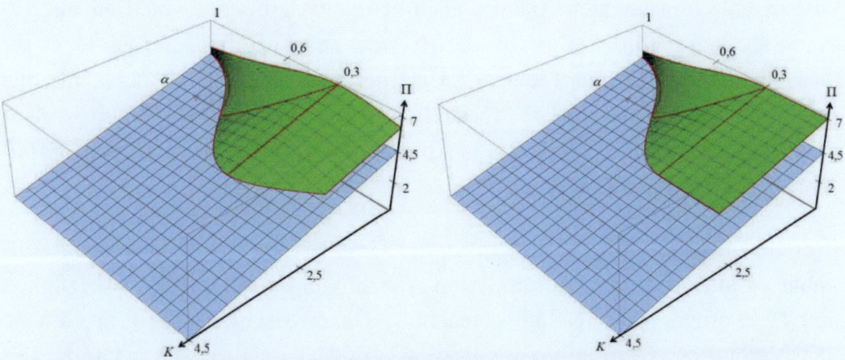

Abbildung 13: Gewinnfunktion des EaCs mit $\bar{\alpha} = 0{,}3$ für den Fall 1 im Vgl. zur TF

Würde demgegenüber bei gegebenem $\bar{\alpha}$ der Wert für den benötigten Anteil α geringer ausfallen, könnten durch einen *Preisaufschlag* für Innovatoren eine kleinere Anzahl informierter Akteure zu einer frühzeitigen Unterstützung bewegt werden. Dabei muss es aber ein sog. „hartes Ende“ geben.[144] Dies würde zu einer Diskriminierung weniger gut informierter oder auch „langsamerer“ Crowdfunder führen. Informierte potentielle Unterstützer, für die sich eine Vorbestellung zum Preis p_{1i} nicht lohnte, könnten nämlich durch ihren Informationsvorsprung unwissenden Mitgliedern der zweiten Kohorte zuvorkommen und durch Bezahlung des geringeren Preises p_{1u} zu Kapitalgebern werden.

[144] Mäschle (2012) stellt diesbezüglich fest, dass das „first come, first serve“-Prinzip, bei dem ein Finanzierungsaufruf endet, sobald das Fundinglimit erreicht ist (hartes Ende), aus Markteffizienzgründen bei einem Nachfrageüberhang nicht angewandt werden sollte.

Gäbe es hingegen keine Mengenbegrenzung, würde das Finanzierungsziel aufgrund des Nachfrageüberhangs zum Preis p_{1u} übertroffen werden. Das Abweichen eines Mitglieds der ersten Kohorte würde dann den Finanzierungserfolg nicht gefährden und den abweichenden Spieler besser stellen. Demzufolge gibt es ohne ein hartes Ende für $\alpha < \bar{\alpha}$ kein (Separierendes) Gleichgewicht.

Im Ergebnis fällt einerseits der Gewinn des Unternehmens bei einem Aufpreis für Innovatoren und Anwendung des „first come, first serve"-Prinzips (hartes Ende) im Vergleich zum Ausgangsmodell geringer aus. Andererseits erfahren alle ex-ante unwissenden Akteure auch bei einem größeren Anteil an Innovatoren als dem geforderten α von der Existenz des Aufrufs. Demnach ist es für das Szenario $\alpha \leq \bar{\alpha}$ aus Sicht des Unternehmens zielführend, einen für alle Kapitalgeber einheitlichen Vorbestellungspreis (Einheitspreis[145]) zu verlangen.[146] Für den ersten Fall ist das in Abbildung 13 (rechte Seite) für den Definitionsbereich $\alpha \in [0, \bar{\alpha}]$ visualisiert.

Der Einfluss des Informationsgrades der Grundgesamtheit ($\bar{\alpha}$) wird in Abbildung 14 auf Basis eines informierten Anteils von *mindestens* 35 % bezüglich der Crowdfunder anschaulich gemacht.[147] Dabei beschreibt die grüne Ebene den Verlauf der Gewinnfunktion des EaCs in Abhängigkeit von $\bar{\alpha}$ und K. Die TF wird durch die bläulich transparente Ebene visualisiert, wobei die Kosten für die Aufnahme von Fremdkapital im Vergleich zum Ausgangsmodell hier gebührend berücksichtigt werden (vgl. Tabelle 5).

[145] Unter dem Begriff „Einheitspreis" wird im Folgenden ein gleicher Vorbestellungspreis für alle Projektunterstützer verstanden. Nichtsdestotrotz kann es aber eine Preisdiskriminierung zwischen Crowd-fundern und regulären Käufern in $t = 2$ geben.

[146] Demzufolge wird der Modellparameter α nachfolgend als „quasi-exogen" bezeichnet. Für den *Einheitspreis* ist nämlich der sich tatsächlich ergebende Anteil an informierten Crowdfundern größer als der erforderliche Wert für α.

[147] Die Werte der Funktionen sind: $R = 4; S = 8;\ \delta = 1;\ \alpha = 0{,}35;\ \rho = 0{,}1;\ \sigma = 10.$

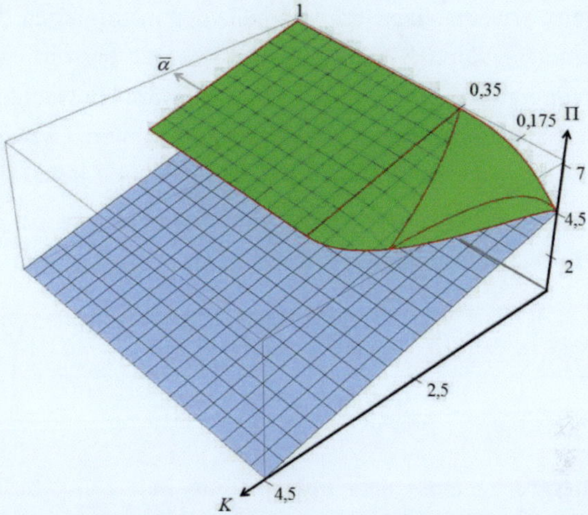

Abbildung 14: Gewinnfunktion des EaCs mit $\alpha = 0{,}35$ für den Fall 1 im Vgl. zur TF

Die Gewinnfunktion $\pi^*_{C,1}(\bar{\alpha}, K)$ ist für den Definitionsbereich $\bar{\alpha} \in [\alpha, 1]$ und für ein benötigtes Anfangskapital i.H.v. K konstant, was durch die Vergabe eines Einheitspreises (EP) erreicht wird. Neben den Vorbestellungspreisen ($p_{1i} = p_{1u} = 2K$) entspricht dabei auch die Budgetgrenze ($K_{1.1} = K_{A.1} = \delta\sigma/4$) der des Ausgangsmodells (siehe Appendix D.2).

Für einen geringen Informationsgrad der Grundgesamtheit ($\bar{\alpha} \in [0, \alpha]$) gilt bekanntlich, dass nur durch die Vergabe eines EBDs ein vollständiges Signal erzeugt werden kann. Dabei kommt es aber u.U. zu negativen oder unzulässigen Vorbestellungspreisen: Unterschreiten die Fixkosten der Produktion einen Schwellenwert, der durch die Kapitalfunktion $K_{1.2}(\alpha, \bar{\alpha})$ beschrieben werden kann (siehe Appendix D.1), ist der anteilige Preis p_{1i} für Innovatoren nämlich negativ. Dieser Sachverhalt (**Fall 1 mit Subventionierung**) wird in Abbildung 14 exemplarisch durch die grüne Ebene ohne Höhenlinien dargestellt. Auch in Abbildung 13 ist dieser Bereich gleichermaßen gekennzeichnet. Dabei befindet sich der Schnittpunkt der Kapitalfunktionen $K_{1.1}(\alpha, \bar{\alpha})$ und $K_{1.2}(\alpha, \bar{\alpha})$ entweder bei $2\bar{\alpha}$ (Abbildung 13) oder bei $\alpha/2$ (Abbildung 14).

$$K < \frac{\delta\sigma(1-\alpha)}{(1-\bar{\alpha})}\left[\frac{(\alpha-\bar{\alpha})}{4\bar{\alpha}}\right] \equiv K_{1.2}(\alpha, \bar{\alpha}) \qquad (5.1\text{-}14)$$

Es wurde bereits erwähnt, dass es innerhalb der informierten Teilmenge der Zielgruppe keine regulären Käufer geben muss. Das passiert, wenn aufgrund der Rahmenbedingungen $\bar{\theta}_{ci}^* \leq \hat{\theta}^*$ ist. Allerdings wäre ein Nachfragequantil $\bar{\theta}_{ci}^*$ von kleiner Null dabei unzulässig, woraus sich eine untere Grenze für den Vorbestellungspreis informierter Crowdfunder ($\underline{p}_{1i}$) ableiten lässt (siehe Appendix D.1). Zum Zweck einer übersichtlicheren Gestaltung wird der Ausdruck $(1-\alpha)(1-\bar{\alpha})$ nachfolgend durch ε substituiert.

$$\Leftrightarrow p_{1i} \geq \delta\sigma\left(\frac{\varepsilon \pm \sqrt{\varepsilon^2 - [2(\bar{\alpha}-\alpha)+(\alpha^2-\bar{\alpha}^2)]\left[4\frac{K\varepsilon}{\delta\sigma}-(1-\alpha)^2\right]}}{[2(\bar{\alpha}-\alpha)+(\alpha^2-\bar{\alpha}^2)]}\right) \equiv \underline{p}_{1i} \quad (5.1\text{-}15)$$

Diese Preisuntergrenze muss aber nur bei dem Fall 1 mit Subventionierung berücksichtigt werden, da ein positiver Vorbestellungspreis in Verbindung mit einer negativen Preisdifferenz die Ungleichung $\bar{\theta}_{ci}^* \geq 0$ immer erfüllt (vgl. Formel (5.1-3)). In den Abbildungen 13 und 14 sind die Bereiche unzulässiger Vorbestellungspreise ebenfalls durch eine grüne Ebene ohne Höhenlinien beschrieben.[148] Im Ergebnis muss der Preis p_{1i} also zwischen einer unteren Grenze $\underline{p}_{1i}$ und einer oberen $\bar{p}_{1i} = 2K$ liegen.

Ausgehend von der Annahme 1.1 ist zudem eine weitere Restriktion zu formulieren, die für den **Fall 1** stets eingehalten werden muss (siehe Appendix D.2).

$$\underbrace{2S\rho + S\frac{(\alpha-\bar{\alpha})p_{1i}}{\delta\sigma(1-\alpha)}}_{\underline{R}} \leq R \quad \text{(Annahme 1.2)}$$

[148] Aufgrund der Komplexität der Preise ist es nicht möglich daraus eine weitere Kapitalfunktion abzuleiten. Zwar ist eine Überprüfung der Zulässigkeit von Preisen mit Hilfe der Gleichung für die Preisuntergrenze (5.1-14) immer möglich, die Grenze zwischen Subventionierung und Unzulässigkeit kann bei einer zeichnerischen Darstellung indes nur abgeschätzt bzw. durch eine numerische Simulation bestimmt werden. Diese Grenze wird in Abbildung 14 beispielsweise durch eine rote Linie dargestellt, welche die grüne Ebene ohne Höhenlinien teilt.

Wäre der Reservationsnutzen R kleiner als $\underline{R}$, dann würde es keine hinreichend große Konsumentengruppe an regulären Käufern (ρ) geben, von denen sich informierte Crowdfunder abgrenzen könnten (FC). Darauf aufbauend würden dann auch die Early Adopter dem Unternehmen kein Kapital zur Verfügung stellen und der Finanzierungsaufruf scheiterte. Handlungsalternativen bei Nichterfüllung werden in Abschnitt 5.1.4 diskutiert (**Fall 3**). Des Weiteren muss eine zusätzliche Annahme für widerspruchsfreie Ergebnisse getroffen werden. Da die Gruppenstärke an Nicht-Konsumenten nicht negativ werden darf, muss gelten (siehe Abschnitt 3.4):

$$S \geq R \qquad \text{(Annahme 1.3)}$$

Sofern $\pi^*_{C,1}(\alpha, \bar{\alpha}, K) \geq \pi^*_T$ ist, wird das EaC als Finanzierungsmethode der traditionellen Finanzierung vorgezogen. Die Abbildungen 13 und 14 zeigen exemplarisch, dass der Gewinn des EaCs (grüne Ebenen) höher als der Gewinn bei TF (bläulich transparente Ebene mit Höhenlinien) ausfällt. Analytisch kann ebenfalls gezeigt werden, dass sich eine Ex-ante-Crowdfunding-Kampagne für den Fall 1 stets lohnt, solange die genannten Restriktionen ($\alpha \geq \bar{\alpha}$; $p_{1i} \geq \underline{p}_{1i}$; etc.) eingehalten werden:

$$\underbrace{\left(1 + \frac{(\alpha - \bar{\alpha})p_{1i}}{\sigma\delta(1-\alpha)}\right)}_{>0} \underbrace{\left(\frac{\delta\sigma}{((\alpha - \bar{\alpha})p_{1i} + \delta\sigma(1-\alpha))}\right)}_{>0} \underbrace{[K_{1.1} - K]}_{>0} + K > 0 \qquad (5.1\text{-}16)$$

Die Projektfinanzierung durch EaC ist demzufolge bei einem *kleinen* Kapitalbedarf immer profitabler. Das gilt, weil das Unternehmen in der Lage ist durch die Ex-post-Preisdiskriminierung 2. Grades einen höheren Preis von allen Vorbestellern in $t = 2$ zu verlangen. Hinzu kommt, dass viele Kapitalgeber bereits zum Zeitpunkt 1 eine Zahlung geleistet haben. Ist also das benötigte Startkapital gering, weisen Basisnutzen R und Qualität S eine legitime Relation auf und gibt es ein vollständiges Signal, so dominiert das EaC unabhängig von der Höhe eines positiven Zusatznutzens σ die traditionelle Finanzierung. Ein Unternehmen hat beim EaC in Verbindung mit einem *kleinen* Betrag für K sehr viel Handlungsspielraum. Im weiteren Verlauf werden die Auswirkungen eines *großen* Wertes für das Startkapital K diskutiert.

5.1.3 Positive Preisdifferenz bei großem *K* (**Fall 2**)

Falls ein Unternehmen mehr Kapital als bisher erläutert benötigt ($K \geq K_{1.1}$), ist es gezwungen in $t = 1$ mehr Geld von den Projektunterstützern einzusammeln. Dies führt zu einer Minderung des Preises p_c zum Zeitpunkt 2. Setzt man in die Gleichung (5.1-9) ein *großes K* ein, so wird die Preisdifferenz Δ positiv (**Fall 2**). Das bedeutet, dass der Monopolist zwar analog zum ersten Fall zwischen den Preisen der unterschiedlichen Konsumentengruppen (n_c und n_r) in $t = 2$ diskriminiert, jedoch der reguläre Kaufpreis hier diesmal größer ist ($p_c < p_r$).[149] Die partielle Ableitung der Zielfunktion nach der Preisdifferenz ist für einen solchen Sachverhalt stets negativ ($\partial\Pi/\partial\Delta < 0$). Demzufolge ist das Unternehmen bestrebt die Preisdifferenz so gering wie möglich ausfallen zu lassen und setzt $\Delta = \underline{\Delta} > 0$ (Second-best-Lösung). Die Menge an Crowdfundern ergibt sich demzufolge für den zweiten Fall zu (siehe Appendix E.1 bzw. E.2):[150]

$$\underline{n}_c = \sqrt{\frac{(1-\bar{\alpha})K}{\delta\sigma(1-\alpha)}} \qquad (5.1\text{-}17)$$

$$\sqrt{\frac{(1-\bar{\alpha})K}{\delta\sigma(1-\alpha)}} \geq \frac{1}{2}\left(1 + \frac{(\alpha-\bar{\alpha})p_{1i}}{\delta\sigma(1-\alpha)}\right) \quad mit\ K_{1.1} \leq K < \frac{\delta\sigma(1-\alpha)}{(1-\bar{\alpha})} \equiv K_{2.4}$$

Der Zuwachs an Kapitalgebern bei gestiegenen Produktionskosten hat allerdings keinen Einfluss auf die Menge der Nicht-Konsumenten, die genau wie im ersten Fall durch $n_0 = (S-R)/2S$ beschrieben werden kann. Die regulären Käufer werden hingegen bei Vergabe eines Rabatts an Innovatoren *und* mit steigendem K weniger. Auch hier gilt wieder, dass n_r größer als eine exogen gegebene Untergrenze ρ sein muss, weil der Community Benefit ansonsten entfiele. Da hier gegenüber dem ersten Fall mehr Projektunterstützer zur De-

[149] Allerdings tragen Crowdfunder durch eine Zahlung in $t = 1$ zusätzlich zur Kostendeckung bei.

[150] Die Gruppenstärke an Kapitalgebern vergrößert sich aber auch weiterhin bei der Vergabe eines Rabatts, was durch das α in der Gleichung (5.1-17) zum Ausdruck kommt.

ckung des Startkapitals benötigt werden, ist diese Bedingung ($n_r \geq \rho$[151]) allerdings schwieriger zu erfüllen und hat eine Begrenzung für K zur Folge.

$$\underbrace{1-\sqrt{\frac{(1-\bar{\alpha})K}{\delta\sigma(1-\alpha)}}-\left(\frac{S-R}{2S}\right)}_{n_r} \geq \rho \tag{5.1-18}$$

$$\Leftrightarrow K_{1.1} \leq K \leq \frac{\delta\sigma(1-\alpha)}{(1-\bar{\alpha})}\left[\frac{R+S}{2S}-\rho\right]^2 \equiv K_{2.1}(\alpha,\bar{\alpha})$$

Im Nachfolgenden wird vorerst davon ausgegangen, dass der Schwellenwert ρ für die minimale Menge an regulären Käufern eingehalten wird. Handlungsalternativen für das Unternehmen bei Nichterfüllung werden erst im Kapitel 5.1.4 diskutiert (**Fall 3**). Dementsprechend lässt sich in einem ersten Schritt die optimale Gewinnfunktion für den zweiten Fall durch das Einsetzen der jeweiligen Gruppengrößen und der korrespondierenden Preise in die Zielfunktion (5.1-1) in Abhängigkeit von p_{1i} darstellen (siehe Appendix E.1). In einem zweiten Schritt wird dann wieder für die Ermittlung der *endgültigen* Gewinnfunktion $\pi_{C,2}(\alpha,\bar{\alpha},K)$ der Vorbestellungspreis p_{1i} im Gleichgewicht bestimmt und eingesetzt.

$$\pi_{C,2}(p_{1i}) = \delta\left[\frac{(R+S)^2}{4S}\right] + \sqrt{\frac{\delta\sigma(1-\bar{\alpha})K}{(1-\alpha)}}\left(1+\frac{(\alpha-\bar{\alpha})p_{1i}}{\delta\sigma(1-\alpha)}\right) - \frac{2(1-\bar{\alpha})K}{(1-\alpha)}$$

Der erste Term der Funktion $\pi_{C,2}(p_{1i})$ kann wieder als Umsatz durch alle Kunden für den Erhalt von R und S interpretiert werden und gleicht dabei denen der Gewinnfunktionen des ersten und des Ausgangsfalls. Allerdings stellt dieser hier nicht die Untergrenze des Gewinns für den **Fall 2** dar, sondern die Obergrenze. Sind nämlich die benötigten Produktionskosten gerade gleich der Un-

[151] Die Annahme 1.1 aus Abschnitt 5.1.2 besagt, dass die Gruppenstärke der regulären Käufer der First-best-Lösung (n_r^*) mindestens so groß wie der Schwellenwert ρ sein muss. Selbiges gilt auch hier für die Second-best-Lösung. Demzufolge ist $n_r \geq \rho$, was nachfolgend durch **Annahme 2.1** gekennzeichnet wird. Beide Annahmen ergeben sich durch die Entstehungsbedingung (FC).

tergrenze $K_{1.1}$, so ist die Differenz des zweiten und dritten Terms Null. Für einen größeren Kapitalbedarf wird dieser Teil der Funktion negativ.

Wie bereits gesagt, kann unter Verwendung der zwei bekannten Randbedingungen (vgl. Abschnitt 5.1.2) analog zum vorherigen Fall in einem zweiten Schritt neben den anteiligen Gleichgewichtspreisen $p_{1i}(\alpha,\bar{\alpha},K)$ und $p_{1u}(\alpha,\bar{\alpha},K)$ für Crowdfunder auch die *endgültige* Gewinnfunktion berechnet werden (siehe Appendix E.1).

$$p_{1i} = (2\bar{\alpha}-\alpha)\sqrt{\frac{(1-\bar{\alpha})K}{\delta\sigma(1-\alpha)}}\left(\frac{\delta\sigma(1-\alpha)}{\bar{\alpha}(1-\bar{\alpha})}\right); \qquad p_{1u} = \frac{K-\alpha\underline{n}_c p_{1i}}{(1-\alpha)\underline{n}_c}$$

$$\Rightarrow \pi_{C,2}(\alpha,\bar{\alpha},K) = \delta\left[\frac{(R+S)^2}{4S}\right] + \sqrt{\frac{\delta\sigma(1-\bar{\alpha})K}{(1-\alpha)}} - \frac{K(2\bar{\alpha}-3\alpha\bar{\alpha}+\alpha^2)}{(1-\alpha)\bar{\alpha}} \tag{5.1-19}$$

Zur Veranschaulichung der Zusammenhänge wird die Funktion $\pi_{C,2}(\alpha,K)$ in Abbildung 15 für eine bestimmte Parameterkonstellation[152] auf Basis eines Informationsgrades der Grundgesamtheit von 30 % und in Abhängigkeit von α und K visualisiert.

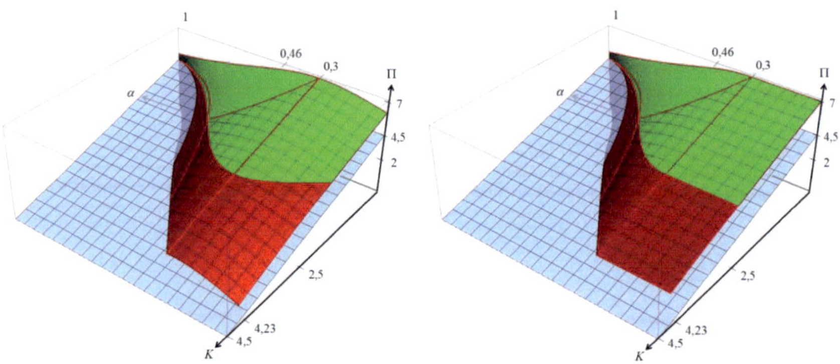

Abbildung 15: Gewinnfunktion des EaCs mit $\bar{\alpha} = 0{,}3$ für den Fall 2 im Vgl. zur TF

[152] Die Parameter der Zeichnung sind: $R = 4; S = 8;\ \delta = 1;\ \bar{\alpha} = 0{,}3;\ \rho = 0{,}1;\ \sigma = 10$.

Es ist zu erkennen, dass neben dem Gewinn auch das maximale Startkapital ($K_{2.1}$) für den **Fall 2** (rote Ebene mit Höhenlinien) bei $\alpha = \bar{\alpha} = 0{,}3$ dem des Ausgangsmodells (hellrote Linie) entspricht (siehe Appendix E.2). Darüber hinaus fällt $K_{2.1}$ in α und der Gewinn ist bei $\alpha = \bar{\alpha}$ *nahezu* maximal. Das wird in der Abbildung 15 (linke Seite) graphisch und im Appendix E.2 analytisch gezeigt.

Ausgehend davon muss der Monopolist immer dann einen Rabatt vergeben und dadurch Gewinneinbußen hinnehmen, wenn der erforderliche Anteil α den Wert für $\bar{\alpha}$ übersteigt. Um dabei eine Vorbestellung dummer Projektunterstützer zum vermeintlich geringeren Preis p_{1i} zu verhindern, ist der EBD zu rationieren.

Aufgrund der gleichen Argumentation wie in Abschnitt 5.1.2 wird für den zweiten Fall der EP verlangt, sofern der erforderliche Anteil der Innovatoren an der Gruppenstärke aller Vorbesteller (α) geringer ausfällt als der Anteil der Informierten an der gesamten Zielgruppe ($\bar{\alpha}$).[153] Dementsprechend stimmen die Ergebnisse des Ausgangsmodells mit denen der Modellerweiterung für dieses Szenario überein. Das ist auf der rechten Seite der Abbildung 15 zu sehen.

Die Auswirkungen eines unterschiedlichen Informationsgrades der Zielgruppe wird in Abbildung 16 auf Grundlage eines informierten Anteils innerhalb der Crowdfunder (α) von *mindestens* 35 % und in Abhängigkeit von K exemplarisch[154] aufgezeigt. Die bläulich transparente Ebene steht dabei wieder für die Gewinnfunktion der traditionellen Finanzierung. Es wurde bereits angedeutet, dass auch für den Fall 2 zwischen verschiedenen Bereichen differenziert werden muss. Nachfolgend werden daher die in Abbildung 16 skizzierten Bereichsgrenzen analytisch beschrieben.

[153] Im Vergleich zum Fall 1 kann hierbei durch Gebrauch des „first come, first serve"-Prinzips der Gewinn den des Ausgangsfalls geringfügig übersteigen, was an der SbL liegt (vgl. Abschnitt 5.1.4 und Appendix E.2).

[154] Die Parameterkonstellation der Zeichnung ist: $R = 4; S = 8; \delta = 1; \alpha = 0{,}35; \rho = 0{,}1; \sigma = 10$.

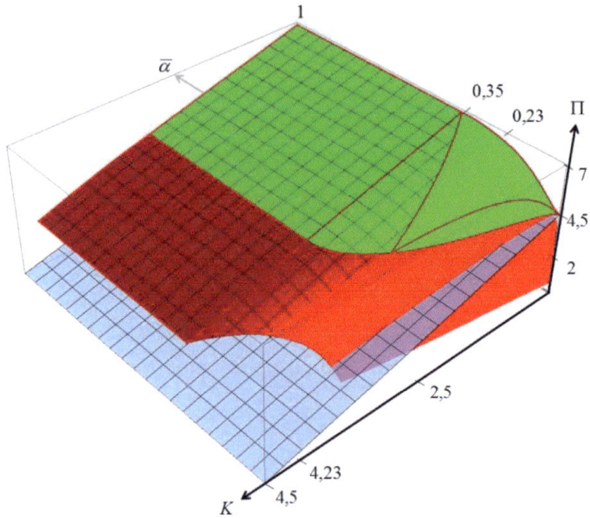

Abbildung 16: Gewinnfunktion des EaCs mit $\alpha = 0{,}35$ für den Fall 2 im Vgl. zur TF

Es fällt auf, dass die rote Ebene ohne Höhenlinien im Vergleich zum ersten Fall (grüne Ebene) nicht noch einmal unterteilt ist. Das zeigt, dass es keinen negativen Vorbestellungspreis für den Fall 2 gibt und der **Fall 2 mit Subventionierung** somit entfällt. Da Δ bei der Second-best-Lösung immer positiv ist, sind nämlich auch die anteiligen Preise nie kleiner Null ($0 \leq p_{1i} \leq p_{1u}$). Das lässt sich aus der Gleichung (5.1-3) schließen, auf deren Grundlage gleichzeitig eine weitere Bereichsgrenze ermittelt werden kann:

Auch für den zweiten Fall lässt sich eine untere Grenze für den anteiligen Preis informierter Crowdfunder aufgrund der Notwendigkeit eines positiven Nachfragequantils θ_{ci} ableiten (s.u.). Bei Nichterfüllung käme es zu Inkonsistenzen (vgl. Abschnitt 5.1.2). In Abbildung 16 ist ein solcher unzulässiger Bereich durch eine rote Ebene ohne Höhenlinien gekennzeichnet. Mit Hilfe der Preisuntergrenze für die Vorbestellung kann eine Budgetrestriktion $K_{2.2}$ berechnet werden, die den Übergang vom zulässigen zum unzulässigen Bereich beschreibt (siehe Appendix E.1). Erwähnenswert ist dabei, dass sich die Kapitalfunktionen $K_{2.2}$ und $K_{1.1}$ immer in dem Punkt $\bar{\alpha} = \alpha/2$ schneiden (siehe Appendix E.2), was auch schon für den ersten Fall für $K_{1.2}$ und $K_{1.1}$ gezeigt werden konnte.

$$p_{1i} \geq \frac{\delta\sigma(1-\alpha)}{(1-\bar{\alpha})}\left[2\sqrt{\frac{(1-\bar{\alpha})K}{\delta\sigma(1-\alpha)}}-1\right] \equiv \underline{p}_{1i}$$

$$K \leq \frac{\delta\sigma(1-\alpha)}{(1-\bar{\alpha})}\left[\frac{\bar{\alpha}}{\alpha}\right]^2 \equiv K_{2.2}(\alpha,\bar{\alpha}) \qquad (5.1\text{-}20)$$

Muss ein EBD zur Erzeugung eines vollständigen Signals gewährt werden, so ist das nur unter Einhaltung der genannten Restriktionen zulässig. In Abbildung 16 ist ein solcher Bereich durch eine rote Ebene mit Höhenlinien veranschaulicht. Es wurde bereits erwähnt, dass für $\alpha \leq \bar{\alpha}$ ein EP von allen Kapitalgebern verlangt wird.[155] Zusammenfassend kann die *umsetzbare* Gewinnfunktion $\pi_{C,2}$ daher wie folgt beschrieben werden.

$$\pi_{C,2}\begin{cases}\pi_{C,2}(\alpha,\bar{\alpha},K) & für\ K_{1.1} \leq K \leq min\{K_{2.1};K_{2.2}\}\ \&\ \bar{\alpha} < \alpha \\ \pi_{A,2}(K) & für\ K_{1.1} = K_{A.1} \leq K \leq K_{2.1} = K_{A.2}\ \&\ \bar{\alpha} \geq \alpha\end{cases}$$

Um alle wesentlichen Aspekte für den Fall 2 festzuhalten, ist noch der Schnittpunkt zwischen den Kapitalfunktionen $K_{2.1}$ und $K_{2.2}$ zu bestimmen. Für die Werte der Abbildung 15 liegt dieser gerundet bei $\alpha \approx 0{,}46$ und für die Abbildung 16 bei $\bar{\alpha} \approx 0{,}23$. Allgemein können die Punkte folgendermaßen dargestellt werden (siehe Appendix E.1):

$$\alpha = \frac{2\bar{\alpha}S}{R+S-2S\rho}; \qquad \bar{\alpha} = \frac{\alpha(R+S-2S\rho)}{2S} \qquad (5.1\text{-}21)$$

Es bleibt zu erwähnen, dass die aufgezeigten Gleichungen lediglich *relevante* Punkte bei maximal zulässigem Startkapital für den Fall 2 veranschaulichen, da beide Größen ja bekanntlich exogene bzw. quasi-exogene Modellparameter sind.

[155] Die beschriebene Farbkodierung sowie die Grenzbereiche gelten auch für die Abbildung 15.

Der Gewinn des EaCs sinkt für alle zulässigen Bereiche (grüne bzw. rote Ebene mit Höhenlinien) nie unterhalb des Gewinns der TF (bläulich transparente Ebene mit Höhenlinien). Für den ersten Fall wurde das bereits in Abschnitt 5.1.2 gezeigt und für den Fall 2 kann das durch das Gleichsetzen der zwei genannten Gewinnfunktionen demonstriert werden.

$$\sqrt{\frac{\delta\sigma(1-\bar{\alpha})K}{(1-\alpha)}} - \frac{K(2\bar{\alpha}-3\alpha\bar{\alpha}+\alpha^2)}{(1-\alpha)\bar{\alpha}} + K > 0 \qquad (5.1\text{-}22)$$

Die Differenz aus $\pi_{C,2}(\alpha,\bar{\alpha},K)$ und π_T^* ist für den Maximalwert von α bzw. für den Minimalwert von $\bar{\alpha}$ sowie für $K = \delta\sigma(1-\bar{\alpha})/(1-\alpha) \equiv K_{2.4}$ stets positiv (siehe Appendix E.2).[156] Da der maximale Kapitalbedarf ($min\{K_{2.1}; K_{2.2}\}$) für den Fall 2 immer kleiner als $K_{2.4}$ ist, beweist das auch hier die Überlegenheit einer EaC-Kampagne. Es kann also festgehalten werden, dass bei einem positiven Wert für Δ, unter Einhaltung der genannten Bedingungen[157] und unabhängig von der Höhe des positiven Zusatznutzens σ die traditionelle Finanzierung dominiert wird.

Genau diese Bedingungen stellen sich jedoch beim *reinen* Ex-ante-Crowdfunding[158] als problematisch dar. Die Modellstruktur sieht vor, dass Kapitalgeber durch eine Zahlung in $t = 1$ die fixen Produktionskosten decken und im Zeitpunkt 2 eine Restzahlung (p_c) – entsprechend der Zahlungsbereitschaft des unwissenden, indifferenten Vorbestellers – tätigen. Bis jetzt wurde angenommen, dass diese Restzahlung positiv ist. Bei einem $\Delta > 0$ (**Fall 2**) ist

[156] Dieser maximale Kapitalbedarf ($K_{2.4}$) ist zwar für ein positives Δ (**Fall 2**) gemäß Gleichung (5.1-17) legitim, verursacht allerdings $\underline{n}_c = 1$, was aufgrund der Annahme 2.1 untersagt ist. Das spielt aber bei der Analyse der Vorteile hier nur eine untergeordnete Rolle. Zudem sei angemerkt, dass für die traditionelle Finanzierung das Startkapital ohnehin begrenzt ist (siehe Abschnitt 3.4).

[157] Die Bedingungen sind: $K \leq min\{K_{2.1}; K_{2.2}\}$; $p_{1i} \geq \underline{p}_{1i}$; $\alpha \leq 2\bar{\alpha}$ bzw. $\bar{\alpha} \geq \alpha/2$ und $R \leq S$. Es sei angemerkt, dass die Schwellenwerte für α, $\bar{\alpha}$ und p_{1i} immer eingehalten werden, sofern das benötigte Startkapital im Definitionsbereich des zweiten Falls liegt.

[158] Beim *reinen* Ex-ante-Crowdfunding ist die Restzahlung zum Zeitpunkt 2 (p_c) immer positiv.

das allerdings nicht zwingend notwendig. Eine Überzahlung der tatsächlichen Zahlungsbereitschaft zum Zeitpunkt 1 wäre bei einer Rückerstattung eines Teilbetrages durch den Monopolisten in $t = 2$ vorstellbar. Das entspräche dem Konzept des Crowdlendings bzw. einer Mischform aus Crowdlending und Crowdsupporting.

Da dem Autor keine standardisierte Crowdfunding-Plattform bekannt ist, die eine solche Mischform anbietet, wird diese Situation hier ausgeschlossen. Zudem müsste der Wert der besonderen Konsumerfahrung σ dabei unverhältnismäßig hoch (s.u.) und die Differenz zwischen R und S groß sein, wodurch diese Situation ohnehin selten ist.

Nichtsdestotrotz werden nachfolgend in einem Exkurs die Gültigkeit der bisherigen Annahmen bei einem positiven Restbetrag ($p_c \geq 0$) überprüft und gegebenenfalls Einschränkungen vorgenommen.

Exkurs:

Speziell für den Vorbestellungspreis der Second-best-Lösung aus Gleichung (5.1-19) kann durch eine weitere Begrenzung des maximalen Kapitalbedarfs der Preis $p_c = p_r^* - \underline{\Delta}$ als größer, gleich Null angenommen werden (siehe Appendix E.1):

$$K \leq \frac{\delta\sigma(1-\alpha)}{(1-\bar{\alpha})}\left[\frac{(R+S+2\sigma)\bar{\alpha}(1-\bar{\alpha})}{2\sigma(2\bar{\alpha}-3\alpha\bar{\alpha}+\alpha^2)}\right]^2 \equiv K_{2.3}(\alpha,\bar{\alpha})$$

Bei Vergabe des Einheitspreises, was für den Bereich $\bar{\alpha} \geq \alpha$ gilt, ist die obere Budgetgrenze maximal und entspricht der des Ausgangsmodells ($K_{2.1} = K_{A.2}$). Darauf aufbauend ist *reines* EaC für den gesamten Bereich des zweiten Falls möglich, sofern diese Grenze ($K_{2.1}$) stets kleiner als $K_{2.3}$ ist. Mit andern Worten muss die besondere Konsumerfahrung σ eines Unterstützers immer kleiner, gleich nachfolgendem Ausdruck sein, um die Situation $p_c < 0$ für den weiteren Verlauf gänzlich auszuschließen (Annahme 2.2). Eine ausführliche Herleitung der Annahme 2.2 ist im Appendix E.1 zu finden.

$$\sigma < \frac{S(R+S)}{2R} \equiv \tilde{\sigma}_1 \qquad \text{(Annahme 2.2)}$$

Nimmt σ einen größeren Wert an, so wird eine differenzierte Betrachtung des zweiten Falls notwendig. Es kann gezeigt werden, dass dann für einen kleinen Anteil an Informierten bezüglich der Grundgesamtheit die Begrenzung $K_{2.3}(\alpha,\bar{\alpha})$ für das Startkapital – und eben nicht $K_{2.1}(\alpha,\bar{\alpha})$ bzw. $K_{2.2}(\alpha,\bar{\alpha})$ – ausschlaggebend sein kann. Folglich entspricht der Maximalwert für die fixen Produktionskosten K bei einem unverhältnismäßig großen Zusatznutzen σ und bei Ausschluss von negativen Preisen nachfolgendem Ausdruck:

$$K \leq \begin{cases} min\left\{\delta\sigma\left(\frac{R+S}{2S}-\rho\right)^2; \delta\sigma\left[\frac{(R+S+2\sigma)}{4\sigma}\right]^2\right\} & für\ \bar{\alpha} \geq \alpha \\ min\{K_{2.1}(\alpha,\bar{\alpha}); K_{2.3}(\alpha,\bar{\alpha})\} & für\ \alpha < \bar{\alpha} \leq \frac{\alpha(R+S-2S\rho)}{2S} \\ min\{K_{2.2}(\alpha,\bar{\alpha}); K_{2.3}(\alpha,\bar{\alpha})\} & für\ \frac{\alpha(R+S-2S\rho)}{2S} < \bar{\alpha} \leq \frac{\alpha}{2} \end{cases}$$

Abbildung 17 zeigt exemplarisch[159] die Verschiebung der Kapitalfunktionen bei Änderung der Parameter σ und ρ. Auf der Abszisse ist jeweils $\bar{\alpha} \in [0,1]$ abgetragen und die Ordinate beschreibt den Kapitalbedarf K.

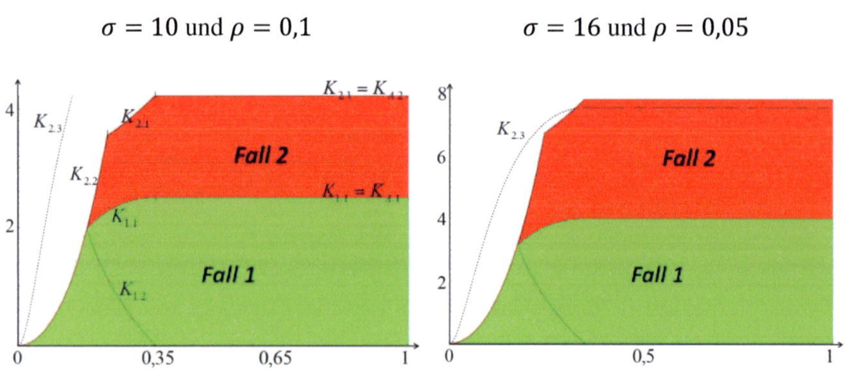

Abbildung 17: Kapitalfunktionen der Fälle 1 bis 2

[159] Den Darstellungen liegen folgende Parameter zugrunde: $R = 4; S = 8; \delta = 1; \alpha = 0{,}35; \rho = 0{,}1; \sigma = 10$ (linke Seite) und $R = 4; S = 8; \delta = 1; \alpha = 0{,}35; \rho = 0{,}05; \sigma = 16$ (rechte Seite).

Reines EaC ist in der linken Graphik ohne Einschränkung möglich,[160] wohingegen rechts die maximalen Fixkosten der Produktion durch $K_{2.3}(\alpha, \bar{\alpha})$ beschrieben werden. Da dieses Szenario (rechte Seite der Graphik) aber extrem ist, wird nachfolgend vorerst von der Einhaltung der Annahme 2.2 ausgegangen und untersucht, unter welchen Bedingungen weitere Parameterkombinationen möglich sind.

5.1.4 Anpassung der Gruppenstärken bei sehr großem *K* (**Fall 3**)

Im Abschnitt 5.1.3 wurde bereits angedeutet, dass bei Nichterfüllung der Bedingung $n_r \geq \rho > 0$ (Annahme 2.1) eine Handlungsalternative des Unternehmens in der Anpassung der Gruppenstärken besteht. D.h., überschreitet der benötigte Kapitalbedarf die für den **Fall 2** beschriebenen Maximalwerte, so wird der Monopolist den Preis p_r in $t = 2$ reduzieren müssen. Zum einen führt das auf den ersten Blick zu einer Mengenmehrung an regulären Käufern. Zum anderen steigt aber auch die Gesamtzahl an Vorbestellern wie gehabt mit dem Startkapital K an (siehe Gleichung (5.1-17)).[161] Demzufolge muss sich die Gruppengröße der Nicht-Konsumenten (n_0) verkleinern. Da der Preis für reguläre Käufer nun aber nicht mehr optimal ist, bringt das weitere Gewinneinbußen für das Unternehmen mit sich. Der Monopolist ist bestrebt, die Reduktion seines Gewinns so gering wie möglich ausfallen zu lassen und wählt den Preis p_r gerade so, dass die Anzahl n_r gleich dem Schwellenwert ρ ist (**Annahme 3.1**). Daher ergibt sich der Preis p_r zu (siehe Appendix F.1):

$$p_r = R + S - S\left(\sqrt{\frac{(1-\bar{\alpha})K}{\delta\sigma(1-\alpha)}} + \rho\right) \tag{5.1-23}$$

[160] Die Werte entsprechen dabei denen der Abbildung 16.

[161] Zwar führt eine Minderung des Preises p_r zur Verschiebung des Geschmacksparameters für den zwischen regulärem Kauf und Nicht-Kaufen indifferenten Kunden $\hat{\theta}$ nach links und somit vorerst zu einer scheinbaren Mengenmehrung, die Gruppe n_c wächst aber ebenfalls. Es wird noch gezeigt, dass der Gesamteffekt eine Verkleinerung der Anzahl an regulären Käufer bewirkt ($n_r = \rho$).

Die Preisanpassung hat Einfluss auf die Menge der Nicht-Konsumenten, deren Anzahl $n_0 = (p_r - R)/S$ ist. Angehörige dieser Gruppe haben einen Geschmacksparameter, der zwischen Null und $(p_r - R)/S \equiv \hat{\theta}$ liegt. Im Verlauf dieses Abschnitts wird noch gezeigt, dass die Gruppengröße der Nicht-Konsumenten nie negativ wird. Die Gesamtmenge an Kapitalgebern – sowohl Informierte als auch Uninformierte – kann in Abhängigkeit von α, $\bar{\alpha}$ und K wieder durch $\underline{n}_c$ (siehe Gleichung (5.1-17)) dargestellt werden. Die Restzahlung aller Vorbesteller zum Zeitpunkt 2 in Abhängigkeit von p_{1i} entspricht nachfolgendem Ausdruck (siehe Appendix F.1):

$$p_c = p_r - \underline{\Delta}$$

$$\Leftrightarrow p_c = R + S + \sigma + \frac{(\alpha - \bar{\alpha})p_{1i}}{\delta(1-\alpha)} - S\rho - (S + 2\sigma)\sqrt{\frac{(1-\bar{\alpha})K}{\delta\sigma(1-\alpha)}} \tag{5.1-24}$$

Die Gewinnfunktion für den **Fall 3** ($\pi_{C,3}(p_{1i})$) kann mit Hilfe der soeben aufgeführten Gruppengrößen und Preise in einem ersten Schritt wie folgt beschrieben werden:

$$\pi_{C,3}(p_{1i}) = \delta\left[\left(R + S - S\rho - S\sqrt{\frac{(1-\bar{\alpha})K}{\delta\sigma(1-\alpha)}}\right)\left(\sqrt{\frac{(1-\bar{\alpha})K}{\delta\sigma(1-\alpha)}} + \rho\right)\right] + \sqrt{\frac{\delta\sigma(1-\bar{\alpha})K}{(1-\alpha)}}\left(1 + \frac{(\alpha-\bar{\alpha})p_{1i}}{\delta\sigma(1-\alpha)}\right) - \frac{2(1-\bar{\alpha})K}{(1-\alpha)}$$

Zu erkennen ist, dass zwar der erste Term im Vergleich zur Gewinnfunktion des zweiten Falls komplexer geworden ist, jedoch ansonsten $\pi_{C,2}(p_{1i})$ gleicht. Wird der erste Teil dieser Gewinnfunktion analog zu den vorangestellten Abschnitten interpretiert, so wirkt sich die Durchführung eines Finanzierungsaufrufs hier negativ auf den Umsatz durch R und S aus (siehe Appendix F.2). Zudem wird beim dritten Fall von sehr großen fixen Produktionskosten ausgegangen, die ja bekanntlich in $t = 1$ von den Kapitalgebern gedeckt werden müssen. Im Folgenden wird daher untersucht, inwieweit der Erhalt eines Zusatznutzens für die vielen Vorbesteller trotzdem zur Präferenz des EaCs führt.

Die Vorbestellungspreise der zwei Unterstützergruppen müssen wieder so gewählt werden, dass neben der Kostendeckung auch ein vollständiges Signal erzeugt wird. Da die Second-best-Lösung des Optimierungsproblems mit Nebenbedingungen den Gewinn des Monopolisten auch bei großem Kapitalbedarf maximiert, entsprechen die Formeln der anteiligen Preise denen des zweiten Falls (vgl. Gleichung (5.1-19)). Darauf aufbauend kann die *endgültige* Gewinnfunktion $\pi_{C,3}(\alpha,\bar{\alpha},K)$ für den **Fall 3** in einem zweiten Schritt bestimmt werden zu (siehe Appendix F.1):

$$\pi_{C,3}(\alpha,\bar{\alpha},K)=\delta\left[\left(R+S-S\rho-S\sqrt{\frac{(1-\bar{\alpha})K}{\delta\sigma(1-\alpha)}}\right)\left(\sqrt{\frac{(1-\bar{\alpha})K}{\delta\sigma(1-\alpha)}}+\rho\right)\right]+\sqrt{\frac{\delta\sigma(1-\bar{\alpha})K}{(1-\alpha)}}-\frac{K(2\bar{\alpha}-3\alpha\bar{\alpha}+\alpha^2)}{(1-\alpha)\bar{\alpha}}$$

Um eine realistische Abbildung der Praxis zu gewährleisten, wird analog zum zweiten Falle eine negative Restzahlung der Crowdfunder zum Zeitpunkt 2 ($p_c<0$) ausgeschlossen, was eine Begrenzung der fixen Produktionskosten ($K_{3.1}$) zur Folge hat. Der Schwellenwert $K_{3.1}$ entsteht durch Verwendung der Gleichung $p_c=0$. Für eine detaillierte Berechnung dieser Kapitalrestriktion siehe Appendix F.1.

$$K\leq\frac{\delta\sigma(1-\alpha)}{(1-\bar{\alpha})}\left[\frac{(R+S+\sigma-S\rho)\bar{\alpha}(1-\bar{\alpha})}{S\bar{\alpha}(1-\bar{\alpha})+\sigma(2\bar{\alpha}-3\alpha\bar{\alpha}+\alpha^2)}\right]^2\equiv K_{3.1}(\alpha,\bar{\alpha})$$

Abbildung 18 stellt die soeben beschriebenen analytischen Ergebnisse exemplarisch für eine bestimmte Parameterkonstellation[162] in Abhängigkeit von α und K dar, wobei die Fallunterscheidung auch hier wieder durch eine grüne, rote und (dunkel) blaue Ebene gekennzeichnet sind. Interessant ist, dass im Gegensatz zu dem ersten Fall weder der Gewinn noch das erzielbare Startkapital $K_{3.1}$ für den **Fall 3** bei $\alpha=\bar{\alpha}=0{,}3$ maximal sind. Das kann anhand der linken Seite

[162] Die Parameter der dargestellten Funktion sind: $R=4; S=8;\ \delta=1;\ \bar{\alpha}=0{,}3;\ \rho=0{,}1;\ \sigma=10.$

der Abbildung 18 erahnt und durch ein numerisches Beispiel (siehe Appendix F.2) belegt werden. Mit anderen Worten *kann* also das „first come, first serve"-Prinzip bei einer notwendigen Anpassung der Gruppenstärken (Fall 3) vorteilhaft sein.[163] Da aber die Anwendung dieses Prinzips in der Praxis selten ist, wird nachfolgend davon ausgegangen, dass für das Szenario $\alpha \leq \bar{\alpha}$ der EP verlangt wird. Das ist auf der rechten Seite der Abbildung 18 veranschaulicht.

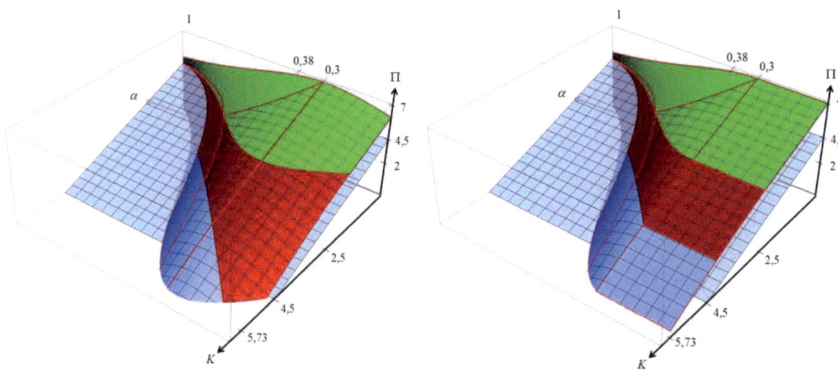

Abbildung 18: Gewinnfunktion des EaCs mit $\bar{\alpha} = 0{,}3$ für den Fall 3 im Vgl. zur TF

Ist der Informationsgrad der Grundgesamtheit hingegen gering, muss ein EBD vergeben werden, um ausreichend Innovatoren ($\alpha \underline{n}_c$) zu einer Unterstützung zu bewegen. Analog zu den Abbildungen 14 und 16 vergleicht die Abbildung 19[164] den Gewinn beim EaC mit dem der traditionellen Finanzierung (bläulich transparente Ebene mit Höhenlinien), bezieht allerdings den **Fall 3** (blaue Ebene) mit ein. Die Funktionen sind für variierende Werte von $\bar{\alpha}$ und K dargestellt. Weiterhin ist zu erkennen, dass es ähnlich wie bei den vorherigen Fällen auch hier unterschiedliche Bereiche gibt, die nachfolgend analytisch beschrieben werden.

---

[163] Dazu müsste die EaC-Kampagne stoppen, sobald das Fundinglimit erreicht ist (hartes Ende). Zudem müssten die Innovatoren trotz eines höheren Preises ihre First-mover-Rolle wahrnehmen. Im Ergebnis würde zwar das erforderliche α genau erreicht werden, einige der potentiellen, dummen Geldgeber wären dann aber „zu langsam" für eine Unterstützung, obwohl sie gewillt wären diese zu tätigen (vgl. Abschnitt 5.1.3).

[164] Die Werte der Funktionen sind: $R = 4; S = 8;\ \delta = 1;\ \alpha = 0{,}35;\ \rho = 0{,}1;\ \sigma = 10$.

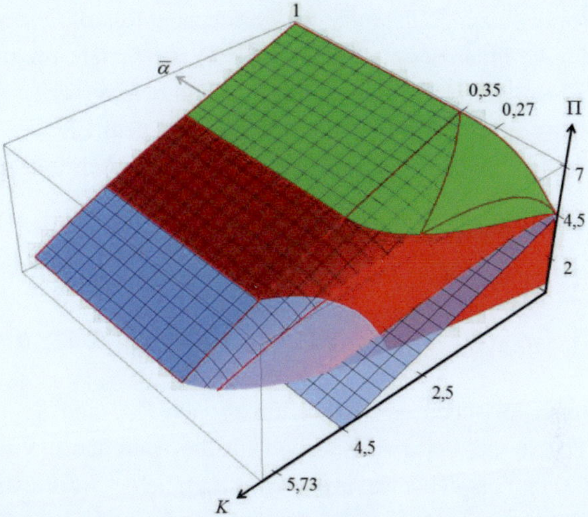

Abbildung 19: Gewinnfunktion des EaCs mit $\alpha = 0{,}35$ für den Fall 3 mit TF

Eine Bezuschussung der Innovatoren (**Fall 3 mit Subventionierung**) – d.h. ein negativer Vorbestellungspreis für informierte Crowdfunder – ist aufgrund der positiven Preisdifferenz $\underline{\Delta}$ auch hier hinfällig. Das kann aus der Gleichung (5.1-3) geschlossen werden.

Darauf aufbauend muss zudem der anteilige Preis für Innovatoren mindestens so groß sein wie der Barwert der Preisdifferenz, um ein negatives Nachfragequantil θ_{ci} zu verhindern. Die sich ergebende Preisuntergrenze für den Vorbestellungspreis resultiert durch das Gleichsetzen mit dem *tatsächlichen* Vorbestellungspreis p_{1i} in eine weitere Kapitalrestriktion ($K_{3.2}$). Da sich aber bei den Berechnungen gegenüber dem zweiten Fall keine Veränderungen ergeben, entsprechen die erwähnten Schwellenwerte ($\underline{p}_{1i}$ und $K_{3.2}$) denen aus Gleichung (5.1-20).

$$p_{1i} \geq \frac{\delta\sigma(1-\alpha)}{(1-\bar{\alpha})}\left[2\sqrt{\frac{(1-\bar{\alpha})K}{\delta\sigma(1-\alpha)}}-1\right] \equiv \underline{p}_{1i}$$

$$K \leq \frac{\delta\sigma(1-\alpha)}{(1-\bar{\alpha})}\left[\frac{\bar{\alpha}}{\alpha}\right]^2 \equiv K_{3.2}(\alpha,\bar{\alpha}) = K_{2.2}(\alpha,\bar{\alpha}) \tag{5.1-25}$$

Unter der Voraussetzung, dass die beschriebenen Restriktionen eingehalten werden, kann eine Finanzierung durch das EaC stattfinden. Im zulässigen Bereich (blaue Ebene mit Höhenlinien) ist analog zu den vorherigen Fällen allerdings noch zwischen der Vergabe eines EBDs und dem EP zu differenzieren. Ersteres wird nachfolgend durch $\pi_{C,3}(\alpha, \bar{\alpha}, K)$ beschrieben und letzeres durch $\pi_{A,3}(K)$.

$$\pi_{C,2} \begin{cases} \pi_{C,3}(\alpha, \bar{\alpha}, K) & für\; K_{2.1} < K \leq min\{K_{3.1}; K_{3.2}\} \;\&\; \bar{\alpha} < \alpha \\ \pi_{A,3}(K) & für\; K_{A.2} < K \leq K_{A.3} \;\&\; \bar{\alpha} \geq \alpha \end{cases}$$

Der Schnittpunkt zwischen den Kapitalfunktionen $K_{3.1}$ und $K_{3.2}$ liegt für die Abbildung 18 gerundet bei $\alpha \approx 0{,}38$ und für die Abbildung 19 bei $\bar{\alpha} \approx 0{,}27$. Das $\bar{\alpha}$ lässt sich beispielweise als geringstmöglicher Informationsgrad der Grundgesamtheit bei maximalem Startkapital und einem gegebenen α interpretieren. Zum Zweck einer übersichtlicheren Gestaltung wird bei der allgemeinen Darstellung dieser *relevanten* Punkte der Ausdruck $(R + S - S\rho)$ durch H substituiert (siehe Appendix F.1).

$$\alpha = \frac{H + \sigma(1 + 2\bar{\alpha}) - \sqrt{[H + \sigma(1 + 2\bar{\alpha})]^2 - 4\sigma\bar{\alpha}[2\sigma + S(1 - \bar{\alpha})]}}{2\sigma} \tag{5.1-26}$$

$$\bar{\alpha} = \frac{H\alpha + 2\sigma(1 - \alpha) + S - \sqrt{[H\alpha + 2\sigma(1 - \alpha) + S]^2 - 4S\alpha[\sigma(1 - \alpha) + H]}}{2\sigma}$$

Anders als bei den vorherigen Abschnitten ist die Überlegenheit eines Finanzierungsaufrufs selbst beim Einheitspreis für den **Fall 3** nicht immer gegeben. Nimmt der Zusatznutzen σ einen weitaus kleineren Wert als beispielhaft in der Abbildung 19 veranschaulicht an, so schneiden sich die Gewinnfunktionen des EaCs (blaue Ebene mit Höhenlinien) und die der TF (bläulich transparente Ebene mit Höhenlinien) auch im zulässigen Bereich. Dementsprechend muss für den dritten Fall eine genauere Analyse der Vorteile durchgeführt werden, was im Kapitel 6 geschieht.

Um die Beschreibung des dritten Falls abzuschließen, wird nachfolgend die Auswirkung eines ungewöhnlich großen Wertes für die besondere Konsumerfahrung σ auf die bisherigen Ergebnisse in einem weiteren Exkurs umrissen.

Exkurs:

Im Gegensatz zum Abschnitt 5.1.3 muss hier keine *weitere* Budgetrestriktion eingeführt werden, um eine negative Restzahlung für Crowdfunder zum Zeitpunkt 2 auszuschließen. Durch die Kapitalfunktion $K_{3.1}(\alpha, \bar{\alpha})$ bzw. $K_{A.3}$ wird $p_c < 0$ nämlich bereits verhindert.

$$K \leq \begin{cases} \delta\sigma\left(\dfrac{R+S+\sigma-S\rho}{S+2\sigma}\right)^2 \equiv K_{A.3} & f\ddot{u}r\ \bar{\alpha} \geq \alpha \\ min\{K_{3.1}(\alpha,\bar{\alpha}); K_{3.2}(\alpha,\bar{\alpha})\} & f\ddot{u}r\ \bar{\alpha} < \alpha \end{cases}$$

Nichtsdestotrotz hat die Vorgabe, nur *reines* EaC betrachten zu wollen, Einfluss auf die Anwendbarkeit des dritten Falls. Ist die besondere Konsumerfahrung σ nämlich sehr groß, führt die Reduktion des regulären Kaufpreises gegenüber dem Fall 2 nicht zwangsläufig zu einer Erhöhung des erzielbaren Anfangskapitals. Für die auf der rechten Seite der Abbildung 20 aufgezeigte Parameterkonstellation[165] wird beispielsweise nur bei einem EBD und großem Finanzierungsbedarf Gebrauch von einer Anpassung der Gruppenstärken (Fall 3) gemacht. Auf der Abszisse der Graphiken ist dabei wieder $\bar{\alpha} \in [0,1]$ und auf der Ordinate das benötigte Startkapital K abgetragen. Die drei Farben Grün, Rot und Blau stehen für die Fälle 1 bis 3.

$\sigma = 10$ und $\rho = 0{,}1$ $\qquad$ $\sigma = 16$ und $\rho = 0{,}05$

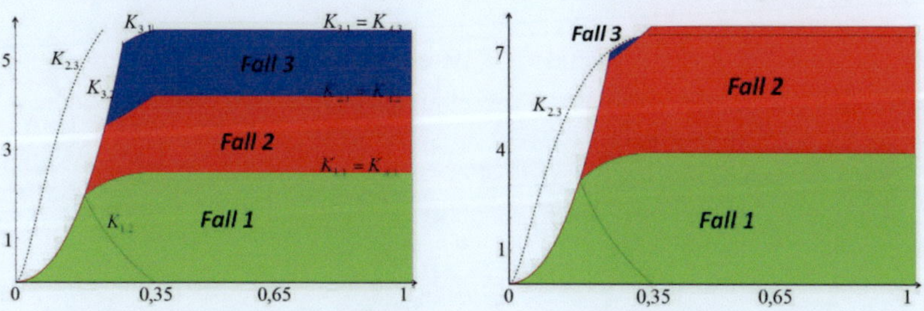

Abbildung 20: Kapitalfunktionen der Fälle 1 bis 3

[165] Den Abbildungen liegen folgende Parameter zugrunde: $R = 4; S = 8;\ \delta = 1; \alpha = 0{,}35;\ \rho = 0{,}1;\ \sigma = 10$ (linke Seite) und $R = 4; S = 8;\ \delta = 1; \alpha = 0{,}35;\ \rho = 0{,}05;\ \sigma = 16$ (rechte Seite).

Zusammenfassend kann für die unterschiedlichen Bereiche Folgendes festgehalten werden: Wird der Annahme 2.2 entsprochen ($\sigma < \tilde{\sigma}_1$), ist *reines* EaC für alle Fälle anwendbar und zwar unabhängig von dem Wert für die Mindestanzahl an regulären Käufern ρ (vgl. linke Seite der Abbildung 20). Ist die nachfolgende **Annahme 3.2** erfüllt, resultiert die Anpassung der Gruppenstärken – sowohl für den Einheitspreis ($\bar{\alpha} \geq \alpha$) als auch bei Vergabe eines EBDs – in eine Vergrößerung des maximalen Startkapitals. Eine detaillierte Herleitung der Annahme 3.2 ist im Appendix F.1 zu finden.

$$\tilde{\sigma}_1 < \sigma < \frac{S(R+S)}{2(R-2S\rho)} \equiv \tilde{\sigma}_2 \qquad \text{(Annahme 3.2)}$$

Ist der Zusatznutzen σ indes zu groß, um auch diese Bedingung zu erfüllen, findet der dritte Fall nur Anwendung, wenn es einen Schnittpunkt zwischen $K_{2.1}(\alpha, \bar{\alpha})$ und $K_{2.3}(\alpha, \bar{\alpha})$ gibt (vgl. rechte Seite der Abbildung 20). Interessant ist, dass sich dieser Schnittpunkt *auch* zwischen $K_{2.1}(\alpha, \bar{\alpha})$ und $K_{3.1}(\alpha, \bar{\alpha})$ ergibt (siehe Appendix F.2).

$$\bar{\alpha} = \frac{j(\alpha) + \sqrt{[j(\alpha)]^2 - 2c\alpha^2\sigma(R+S-2S\rho)}}{c} \qquad (5.1\text{-}27)$$

$$mit\, j(\alpha) = \quad \sigma(2-3\alpha)(2S\rho - R) + S(3\alpha\sigma + R + S)$$

$$mit\, c = \quad 2S(2\sigma + R + S)$$

Die Nichterfüllung der Annahme 2.2 ist ein Extremfall und wird daher nicht weiter betrachtet. Die bisherigen Ergebnisse werden im nachfolgenden Abschnitt 5.1.5 zusammengefasst.

5.1.5 Zusammenfassung der Ergebnisse

Es konnte gezeigt werden, dass die Einführung einer asymmetrischen Informationsverteilung innerhalb der Gruppe der Unterstützer die Aussagen und Ergebnisse über die Vorteile im Vergleich zum Ausgangsmodell teilweise einschränkt (siehe Abschnitt 4.1). Insbesondere die Erzeugung eines „vollständigen“ Signals *kann* großen Einfluss auf die Resultate haben. Je nach Parameterkonstellation reichen die Auswirkungen dann von einem geringen Preisnachlass für Innovatoren über eine Subventionierung der Vorbestellung bis hin zu einer unzulässigen Anwendung des EaCs. Die in diesem Zusammenhang entstehenden Kosten des Signalings reduzieren entweder den Gewinn eines Unternehmens oder machen eben die Verwendung des Ex-ante-Crowdfundings gänzlich unmöglich.

Darüber hinaus konnte allerdings auch gezeigt werden, dass die Modellergebnisse für einen begrenzten Definitionsbereich und bei Erfüllung bestimmter Bedingungen – trotz Informationsasymmetrie – mit denen des Ausgangmodells übereinstimmen. Wissen nämlich viele Mitgliedern der Zielgruppe ex-ante nicht nur von dem Finanzierungsaufruf, sondern kennen zudem die Qualität des Projektes ($\bar{\alpha} \geq \alpha$), kann ein für beide Kohorten einheitlicher Preis (EP) verlangt werden. Die Preise des Ausgangsmodells maximieren dann auch bei der Modellerweiterung den Gewinn des Monopolisten. Daher entspricht die Gewinnfunktion der Modellerweiterung ($\prod_{EaC}$) für $\bar{\alpha} \geq \alpha$ der in Abschnitt 4.1.3 beschriebenen Funktion (4.1-16). Frühe Crowdfunder sind dabei aber trotz ihres positiven Effekts auf nachfolgende Unterstützer und ihres Informationsvorsprungs nicht besser gestellt als Early Adopter. Im (Separierenden) Gleichgewicht nehmen Innovatoren ihre First-mover-Rolle aber wahr, da durch das Abweichen auch nur eines Vorbestellers das erforderliche Startkapital gerade nicht mehr erzielt werden könnte, was den Aufruf scheitern lassen würde.

Von einem *Preisaufschlag* für informierte Crowdfunder wurde aufgrund eines fehlenden Praxisbezugs abgerückt. Nichtsdestotrotz führte eine solche Situation unter der Vorgabe eines bedingten Finanzierungsabbruchs (hartes Ende) auch zu einem Separierenden Gleichgewicht. Darüber hinaus lässt sich dabei sogar zeigen, dass neben dem Gewinn auch der maximale Kapitalbedarf u.U. größer als beim Einheitspreis ausfallen würde (vgl. Appendix E.2 und F.2). Demzufolge kann die Verwendung des „first come, first serve“-Prinzips – zumindest für einen modelltheoretischen Spezialfall – ökonomisch begründet werden. Das widerspricht der These von Mäschle (2012), der die Anwendung dieses Prinzips bei einem Nachfrageüberhang aus Markteffizienzgründen vollends infrage stellt.

Demgegenüber beeinflusst ein geringer Informationsgrad der Grundgesamtheit ($\bar{\alpha} < \alpha$) das Ergebnis beim EaC in zweierlei Weisen negativ. Zum einen wirken sich die bei einem EBD entstehenden Kosten des Signalings direkt nachteilig auf den Gewinn aus. Zum anderen verkleinert sich die Bereichsgrenze der First-best-Lösung, so dass keine optimale Preisdiskriminierung für $K > K_{1.1}(\alpha, \bar{\alpha})$ mehr stattfinden kann. Interessant ist hierbei, dass der für das Unternehmen günstige Zustand einer negativen Preisdifferenz Δ bei geringen Werten für $\bar{\alpha}$ und K durch Subventionierung der Vorbestellung aufrechterhalten wird. Das funktioniert allerdings nur bis zu einer bestimmten Preisuntergrenze. Darüber hinaus ist eine Produktfinanzierung durch das EaC nicht möglich. Das trifft gleichermaßen für die Second-best-Lösung zu, wobei sich dabei der unzulässige Bereich mit steigendem Kapitalbedarf ausweitet. Ein negativer Vorbestellungspreis ist für den zweiten und dritten Fall indes nicht durchsetzbar.

Eine Vergrößerung von ρ (FC) ist für alle Preiskonstellationen ungünstig, da der Monopolist in seinem Handlungsspielraum eingeschränkt wird. Weil der Zusatznutzen kostenneutral erzeugt werden kann, hat dessen Erhöhung immer positive Auswirkungen auf das Unternehmensziel. Erstens wird dadurch eine höhere Zahlungsbereitschaft einiger Konsumenten hervorgerufen, die der Monopolist teilweise abschöpfen kann. Zweitens wachsen die Schwellenwerte des benötigten Anfangskapitals mit σ an. Die Ergebnisse der Modellerweiterung werden nachfolgend in der Gewinnfunktion für das EaC ($\prod_{EaC}$) zusammengefasst.

$$\Pi_{EaC} \begin{cases} \pi^*_{A,1}(K) & f\ddot{u}r\ K < K_{A.1}\ \&\ \bar{\alpha} \geq \alpha \\ \pi^*_{C,1}(\alpha, \bar{\alpha}, K) & f\ddot{u}r\ K < K_{1.1}(\alpha, \bar{\alpha});\ \bar{\alpha} < \alpha\ \&\ \underline{p}_{1i} < p_{1i} \\ \pi_{A,2}(K) & f\ddot{u}r\ K_{A.1} \leq K \leq K_{A.2}\ \&\ \bar{\alpha} \geq \alpha \\ \pi_{C,2}(\alpha, \bar{\alpha}, K) & f\ddot{u}r\ K_{1.1} \leq K \leq min\{K_{2.1}; K_{2.2}\}\ \&\ \bar{\alpha} < \alpha \\ \pi_{A,3}(K) & f\ddot{u}r\ K_{A.2} < K \leq K_{A.3}\ \&\ \bar{\alpha} \geq \alpha \\ \pi_{C,3}(\alpha, \bar{\alpha}, K) & f\ddot{u}r\ K_{2.1} < K \leq min\{K_{3.1}; K_{3.2}\}\ \&\ \bar{\alpha} < \alpha \end{cases} \tag{5.1-28}$$

<u>Folgesatz 1 für das EaC:</u>

Der Gewinn des EaCs im Separierenden Gleichgewicht und bei einem einheitlichen Vorbestellungspreis sinkt mit K und der Mindestanzahl an regulären Konsumenten ρ, die für die besondere Konsumerfahrung benötigt wird; er *steigt aber mit dem „Community Benefit“ σ und ist sowohl in α als auch in $\bar{\alpha}$ konstant.*[166]

Folgesatz 2 für das EaC:

Der Gewinn des EaCs im Separierenden Gleichgewicht und bei einem EBD sinkt mit K und der Mindestanzahl an regulären Konsumenten ρ, die für die besondere Konsumerfahrung benötigt wird, sowie dem erforderlichen Anteil an informierten Crowdfundern α; er steigt aber mit dem „Community Benefit“ σ und dem Anteil an informierten, potentiellen Konsumenten $\bar{\alpha}$.[167]

Bei einem erfolgreichen Finanzierungsaufruf erzielt das Unternehmen *mindestens* einen Gewinn von $\delta R\rho$ (siehe Appendix G.1). Das liegt daran, dass es aufgrund der Entstehungsbedingung (FC) immer eine Mindestmenge ρ an regulären Käufern geben muss, die das hergestellte Gut zu einem positiven Preis p_r konsumieren. Abschließend sei gesagt, dass eine bisher unerwähnte Folge eines EBDs die Vergrößerung der Gesamtanzahl an Kapitalgebern ist, was als Matthäus-Effekt[168] bezeichnet wird.

Die Ergebnisse der Modellerweiterung sind an etliche begrenzende Annahmen gebunden, die jeweils an der passenden Stelle eingeführt und erläutert wurden. Die nachfolgende Übersichtstabelle listet die getroffenen Modellrestriktionen chronologisch mit einer kurzen Erläuterung auf. Annahmen mit einem Stern sind dabei für die Modellumsetzung zwingend erforderlich, wohingegen die ohne Stern für die Untersuchung einiger Randfälle vollständig oder teilweise aufgehoben werden können.

[166] Die Beweise für den Folgesatz 1 werden in Appendix G.2 geführt.

[167] Die Beweise für den Folgesatz 2 werden in Appendix G.2 geführt.

[168] Der Matthäus-Effekt basiert auf einem Satz des Matthäusevangeliums aus dem Gleichnis von den anvertrauten Zentnern: „Denn wer da hat, dem wird gegeben, dass er die Fülle habe; wer aber nicht hat, dem wird auch das genommen, was er hat.“ Das ist z.B. leicht anhand der Formel (5.1-17) zu erkennen.

Tabelle 4: Annahmen der Modellerweiterung

Annahme 1.1*	$n_r^* \geq \rho$	Die *optimale* Menge an regulären Käufern darf ρ nicht unterschreiten.
Annahme 1.2	$2S\rho + S\frac{(\alpha - \bar{\alpha})p_{1i}}{\delta\sigma(1-\alpha)} \leq R$	Führt bei Nichterfüllung zum Fall 3 und entstammt der Annahme 1.1.
Annahme 1.3*	$R \leq S$	Verursacht Inkonsistenzen für alle Fälle bei Nichterfüllung.
Annahme 2.1*	$n_r \geq \rho$	Die Menge an regulären Käufern für Fall 2 darf ρ nicht unterschreiten.
Annahme 2.2	$\sigma \leq \frac{S(R+S)}{2R} \equiv \tilde{\sigma}_1$	Führt bei Erfüllung zu *reinem* EaC, ansonsten zur Begrenzung durch $K_{2.2}$.
Annahme 3.1*	$n_r = \rho$	Die Menge an regulären Käufern für Fall 3 muss ρ entsprechen.
Annahme 3.2	$\sigma \leq \frac{S(R+S)}{2(R-2S\rho)} \equiv \tilde{\sigma}_2$	Führt bei Erfüllung zu *reinem* EaC, ansonsten gibt es Fall 3 mit EP nicht.

5.2 Crowdinvesting (Profit-Sharing)

Aufbauend auf der in Abschnitt 4.2.3 beschriebenen Modellüberarbeitung von Belle-flamme/Lambert/Schwienbacher (2014) und der in Abschnitt 5.1 dargestellten Modellerweiterung des EaCs werden nachfolgend die Auswirkungen einer asymmetrischen Informationsverteilung zwischen Kapitalgebern hinsichtlich des Crowdinvestings (CI) untersucht. Beim CI erhalten Projektunterstützer lediglich Unternehmensanteile und sind demzufolge nicht zwangsläufig auch Konsumenten. Eine sequentielle Spielstruktur ergibt sich auch hier wieder daraus, dass lediglich ein Anteil der Grundgesamtheit vollständige Informationen über die Qualitätsausprägung besitzt. Die ex-ante unwissenden Mitglieder der Zielgruppe können somit erst nach Beobachtung der Anzahl dieser ersten Kohorte an Crowdfundern eine sachkundige Investitionsentscheidung treffen.

Der Modellaufbau orientiert sich zwar überwiegend an dem des Abschnitts 4.2.3, aber es werden weitere Zusammenhänge und Notationen eingeführt, um eine Vergleichbarkeit mit der Modellerweiterung des EaCs aus Abschnitt 5.1 zu gewährleisten. Ausgehend von der Modellkritik (vgl. Abschnitt 4.2.5) wird der Fall einer schmalen Masse an Investoren nicht berücksichtigt. Nachfolgend wird zuerst der Handlungsverlauf des CIs bei Informationsasymmetrie ausführlich beschrieben. In Abschnitt 5.2.2 wird dann der Fall einer breiten Masse untersucht und die Modellergebnisse der Erweiterung werden schließlich in Abschnitt 5.2.3 kurz zusammengefasst.

5.2.1 Aufbau der Modellerweiterung

Um die unterschiedlichen Arten der Schwarmfinanzierung bei Informationsasymmetrie miteinander vergleichen zu können, muss die Ausgangssituation die gleiche sein wie in Abschnitt 5.1. Insofern kennzeichnet die exogene Größe $\bar{\alpha}$ auch hier den Anteil der Grundgesamtheit, der nicht nur von der Existenz des Finanzierungsaufrufs Kenntnis hat, sondern zudem Informationen hinsichtlich der Qualität des zu produzierenden Gutes besitzt. Außerdem ergibt sich eine sequentielle Handlungsabfolge (Signalspiel) nur, wenn erstens ein Teil der „dummen" Mitglieder der Zielgruppe ex-ante noch nichts von dem Projekt weiß. Zweitens müssen uninformierte, potentielle Kapitalgeber mit ihrer Investitionsentscheidung solange warten, bis sie ein Signal s über die zu erwartenden Rückflüsse aus dem Investment bekommen, falls sie doch durch Zufall von der

CI-Kampagne erfahren haben sollten. Ein wesentlicher Unterschied zum EaC besteht aber darin, dass bei CI-Projekten kein Rabatt an frühe Investoren vergeben wird (vgl. Abschnitt 2.2). Zudem wird anfangs alleinig die Investition als solche betrachtet und ein späterer, etwaiger Konsum bleibt vorerst unberücksichtigt. Mit anderen Worten wird der zukünftige Kaufpreis des fertigen Produktes während der Kampagnenlaufzeit nicht bekanntgegeben. Nichtsdestotrotz sind Innovatoren durch die Lösungslogik der Rückwärtsinduktion in der Lage, p_r sowie den daraus resultierenden Gewinn zum Zeitpunkt 2 zu antizipieren, da sie die Auszahlungsfunktionen aller Spieler kennen. Durch Veröffentlichung des benötigten Startkapitals K, des abzutretenden Gewinnanteils β sowie durch Angabe des Preises für eine solche Beteiligungsquote – nachfolgend auch als „Share-Preis“ bezeichnet – durch den Monopolisten, kann sich der informierte Anteil für oder gegen eine Aktion entschließen.[169] Die Anzahl dieser ersten Kohorte dient den ex-ante unwissenden Crowdfundern als Signal hinsichtlich der Investitionsrückflüsse.

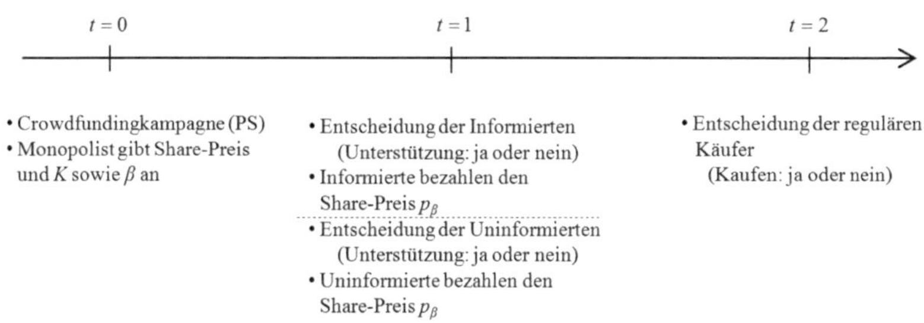

Abbildung 21: Handlungsverlauf der Modellerweiterung (PS)

Eine weitere Grundlage für die Entscheidungsfindung der Kapitalgeber ist dabei die erwartete Gesamtmenge an Unterstützern (vgl. Abschnitt 4.1.2 und 5.1.1). Die Segmentierung der Investoren ermöglichte die Modellierung eines unterschiedlichen Share-Preises ($p_{\beta i}$ bzw. $p_{\beta u}$). Davon wird aber aufgrund eines fehlenden Praxisbezugs kein Gebrauch gemacht, so dass es nur einen Einheitspreis p_β (EP) gibt. Eine weitere Modellannahme ist auch hier, dass *alle* Spieler erst ab einem bestimmten Wert für α über das Vorliegen einer CI-

[169] Der Monopolist hat Grenzkosten von Null. Zudem wird davon ausgegangen, dass der angegebene Gewinnanteil bindend ist.

Kampagne Kenntnis erlangen (vgl. Abschnitt 5.1.1). Der Kapitalbedarf muss aber trotzdem wie immer als notwendige Bedingung in $t = 1$ vollständig gedeckt werden.

$$K = n_{ci}^{e} p_{\beta i} + n_{cu}^{e} p_{\beta u} \quad mit\ p_{\beta i} = p_{\beta u} = p_{\beta} \tag{5.2-1}$$

Crowdfunder erhalten durch ihre Investition einen Zusatznutzen Σ, der analog zum Abschnitt 4.2.3 als besondere Investitionserfahrung verstanden werden kann, homogen ist und unabhängig vom Konsum entsteht. Dessen ungeachtet können alle Mitglieder der Zielgruppe das Produkt zum Zeitpunkt 2 regulär erwerben. Konsumenten haben dabei wieder eine homogene Basiswertschätzung bezüglich des Gutes von $R > 0$ und gewichten das Qualitätsniveau S durch ihren individuellen Geschmacksparameter θ_j.

Nachfolgend wird ein *Perfektes Bayessches Gleichgewicht* (PBGG) gesucht, das ausgehend von den Botschaften der Sendertypen (informierte Investoren mit unterschiedlichem Geschmack) die wechselseitig beste Strategiekombination der Akteure bei fortlaufender Rationalität und gegebenen Beliefs darstellt. Dabei wird die Lösungslogik der Rückwärtsinduktion benutzt. Wenn die CI-Kampagne des Monopolisten erfolgreich gestaltet werden konnte, maximiert das Unternehmen seine Auszahlungsfunktion bei einem regulären Verkauf des produzierten Produktes im letzten Teilspiel. Das Ergebnis kommt dabei dem Umsatz aus der TF gleich (vgl. Abschnitt 3.4):

$$\pi_T^* = \frac{(R+S)^2}{4S} \tag{5.2-2}$$

Da der Monopolist im Zuge des Crowdinvestings einen Anteil β des Gewinns durch diesen regulären Verkauf an die zwei Investorengruppen abtreten muss, lautet die zu maximierende Zielfunktion der zeitlich gesehen vorangestellten Entscheidungssituation des Unternehmens wie folgt:

$$\prod\nolimits_{PS}^* = \max_{\beta} \delta(1-\beta)\pi_T^* \tag{5.2-3}$$

Im Zusammenhang mit dem Optimierungsproblem müssen die Nebenbedingungen beachtet werden, dass zum einen ein vollständiges Signal erzeugt und zum anderen die Fixkosten der Produktion gedeckt werden müssen. Die Entscheidungsgröße des Unternehmens ist dabei die Beteiligungsquote β; der Share-Preis ergibt sich im Optimum durch die genannten Randbedingungen. Im Weiteren wird davon ausgegangen, dass potentielle Crowdfunder ein Projekt immer dann unterstützen, wenn der ihnen daraus entstehende Nutzen größer oder gleich Null ist (PC). Im Zuge der Modellerweiterung des CIs wird nur der Fall einer breiten Masse an Investoren betrachtet, da nach Ansicht des Autors die Integration des Nutzens aus einem etwaigen Konsum in die Nutzenfunktion eines Investors aufgrund der Forderung nach Unabhängigkeit problematisch ist.

5.2.2 Profit-Sharing bei einer breiten Masse an Investoren

Vorausgesetzt alle Akteure halten sich an die beschriebene Handlungsabfolge,[170] dann gilt im Gleichgewicht $n_{ci}^e = n_{ci}$. Unwissende Mitglieder der Grundgesamtheit sind dann durch Beobachtung von n_{ci} imstande, Erwartungen bezüglich der Qualität und somit auch hinsichtlich des Gewinns $E[\pi_T^*|s]$ durch den regulären Verkauf in $t = 2$ zu bilden. Zum Zeitpunkt ihrer Entscheidung[171] entspricht $E[\pi_T^*|s] = \pi_T^*$, so dass die Nutzenfunktion der ex-ante noch unvollständig informierten Kapitalgeber dann wie folgt beschrieben werden kann.[172]

$$U_{cu} = \delta\left[\frac{\beta}{n_c}\left(\frac{(R+S)^2}{4S}\right)\right] - p_\beta + \Sigma \geq 0 \tag{5.2-4}$$

Der erste Term entspricht dabei dem diskontierten Anteil am Gewinn π_T^* eines Investors der zweiten Kohorte, für den er den einheitlichen Share-Preis p_β entrichten muss. Zudem steigert die besondere Investitionserfahrung Σ bei

[170] Hier ist zu erwarten, dass sich rational handelnde Akteure an die Zugreihenfolge halten, da ein Abweichen die Gleichgewichtslösung des Spiels einerseits gefährden würde und sich andererseits dadurch auch kein Spieler besser stellte.

[171] Dabei darf nicht unberücksichtigt bleiben, dass *alle* Spieler zum Zeitpunkt ihrer Entscheidung von dem Finanzierungsaufruf wissen müssen. Da kein EBD vergeben werden kann, ist das nur möglich, wenn der Informationsgrad der Grundgesamtheit ($\bar{\alpha}$) *mindestens* so groß wie der erforderliche Anteil an informierten innerhalb der Gruppe der Crowdfunder ist.

[172] Die Nutzenfunktion der Informierten (U_{ci}) sieht genauso aus.

dieser Art der Schwarmfinanzierung das Nutzenniveau eines jeden Kapitalgebers. Durch das Umstellen der Ungleichung (5.2-4) und Gleichsetzen sowie mittels Verwendung der Definitionsgleichung (5.2-1)[173] sieht die Beteiligungsquote β für alle Investoren folgendermaßen aus:

$$\beta = \frac{1}{\delta\pi_T^*}(K - n_c\Sigma) \tag{5.2-5}$$

Da die Zielfunktion in β fällt und die Beteiligungsquote wiederum eine in n_c fallende Funktion darstellt (vgl. Abschnitt 4.2.3), ist es für das Unternehmen optimal, wenn alle Mitglieder der Zielgruppe investieren ($n_c = 1$). Der Gewinn ergibt sich dann wie folgt:

$$\prod_{PS}^a = \begin{cases} \delta\pi_T^* & \text{für } 0 \leq K \leq \Sigma \\ \delta\pi_T^* - (K - \Sigma) & \text{für } \Sigma < K \leq \delta\pi_T^* + \Sigma \\ 0 & \text{für } K > \delta\pi_T^* + \Sigma \end{cases} \tag{5.2-6}$$

Ist der Kapitalbedarf je Crowdfunder geringer als die besondere Investitionserfahrung Σ, so muss der Monopolist die Investoren nicht an dem Gewinn π_T^* beteiligen ($\beta = 0$). Wird davon ausgegangen, dass entsprechend der Definitionsgleichung (5.2-1) hierbei nicht mehr Startkapital als notwendig eingesammelt wird, erzielt ein Crowdfunder einen positiven Nutzen und der Gewinn des Unternehmens ist gedeckelt.[174]

Für $K \in [\Sigma, \pi_T^* + \Sigma]$ muss das Unternehmen die Kapitalgeber zwar an seinem Gewinn beteiligen, der Anteil an Informierten ($\bar{\alpha}$) innerhalb der Grundgesamtheit hat aber keinen *direkten* Einfluss auf den resultierenden Gewinn in dem (Separierenden) Gleichgewicht. Der Wert für den quasi-exogenen Modellparameter α spielt ebenfalls nur eine untergeordnete Rolle, da $n_c = 1$ gilt. Trotzdem ist die Relation zwischen dem Informationsgrad der Zielgruppe und dem der Investoren wichtig für die Anwendbarkeit des CIs.

---

[173] Aus der Definitionsgleichung (5.2-1) ergibt sich aufgrund des EPs: $n_c p_\beta = K$.

[174] Das bedeutet, dass bei einer Spende (Crowddonating) die besondere Investitionserfahrung Σ nur zum Teil abgeschöpft werden darf (vgl. Abschnitt 4.2.5).

Nachfolgend ist die Gewinnfunktion für drei unterschiedliche Werte für den Zusatznutzen beim Crowdinvesting ($\Sigma_1 = 1$, $\Sigma_2 = 3$ und $\Sigma_3 = 5$) in Abhängigkeit von K und $\bar{\alpha}$ und auf Basis eines erforderlichen Wertes für α von *mindestens* 35 % abgebildet.[175] Im transparenten Bereich ist das CI nicht zulässig.

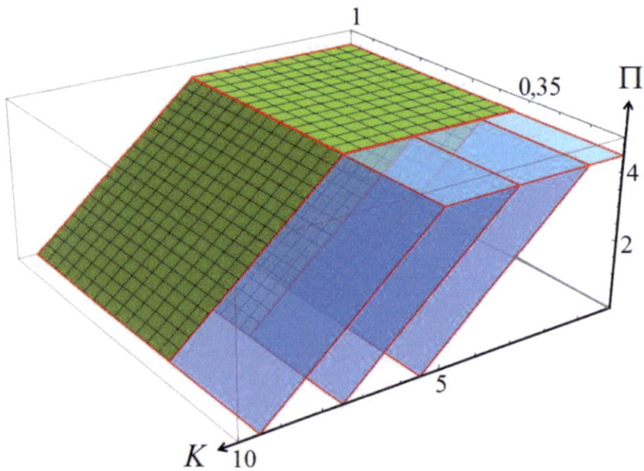

Abbildung 22: Gewinnfunktion des PSs bei einer breiten Masse an Investoren

5.2.3 Zusammenfassung der Ergebnisse

Im Ergebnis wird durch die Modellerweiterung eine *analytische* Betrachtung einer asymmetrischen Informationsverteilung beim CI überhaupt erst ermöglicht. Im Vergleich zur Modellüberarbeitung (vgl. Abschnitt 4.2.4) sind darüber hinaus die Gewinnstrukturen eindeutig erkennbar und lassen sich graphisch abbilden. Zwar muss erwähnt werden, dass sich bei der Erweiterung der unterschiedliche Kenntnisstand auch auf die Gruppe der Investoren bezieht, jedoch kann diese Modellierung gut begründet werden und spiegelt zudem die Realität sogar besser wider (vgl. Abschnitt 5.3). Als Folge kann bei einem ausreichenden Informationsgrad der Grundgesamtheit jedwede Qualität signalisiert werden. Das ist bei dem Modell von Belleflamme et al. (2013) nur sehr eingeschränkt möglich.

[175] Die Parameter sind: $R = 4; S = 8$ und $\delta = 1$.

Es bleibt aber zu erwähnen, dass der resultierende Separierende Gleichgewichtszustand dabei nicht für den gesamten Definitionsbereich gilt (vgl. Abbildung 22). Auch ist die Modellerweiterung mit dem Profit-Sharing-Modell bei Informationssymmetrie aus Abschnitt 4.2.3 nahezu identisch. Nichtsdestotrotz wird hier dem Kritikpunkt entsprochen, dass der Monopolist stets in der Lage sein sollte, die Qualität seines Produktes selbst festzulegen, und dass reguläre Käufer zum Zeitpunkt der Markteinführung die Produktgüte beobachten können bzw. kennen sollten. Diese Vorgabe führt ja bekanntermaßen bei dem Modell von Belleflamme et al. (2013) zur Produktion nur geringwertiger Güter, was ein unbefriedigendes Ergebnis ist.

Folgesatz 1 für das CI:
Der Gewinn des CIs mit Profit-Sharing im Separierenden Gleichgewicht und bei einem einheitlichen Share-Preis sinkt mit K, ist unabhängig von $\bar{\alpha}$, wenn Investoren nicht zwangsläufig konsumieren und steigt mit der besonderen Investitionserfahrung Σ.

Folgesatz 2 für das CI:

Der Gewinn des CIs ohne Profit-Sharing (Crowddonating) ist konstant und entspricht dem Umsatz der TF.

Inwieweit die Ergebnisse und Aussagen der jeweiligen Modellerweiterungen durch empirische Untersuchungen bestätigt werden können, wird in Abschnitt 5.3 abschließend geklärt. Außerdem werden zusätzliche Erweiterungsmöglichkeiten diskutiert.

5.3 Fazit und empirische Evidenz

In der Praxis kann eine Vorbestellung meist nur durch Vorabbezahlung eines Gesamtpreises ($p_{1i} + \delta p_c$ bzw. $p_{1u} + \delta p_c$) getätigt werden, was der hier modellierten Preisgestaltung beim EaC widerspricht. Beinhaltete der ausgewiesene Kapitalbedarf allerdings neben den fixen Produktionskosten auch den Gewinn durch die Vorbestellung, kann die Modellstruktur der Realität angepasst werden, ohne dabei die Ergebnisse zu verändern. Durch das Zustandekommen eines EBDs kann der in der Praxis beobachtbaren Preisstaffelung (vgl. Abschnitt 2.2) teilweise entsprochen werden. Darüber hinaus könnte aber auch eine differenziertere Preisgestaltung mit Hilfe der Modellierung verschieden großer Werte für die besondere Konsumerfahrung abgebildet werden ($\sigma_1 \leq \sigma_2 \leq \sigma_3$). Diese könnten für die in Kapitel 2 erläuterten unterschiedlichen nicht finanziellen Gegenleistungen beim EaC bzw. für deren Kombination stehen. Dabei müssten sich die heterogenen Konsumenten wieder mittels Selbstselektion einer Preis-Qualität-Kombination zuordnen.

Da es bei der CI-Modellerweiterung – wie in der Praxis üblich – keinen Rabatt für Innovatoren gibt, ist dieser Mechanismus nicht immer anwendbar. Bei vielen Investoren steht neben einer Renditeerwartung, die mit denen von Business Angels vergleichbar ist, der Spaß im Vordergrund.[176] Da beim Crowddonating die Spender normalerweise ihre Beteiligung selbst festlegen (vgl. Abschnitt 2.2), kann der Monopolist in der CI-Modellerweiterung die Konsumentenrente auch nicht komplett abschöpfen.

Die in den Modellerweiterungen beschriebene Handlungsabfolge wird durch die empirische Studie von Kuppuswamy/Bayus (2013) untermauert. Kuppuswamy et al. stellen auf Grundlage von Archivdaten der Plattform *Kickstarter*, die über einen Zeitraum von zwei Jahren tagesaktuell erhoben worden sind, fest, dass Crowdfunder vermehrt entweder zu Beginn oder gegen Ende einer Kampagne ihren Beitrag leisten. Zwar wird die Spielstruktur der Modelle dadurch bestätigt, die Ursache der u-förmigen, bimodalen Verteilung sehen Kuppuswamy et al. allerdings in der Sozialpsychologie verankert. Die typi-

[176] Vgl. Hölzner/Kortleben/Biering (2014), S. 7. Dadurch könnte $\Sigma \geq 0$ begründet werden.

scherweise fallende Unterstützeranzahl in der ersten Hälfte der Kampagnenlaufzeit – nach anfänglicher Euphorie – wird durch den *Diffusion of responsibility-Effekt* erklärt. Ist der Finanzierungserfolg eines Projektes bereits zu einem frühen Zeitpunkt absehbar,[177] fühlt sich niemand verpflichtet die noch ausstehenden Mittel beizutragen. Erst gegen Laufzeitende werden die restlichen Geldmittel bereitgestellt (*Deadline-Effekt*).

Einen anderen Erklärungsansatz liefern Kim/Viswanathan (2013). Sie zeigen in ihrer quantitativen Untersuchung, die auf Daten der Crowdfunding-Plattform *Appbackr* basiert, dass die Unterstützung von „Experten" zu einem frühen Projektzeitpunkt großen Einfluss auf nachfolgende *unerfahrene* Crowdfunder hat. Wird eine *Concept-App*, d.h. eine noch nicht marktreife Anwendung, von ehemaligen Application-Entwicklern unterstützt, sind der Finanzierungserfolg sowie die Durchsetzung am Markt sehr wahrscheinlich. Gleiches gilt für sog. *Live-Apps*, in die erfahrene Crowdfunder frühzeitig investieren. Ward/ Ramachandran (2010) bestätigen den Signaleffekt von „Peers" bei Erfahrungsprodukten mit Hilfe von Daten der Plattform *Sellaband*. Dabei wird sich nicht ausschließlich auf das *Lernen am Modell* beschränkt. Ward et al. stellen fest, dass die Kommunikation über soziale Netzwerke eine wesentliche Rolle beim Signaling zwischen Peers spielt,[178] was auch in der Modellstruktur des EaCs und CIs berücksichtigt worden ist.

Die Bedeutung von sozialen Netzwerken steht im Zentrum der Untersuchung von Giudici/Guerini/Rossi-Lamastra (2013), die ihre Ergebnisse auf Daten von 11 italienischen Crowdfunding-Plattformen stützen. Dabei wird untersucht inwieweit *soziales Kapital* des Gründers den Finanzierungserfolg beeinflusst. Giudici et al. stellen fest, dass der Projekterfolg positiv mit der Menge an *sozialem Kapital* korreliert ist, solange es sich dabei nicht um territoriales bzw. loka-

---

[177] Projekte, die auf der Plattform *Kickstarter* zu irgendeinem Zeitpunkt 50 % des anvisierten Finanzierungsvolumens erzielt haben, werden zu 95 % komplett finanziert. Vgl. Kuppuswamy/Bayus (2013), S. 7.

[178] Außerdem reagieren potentielle Projektunterstützer positiv auf Qualitätssignale, wie beispielsweisefrühere Erfolge der Unternehmer sowie deren Ausbildungsgrad und Alter, externe Referenzen und das Vorhandensein eines Finanzplans. Vgl. Mollick (2013), S. 25ff und Ahlers et al. (2012), S. 29ff.

les *soziales Kapital* handelt. Die negative Wirkung von diesem wird durch die *Adverse-Selektion* begründet. Mit anderen Worten rufen nur Gründer mit minderwertigen Projektideen bei einer guten lokalen Vernetzung zur Finanzierung über das Internet auf, da hochwertige Güter durch örtliche Finanzierungsquellen unterstützt werden.[179]

[179] Auf der einen Seite stützt das die These, dass es sich bei den Projektinitiatoren nicht um etablierte Unternehmen handelt. Auf der anderen Seite darf aber nicht unerwähnt bleiben, dass dieser Zusammenhang aufgrund des *Family- and Friends-Effekts* scheinbar nur ex-ante Bestand hat (vgl. Abschnitt 2.3).

6. Analyse der Vorteile

In den Abschnitten 5.1 und 5.2 wurde die Wahl der Finanzierungsart für die Ermittlung der jeweiligen Gleichgewichtszustände als gegeben angenommen. Für eine ganzheitliche Betrachtung muss aber die Entscheidung des Monopolisten hinsichtlich des Finanzierungsmechanismus mit einbezogen werden.

Zunächst wird daher ein analytischer Vergleich zwischen dem EaC und dem CI in Abschnitt 6.1 durchgeführt. Hierbei müssen die Parameter σ, Σ in Relation zueinander gesetzt werden, wodurch die Betrachtung in einigen Fällen umfangreich wird. Daher werden die wichtigsten Kapitalfunktionen der zwei Crowdfunding-Mechanismen sowie der TF in Tabelle 5 zum besseren Verständnis der nachfolgenden Ausarbeitung noch einmal aufgelistet. Anschließend werden in Abschnitt 6.2 die unterschiedlichen Arten der Schwarmfinanzierung der traditionellen Finanzierung gegenübergestellt. Im abschließenden Abschnitt 6.3 wird ein Fazit gezogen.

Tabelle 5: Kapitalfunktionen der Modellerweiterungen

Traditionelle Finanzierung (TF)	
K_T	$\frac{(R+S)^2}{4S}$
Crowdinvesting (CI)	
$K_{a.1}(\Sigma)$	Σ
$K_{a.2}(\Sigma)$	$\delta\left(\frac{(R+S)^2}{4S}\right)+\Sigma$

Ex-ante-Crowdfunding (EaC)	
$K_{1.1}(\alpha,\bar{\alpha},\sigma)$	$\frac{\delta\sigma(1-\alpha)}{(1-\bar{\alpha})}\left[\frac{(1-\bar{\alpha})\bar{\alpha}}{(2\bar{\alpha}-3\alpha\bar{\alpha}+\alpha^2)}\right]^2$
$K_{1.2}(\alpha,\bar{\alpha},\sigma)$	$\frac{\delta\sigma(1-\alpha)}{(1-\bar{\alpha})}\left[\frac{(\alpha-\bar{\alpha})}{4\bar{\alpha}}\right]$
$K_{2.1}(\alpha,\bar{\alpha},\sigma)$	$\frac{\delta\sigma(1-\alpha)}{(1-\bar{\alpha})}\left[\frac{R+S}{2S}-\rho\right]^2$
$K_{2.2}(\alpha,\bar{\alpha},\sigma)$	$\frac{\delta\sigma(1-\alpha)}{(1-\bar{\alpha})}\left[\frac{\bar{\alpha}}{\alpha}\right]^2$
$K_{2.3}(\alpha,\bar{\alpha},\sigma)$	$\frac{\delta\sigma(1-\alpha)}{(1-\bar{\alpha})}\left[\frac{(R+S+2\sigma)\bar{\alpha}(1-\bar{\alpha})}{2\sigma(2\bar{\alpha}-3\alpha\bar{\alpha}+\alpha^2)}\right]^2$
$K_{3.1}(\bar{\alpha},\sigma)$	$\frac{\delta\sigma(1-\alpha)}{(1-\bar{\alpha})}\left[\frac{(R+S+\sigma-S\rho)\bar{\alpha}(1-\bar{\alpha})}{S\bar{\alpha}(1-\bar{\alpha})+\sigma(2\bar{\alpha}-3\alpha\bar{\alpha}+\alpha^2)}\right]^2$
$K_{3.2}(\bar{\alpha},\sigma)$	$\frac{\delta\sigma(1-\alpha)}{(1-\bar{\alpha})}\left[\frac{\bar{\alpha}}{\alpha}\right]^2$

6.1 Ex-ante-Crowdfunding und Profit Sharing

Allen Crowdfunding-Mechanismen ist gemein, dass der zulässige Finanzierungsbedarf beschränkt ist. Beim *reinen* **EaC** kann maximal $min\{K_{3.1}(\alpha,\bar{\alpha}); K_{3.2}(\alpha,\bar{\alpha})\}$ eingesammelt werden, wohingegen die Produktion eines Gutes durch das **CI** bis $K_{a.2}(\Sigma) = \delta\pi_T^* + \Sigma$ finanziert werden kann. Liegt das benötigte Startkapital eines Monopolisten innerhalb der Definitionsbereiche beider Schwarmfinanzierungsarten, so wird eine detaillierte Betrachtung notwendig.

Die Analyse der Vorteile ist dabei folgendermaßen strukturiert: Zuerst wird der Fall 1, dann der Fall 2 und schließlich der Fall 3 des EaCs mit dem CI verglichen, wobei die Schnittlinien der Gewinnfunktionen der Mechanismen den Übergang der Dominanz kennzeichnen. Diese Schnittlinien ($\bar{K}$) können hier als eine analytische zweidimensionale Kapitalfunktion interpretiert werden, da sie nur von der besonderen Konsumerfahrung σ und von der besonderen Investitionserfahrung Σ abhängen. Der Informationsgrad der Grundgesamtheit hat im Anwendungsbereich des CIs bekanntlich keinen Einfluss auf die Gewinnfunktionen (vgl. Abschnitte 5.1.5 und 5.2.3). Ziel ist es Bereiche zu identifizieren, in denen jede zulässige σ-Σ-Kombination zur Dominanz des EaCs führt. Außerhalb dieser Bereiche würde dann das CI präferiert werden.

Aus einem Vergleich der Gewinnfunktionen $\pi_{A,1}^*$ und $\prod_{PS}^{a}$ geht hervor, dass der Fall 1 des EaCs das CI stets dominiert (siehe Appendix H.1). Der Grund dafür ist die Deckelung des Gewinns beim CI, sobald der Finanzierungsbedarf allein durch Spenden zusammengetragen werden kann (Crowddonating). Ist also $K < K_{A.1}(\sigma)$, so zieht das Unternehmen die Finanzierung durch Vorbestellung der Gewinnbeteiligung vor. Es bleibt zu erwähnen, dass es hierbei keine „wirkliche" Schnittlinie $\bar{K}_I$ gibt, da das EaC immer präferiert wird.

Die Schnittlinie $\bar{K}_{II}$ kann durch das Gleichsetzen von $\pi_{A,2}(\sigma, K)$ und $\delta\pi_T^* - (K - \Sigma)$ ermittelt werden. Für dieses Szenario gilt, dass sich der Monopolist bei $K < \bar{K}_{II}$ immer für das EaC entscheiden würde. Maximal kann die besondere Investitionserfahrung hierbei folgenden Wert annehmen (siehe Appendix H.1).

$$\Sigma < \frac{\delta\sigma}{4} \equiv \Sigma_{II}(\sigma) \tag{6.1-1}$$

Diese Grenzfunktion ist auf der linken Seite der Abbildung 23 durch die grün-gestrichelte Linie $\Sigma_{II}(\sigma)$ visualisiert und entspricht dem Verlauf von $K_{A.1}$. Auf der rechten Seite der Abbildung 23 wird zum Ausdruck gebracht, dass für alle σ-Σ-Kombination, die in dem grünen Bereich II liegen das EaC dominiert, sofern $\overline{K}_I \leq K < \overline{K}_{II}$ ist.

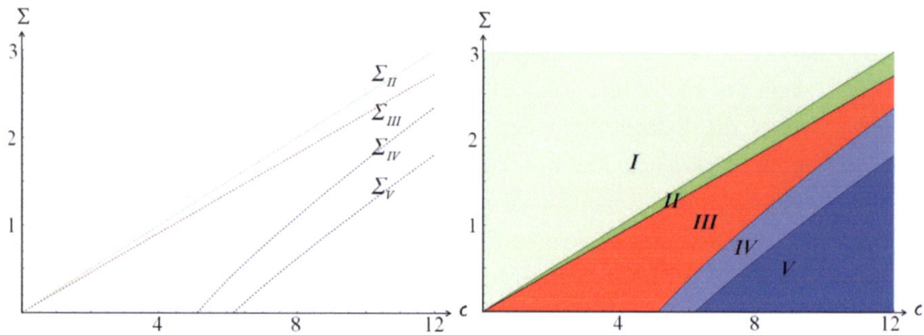

Abbildung 23: Schwellenwerte und Dominanzbereiche I bis V des EaCs[180]

Fällt der Wechsel der Überlegenheit in den Fall 3 des EaCs, so wird die Schnittlinie $\overline{K}_{III}$ durch $\pi_{A,3}(\sigma, K) = \delta\pi_T^* - (K - \Sigma)$ und Umstellen nach K bestimmt. Benötigte das Unternehmen weiniger Starkapital als $\overline{K}_{III}$, so würde die Vorbestellung als Finanzierungsmethode gewählt werden. Das alles gilt aber nur, wenn $\Sigma < \Sigma_{III}(\sigma)$ ist (vgl. Abbildung 23 Bereich III). Die Berechnung des nachfolgenden Schwellenwertes für die besondere Investitionserfahrung ist in Appendix H.1 detailliert angegeben.

$$\Sigma < \delta\sigma\left(\frac{R+S}{2S} - \rho\right)\left(1 - \left(\frac{R+S}{2S} - \rho\right)\right) \equiv \Sigma_{III}(\sigma) \tag{6.1-2}$$

Eine Schnittlinie $\overline{K}_{IV}$ wird erreicht, wenn gilt: $\overline{K}_{IV} = K_{A.3}(\sigma)$[181] $< K_{a.2}(\Sigma)$. D.h. die Gewinnfunktionen „schneiden" sich unterhalb der maximalen Budge-

[180] Die Parameter der Darstellung sind: $R = 4; S = 8;\ \delta = 1;\ \rho = 0{,}1$.

trestriktion $K_{A.3}$ des *reinen* EaCs (vgl. Abbildung 24). Wäre der Kapitalbedarf $K < \overline{K}_{IV}$, so resultierte das im Gleichgewicht zum Einsammeln von Geld durch Vorabbezahlung der späteren Konsumenten. Die Überlegenheit des EaCs ist dabei gegeben, solange der Schwellenwert Σ_{IV} nicht überschritten wird (siehe Appendix H.1).

$$\Sigma < \delta\sigma\left(\frac{\rho(2R + S - 2S\rho)}{S + 2\sigma}\right) - \delta\pi_T^* + K_{A.3} \equiv \Sigma_{IV}(\sigma) \qquad (6.1\text{-}3)$$

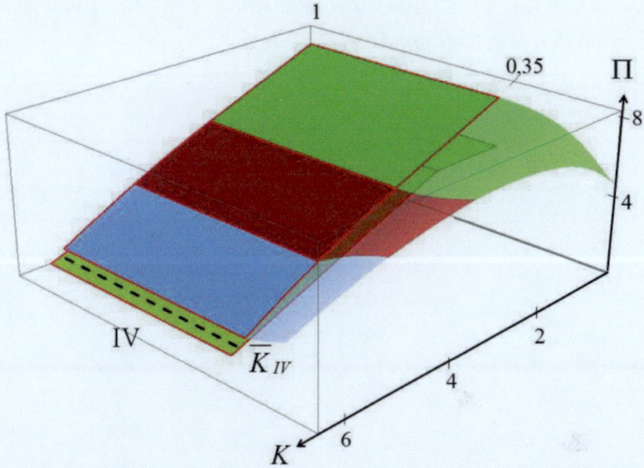

Abbildung 24: Vergleich der Gewinnfunktionen EaC und CI (Bereich IV)

Ist hingegen $\overline{K}_V = K_{A.3}(\sigma) > K_{a.2}(\Sigma)$ und das benötigte Anfangskapital geringer als diese Grenze $K_{A.3}$, so ist in dem Beriech V aus Abbildung 23 (rechte Seite) das EaC immer vorteilhaft. Es sei erwähnt, dass sich hierbei eine Schnittlinie $\overline{K}_V$ im negativen Gewinnbereich ergeben würde. Die Grenzfunktion für die Gültigkeit liegt bei (siehe Appendix H.1):

$$\Sigma < \underbrace{\delta\sigma\left(\frac{R + S + \sigma - S\rho}{S + 2\sigma}\right)^2}_{K_{A.3}} - \delta\underbrace{\frac{(R + S)^2}{4S}}_{\pi_T^*} \equiv \Sigma_V(\sigma) \qquad (6.1\text{-}4)$$

[181] An dieser Stelle sei nochmals erwähnt, dass auch bei Informationsasymmetrie und Vergabe des EPs $K_{A.3}(\sigma) = K_{3.1}(\sigma, \alpha, \overline{\alpha})$ ist.

Die besondere Konsumerfahrung σ wird in Abbildung 23 durch die Annahme 2.2 in ihrer Höhe begrenzt; für die Schnittlinien gilt, dass $\overline{K}_I < \overline{K}_{II} < \overline{K}_{III} < \overline{K}_{IV} = \overline{K}_V$ ist.

Folgesatz:

Die Dominanz des EaCs nimmt gegenüber dem CI mit steigendem Kapitalbedarf K und mit der besonderen Investitionserfahrung Σ ab; nimmt aber mit der besonderen Konsumerfahrung σ zu. Der Informationsgrad der Grundgesamtheit $\bar{\alpha}$ spielt dabei nur eine untergeordnete Rolle. Die jeweiligen Schnittlinien $\overline{K}$ kennzeichnen den Wechsel der Überlegenheit.

6.2 Arten der Schwarmfinanzierung und traditionelle Finanzierung

Anhand einer Untersuchung der Vorteile des **EaCs** mit **traditionellen Formen der Finanzierung** konnte bereits die Dominanz des EaCs für den ersten und zweiten Fall unabhängig von der Höhe des Zusatznutzens σ festgestellt werden (siehe Abschnitt 5.1.2 und 5.1.3). Wie Abbildung 25 exemplarisch[182] veranschaulicht, muss eine derartige Untersuchung für den Fall 3 detaillierter erfolgen. Auffällig ist, dass das Unternehmen für bestimmte $\bar{\alpha}$-K-Kombinationen bei einem geringen σ die traditionelle Finanzierung (hellblaue Ebene ohne Höhenlinien) bevorzugt.

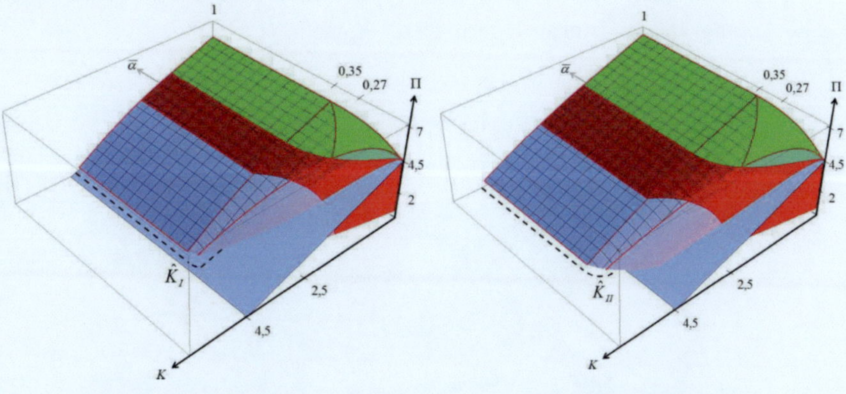

Bereiche I mit $\sigma = 5{,}5$ Bereich II mit $\sigma = 8$

Abbildung 25: Gewinnfunktion des EaCs mit $\alpha = 0{,}35$, TF und kleinem σ

Das Vorgehen bei der Untersuchung der Vorteile zwischen EaC und TF ist zwar nahezu identisch mit dem vorherigen Abschnitt 6.1, jedoch werden die Ergebnisse aufgrund ihrer Komplexität hier nur ansatzweise analytisch formuliert. Nichtsdestotrotz ist eine graphische Darstellung mit Hilfe von Mathematica möglich (vgl. Abbildung 26).

[182] Die Werte der Zeichnungen entsprechen mit Ausnahme von $\sigma = 5{,}5$ bzw. $\sigma = 8$ denen der Abbildung 19.

Bei der Analyse wird zwischen zwei Situationen unterschieden. Zum einen wird eine Schnittlinie $\widehat{K}_I$ erreicht, wenn folgendes gilt: $\widehat{K}_I = min \{K_{3.1}(\sigma, \alpha, \overline{\alpha}); K_{3.2}(\sigma, \alpha, \overline{\alpha})\} < K_T$. Mit anderen Worten „schneiden" sich die beiden Gewinnfunktionen unterhalb der maximalen Budgetrestriktion des EaCs (vgl. linke Seite der Abbildung 25). Die Dominanz dieser Art des Crowdfundings ist dabei gegeben, solange $K < \widehat{K}_I$ ist und ein Schwellenwert σ_I nicht *unterschritten* wird (siehe Appendix H.1). Zum anderen gibt es eine Schnittlinie $\widehat{K}_{II}$ im negativen Gewinnbereich, wenn die Schnittlinie $\widehat{K}_{II} = min \{K_{3.1}(\sigma, \alpha, \overline{\alpha}); K_{3.2}(\sigma, \alpha, \overline{\alpha})\} > K_T$ ist (vgl. rechte Seite der Abbildung 25). Dabei ergibt sich ein Schwellenwert σ_{II}, der für die Überlegenheit des EaCs nicht *unterschritten* werden darf (siehe Appendix H.1). Zudem muss das benötigte Anfangskapital dann auch geringer als $\widehat{K}_{II}$ sein.

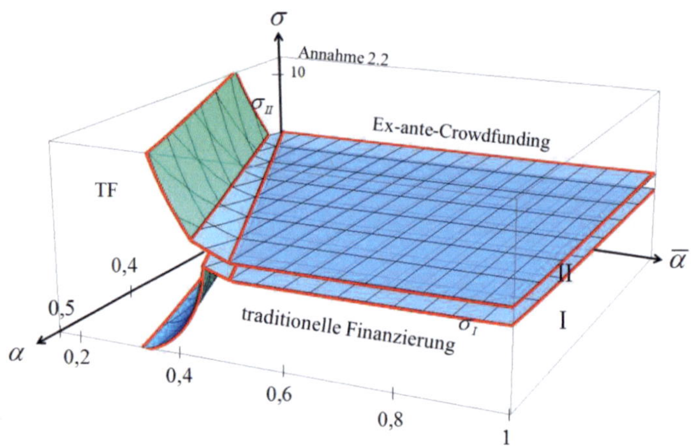

Abbildung 26: Dominanzbereiche I bis II der traditionellen Finanzierung

Es bleibt zu erwähnen, dass der Verlauf sowohl der Schnittlinien $\widehat{K}_I$ und $\widehat{K}_{II}$ als auch der Schwellenwerte des Zusatznutzens σ_I und σ_{II} in Abhängigkeit von α und $\overline{\alpha}$ variiert. In Abbildung 26 werden die Dominanzbereiche I bis II lediglich für *plausible* Definitionsbereiche dargestellt. Die besondere Konsumerfahrung σ wird in Abbildung 26 wieder durch die Annahme 2.2 in ihrer Höhe begrenzt.

Ist die Anwendung des **CIs** zulässig, dominiert diese Art der Schwarmfinanzierung aufgrund der positiven Investitionserfahrung ($\Sigma > 0$) immer die **traditionelle Finanzierung** (siehe Appendix H.2).

<u>Folgesatz:</u>

Die Dominanz des EaCs nimmt gegenüber der TF mit steigendem Kapitalbedarf K ab; nimmt aber mit der besonderen Konsumerfahrung σ zu. Der Einfluss des Informationsgrades der Grundgesamtheit $\bar{\alpha}$ in Kombination mit α ist unterschiedlich.

Das CI ist der TF im zulässigen Bereich stets überlegen.

6.3 Fazit und empirische Evidenz

Durch die aufgezeigte Gegenüberstellung kann ein separierender Gleichgewichtszustand des Signalspiels ermittelt werden, der die Wahlmöglichkeit des Monopolisten hinsichtlich des Finanzierungsmechanismus berücksichtigt und daher bei gegebenen exogenen Größen zu einer gewinnmaximierenden Entscheidung aus Sicht des Initiators führt. Es bleibt zu untersuchen, inwieweit die getroffenen Annahmen realistisch sind und die Praxis von der Modellzusammenführung hinreichend abgebildet wird.

Die Modellerweiterung beschreibt eine Situation, in der Gründer die Produktion eines Gutes bei abgeschlossener Produktentwicklung durch *einen* Mechanismus[183] finanzieren möchten. Dabei sehen sie sich – unabhängig von der Art der Finanzierung – immer mit der gleichen Gruppe an Nachfragern konfrontiert. Zwar weisen die Mitglieder dieser Gruppe unterschiedliche Informationen auf und haben einen individuellen Geschmacksparameter, eine Konsumabsicht muss aber grundsätzlich bei allen vorhanden sein. Damit aber alle Nachfrager an dem Finanzierungsprojekt partizipieren können, muss es ein vollständiges Signal geben. Weil die Übermittlung von Botschaften an Uninformierte u.U. mit Kosten verbunden ist, wäre es durchaus vorstellbar den Konsum durch Vorbestellung auf den informierten Anteil der Grundgesamtheit zu beschränken. Als Resultat könnte dann aber nicht nur weniger Startkapital maximal eingesammelt werden, sondern der Gewinn würde zudem geringer ausfallen. Des Weiteren wäre es interessant zu untersuchen, was passieren würde, wenn die Unterstützer keine *genaue* Vorstellung über die Anzahl an potentiellen Nachfragern sowie deren Aufteilung hätten.

Zur Gewährleistung der Vergleichbarkeit müssen außerdem alle untersuchten Mechanismen die Finanzierung eines bestimmten Objekttyps gleichermaßen ermöglichen. Die in der Modellerweiterung beschriebenen Güter sind durch

---

[183] In der vorliegenden Arbeit wird eine Kombination unterschiedlicher Finanzierungsmethoden nicht untersucht, da die Vorteile eines Mechanismus durch eine isolierte Betrachtung am ehesten verdeutlicht werden können. Die Gegenüberstellung trägt dabei zur Analyse der Vorteile einer Finanzierungsart bei. Da aber in der Realität Geldmittel häufig durch mehrere Quellen aufgebracht werden, könnten weitere Untersuchungen eine Verknüpfung der genannten Finanzierungsmethoden in den Fokus stellen.

hohe Fixkosten der Produktion, niedrige bzw. vernachlässigbare Grenzkosten und durch keine Kapazitätsgrenzen gekennzeichnet. Der Anbieter hat durch seine Marktmacht die Möglichkeit die Preise der Zahlungsbereitschaft der Kunden anzupassen (value-based pricing) und zudem differenziert auszugestalten (Preisdiskriminierung). Zwar rufen Crowdfunding-Kampagnen oftmals zur Finanzierung von Informationsgütern (vgl. Abschnitt 3.3) auf, die die genannten Eigenschaften aufweisen, gerade im Bereich CI gibt es jedoch auch einige Projekte mit physischen Produkten bzw. Erzeugnissen. Gäbe es mengenabhängige Kosten, so müssten diese bei zeitlichem Auseinanderfallen von Ein- und Auszahlungen in dem ausgewiesenen Kapitalbedarf eines Aufrufs integriert oder durch einen Kredit zwischenfinanziert werden. Letzteres stellt eine Kombination aus zwei Finanzierungsmöglichkeiten dar, was dem Untersuchungsschwerpunkt entgegensteht.

Die modellierten Finanzierungsalternativen (TF, EaC und CI) unterscheiden sich in der Anzahl der Entscheidungsstufen der Akteure. In Abhängigkeit der exogenen Größen muss das Unternehmen auf einer ersten Stufe des Signalspiels stets die Art der Finanzierung wählen und die Preise sowie das Startkapital[184] verbindlich festlegen. Während sich die Mitglieder der Zielgruppe bei der TF bei bekannter Produktqualität für oder gegen einen regulären Kauf in $t = 2$ entschließen, wird bei dem EaC sowohl zwischen informierten und uninformierten potentiellen Kunden differenziert als auch eine zusätzliche Konsumalternative hinzugefügt. Die Entscheidung der Konsumenten findet dabei zu einem früheren Zeitpunkt ($t = 1$) statt. Die Entscheidungssituation beim CI ist demgegenüber außerdem durch eine getrennte Betrachtung von Konsum und Investment, was auf die besondere Investitionserfahrung zurückzuführen ist (vgl. Abschnitt 4.2.5), gekennzeichnet. Als Resultat kann in Bezug auf die unterschiedlichen Arten der Schwarmfinanzierung festgehalten werden, dass sich die Nachfrager beim EaC für eine bestimmte Art des Konsums entscheiden (*Entweder-oder-Entscheidung*), wohingegen eine Unterstützung beim CI nicht zwangsläufig mit einem Konsum verbunden sein muss (*Sowohl-als-auch-Entscheidung*). Zwar sind die Handlungsabfolgen sowie die Auswahlmöglich-

[184] In den beschriebenen Modellen findet stets das eingeschränkte Rückzahlungsprinzip AON Anwendung.

keiten der Nachfrager unterschiedlich komplex, das hat aber keinen Einfluss auf die Vergleichbarkeit der Mechanismen.

Ein weiterer Unterschied kann in den jeweiligen Entstehungsbedingungen (FC) für einen Zusatznutzen ausgemacht werden. Im Gegensatz zur besonderen Investitionserfahrung, die durch eine intrinsische Motivation (interne Prozessmotivation) erklärt werden und dementsprechend auch zu einer Spende führen kann, entsteht der Zusatznutzen beim EaC durch ein besonderes Konsumerlebnis, das sich durch nicht finanzielle Gegenleistungen gegenüber einem regulären Kauf abhebt (extrinsische bzw. instrumentelle Motivation). Es kann beispielsweise nur eine vorzeitige Zulieferung geben, wenn nicht alle Konsumenten ein Gut gleichzeitig erhalten.

Eine Gemeinsamkeit der Crowdfunding-Mechanismen besteht darin, dass jeder Kapitalgeber unverzichtbar für den Projekterfolg ist, was modelltheoretisch in der Verwendung der jeweiligen Definitionsgleichungen (siehe Gleichungen (5.1-1) und (5.2-1)) begründet ist. Durch die in Abschnitt 2.3 erwähnte Rarität von Überfinanzierungen beim EaC kann die Bedeutung *einer* Unterstützung auch in der Praxis bestätigt werden.[185] Aufgrund unterschiedlicher, länderspezifischer regulatorischen Faktoren beim CI, gibt es verschiedene Verfahrensweisen bei der Mitteleinwerbung. Zwar argumentiert Mäschle (2012) aus Markteffizienzgründen gegen das „first come, first serve“-Prinzip, trotzdem wird dieses Prinzip – zumindest beim CI – häufig angewandt. Die ebenfalls gebräuchliche Auktion von stillen Beteiligungen beim CI wird von Kortleben/Vollmar (2012) beschrieben. Dabei ist das zur Zielerreichung erforderliche, niedrigste Gebot für einen Anteilspreis ausschlaggebend und alle Investoren zahlen nach dem Auktionsende den gleichen Share-Preis. Bei beiden Verfahren kann für einen Finanzierungserfolg beim CI auf keinen Crowdfunder verzichtet werden.

Das in Abbildung 23 visualisierte analytische Ergebnis der Modellerweiterungen besagt, dass das CI bei einem hohen Kapitalbedarf die dominante Finanzie-

[185] Nichtsdestotrotz darf dieses Ergebnis der Modellerweiterung nicht generalisiert werden, da es zum einen in der Praxis vereinzelt überfinanzierte Kampagnen gibt und zum anderen die Bedeutung *jeder* Unterstützung an der untersuchten Gleichgewichtskonzeption liegt.

rungsmethode ist, was durch die Crowdfunding-Studie der Universität St. Gallen (vgl. Abschnitt 2.2) bestätigt wird. Außerdem ist bekannt, dass seitens der Schwarmfinanzierung nur das EaC auch bei einem geringen Informationsgrad der Grundgesamtheit $\bar{\alpha}$ durch Vergabe eines Rabatts zu einem Finanzierungserfolgt gebracht werden kann. Einen Hinweis auf die Praxisrelevanz dieses analytischen Resultats liefern beispielweise die empirischen Untersuchungen von Kuppuswamy/Bayus (2013) und Hölzner/Kortleben/Biering (2014). Erstere stellen fest, dass beim EaC durchschnittlich nur ca. 30 % der angestrebten Finanzierungssumme in der ersten Woche eines Aufrufs eingesammelt wird. Demgegenüber weisen Hölzner et al. nach, dass der Finanzierungsstand zu einem solch frühen Zeitpunkt beim CI im Durchschnitt bei rund 50 % liegt. Ist $\bar{\alpha}$ gering der Kapitalbedarf hingegen nicht, so ist Crowdfunding in der Theorie nicht möglich und das Projekt wird durch einen Kredit finanziert.[186] Daneben ist zudem das Verhältnis von σ und Σ ein wesentlicher Aspekt bei der Wahl des optimalen Finanzierungsmechanismus. Der Gegenwert eines solchen Zusatznutzens kann in der Realität allerdings nur schwer quantifiziert werden.

Weiterhin könnte ein Gründer die Produktfinanzierung durch einen Business Angel aufgrund wechselseitiger Empathie (vgl. Abschnitt 3.2) den genannten Finanzierungsmethoden vorziehen. Eine derartige Untersuchung ist aber nicht Gegenstand der vorliegenden Arbeit. Synergetische Effekte durch komplementäre Kompetenzen könnten einen Projektinitiator auch dazu bewegen eine Venture Capital-Gesellschaft als Vertragspartner zu wählen. Allerdings gestaltet sich das Auffinden eines Wagniskapitalgebers – ohne einen Projektfortschritt erzielt zu haben – als schwierig (vgl. Abschnitt 3.2).[187]

---

[186] Es wäre aber durchaus vorstellbar, dass der Informationsgrad der Zielgruppe beispielsweise durch eine Werbekampagne erhöht werden könnte. Das ist aber üblicherweise mit Kosten verbunden, die der Projektinitiator typischerweise nicht durch eigene Mittel decken kann. Hier wäre eine Finanzierung durch *Freunde* denkbar.

[187] Interpretierte man die Grundgesamtheit n als eine regionale bzw. nationale Zielgruppe, wäre durch eine gelungene Crowdfunding-Kampagne der kommerzielle Erfolg nachgewiesen und die Finanzierung einer Expansion könnte bei skalierbaren Geschäftsmodellen gegebenenfalls auch durch VC erfolgen.

Abschließend kann demgegenüber festgehalten werden, dass die Finanzierung über den Schwarm zum einen durch Fortschritte in der Informations- und Kommunikationstechnologie und zum anderen durch die kostenneutrale Erzeugung eines Zusatznutzens zu einer echten Alternative sowohl für Projektinitiatoren als auch für Start-up-Unternehmen geworden ist. Das Crowdfunding ermöglicht Gründern ihre Projektidee auch ohne eigene finanzielle Ressourcen umzusetzen und löst dabei die strikte Trennung zwischen Produktanbieter und Nachfrager teilweise auf, da Konsumenten zu Kapitalgebern werden können. Die große Anzahl an Unterstützern (Crowd) ist meist eine Voraussetzung für einen erfolgreichen Finanzierungsaufruf. Dabei ist zu berücksichtigen, dass die Mitglieder der Zielgruppe üblicherweise heterogen sind und einen unterschiedlichen Kenntnisstand hinsichtlich der Projektgüte aufweisen. Damit alle Akteure zum Zeitpunkt ihrer angedachten Entscheidung nicht nur von dem Aufruf wissen sondern auch die Projetqualität kennen, muss bei der in dieser Arbeit vorgenommenen Modellerweiterung ein „vollständiges“ Signal erzeugt werden. Das wird als die Aktivierung des Schwarms bezeichnet.

7. Appendizes

Im Folgenden werden die Details der mathematischen Ausgestaltung der unterschiedlichen Modelle angegeben. Dabei erfolgen die Berechnungen analog zum Text. Der Appendix A korrespondiert mit Abschnitt 4.1, der Appendix B mit Abschnitt 4.2, usw. Die Appendizes sind jeweils in zwei Bereiche unterteilt, wobei eine ausführliche mathematische Darstellung in einem ersten Schritt erfolgt. Analytische Beweise befinden sich stets im zweiten Teil eines Anhangs.

A Appendix – Ausgangsmodell

A.1 Rechnungen

Zur Vereinfachung der Berechenbarkeit muss die Gleichung (4.1-2) in die Gleichung (4.1-4) überführt werden.

$$n_c = \frac{\left(1+\frac{\Delta}{\sigma}\right)}{2} \pm \sqrt{\frac{\left(1+\frac{\Delta}{\sigma}\right)^2}{4} - \frac{K}{\delta\sigma}} \Leftrightarrow n_c = \frac{1}{2\sigma}\left(\sigma + \Delta \pm \sqrt{(\Delta+\sigma)^2 - \frac{4\sigma^2 K}{\delta\sigma}}\right)$$

$$\Leftrightarrow n_c = \frac{1}{2\sigma}\left(\sigma + \Delta \pm \sqrt{\Delta^2 + 2\sigma\Delta + 2\sigma^2 - \sigma^2 - \frac{4\sigma^2 K}{\delta\sigma}}\right)$$

$$\Leftrightarrow n_c = \frac{1}{2\sigma}\left(\sigma + \Delta \pm \sqrt{\Delta^2 + 2\sigma\Delta - 4\sigma^2\sqrt{\frac{K}{\delta\sigma}} + 2\sigma^2 - \left(\frac{4\sigma^2 K}{\delta\sigma} - 4\sigma^2\sqrt{\frac{K}{\delta\sigma}} + \sigma^2\right)}\right)$$

$$\Leftrightarrow n_c = \frac{1}{2\sigma}\left(\sigma + \Delta \pm \sqrt{\Delta^2 + 2\sigma\Delta - 2\sigma\left[\sigma\left(2\sqrt{\frac{K}{\delta\sigma}} - 1\right)\right] - \left[\sigma\left(2\sqrt{\frac{K}{\delta\sigma}} - 1\right)\right]^2}\right)$$

$$\Leftrightarrow n_c = \frac{1}{2\sigma}\left(\sigma + \Delta \pm \sqrt{\sigma^2 + 2\sigma\Delta + \Delta^2 - \sigma^2 - 2\sigma\underline{\Delta} - \underline{\Delta}^2}\right)$$

$$\Leftrightarrow n_c = \frac{1}{2\sigma}\left(\sigma + \Delta \pm \sqrt{(\sigma + \Delta)^2 - \left(\sigma + \underline{\Delta}\right)^2}\right)$$

Da die Preisdifferenz Δ für eine innere Lösung negativ sein muss, gilt das auch aufgrund der Ungleichung (4.1-3) für den Schwellenwert $\underline{\Delta}$. Demzufolge ergibt sich eine Budgetrestriktion $K_{A.1}$:

$$\underline{\Delta} \equiv \sigma\left(2\sqrt{\frac{K}{\delta\sigma}} - 1\right) < 0 \Leftrightarrow K < \frac{\delta\sigma}{4} \equiv K_{A.1}$$

Durch das Einsetzen der optimalen Preisdifferenz Δ^* (siehe Gleichung (4.1-8)) und $\underline{\Delta}$ (siehe Gleichung (4.1-3)) in die Gleichung (4.1-4) ergibt sich die Gleichgewichtsmenge der Crowdfunder (vgl. Tabelle 1). Dabei werden zunächst die Terme außerhalb der Wurzel und anschließend der Wurzelterm untersucht.

$$n_c^* = \frac{1}{2\sigma}\left(\underbrace{\sigma + \Delta^*}_{I} \pm \underbrace{\sqrt{(\sigma + \Delta^*)^2 - \left(\sigma + \underline{\Delta}\right)^2}}_{II}\right)$$

Zu I:

$$\sigma + \Delta^* = \sigma + \frac{1}{2\delta}[4K - \delta\sigma] = \sigma + \frac{1}{2\sigma}\left[\frac{\sigma^2 4K}{\delta\sigma} - \sigma^2\right] = \sigma + \frac{1}{2\sigma}\left[\left(\sigma + \left(2\sigma\sqrt{\frac{K}{\delta\sigma}} - \sigma\right)\right)^2 - \sigma^2\right]$$

$$\Leftrightarrow \sigma + \Delta^* = \frac{1}{2\sigma}\left[\left(\sigma + \underline{\Delta}\right)^2 + \sigma^2\right]$$

Zu II:

$$\sqrt{(\sigma + \Delta^*)^2 - \left(\sigma + \underline{\Delta}\right)^2} = \sqrt{\left(\frac{1}{2\sigma}\left[\left(\sigma + \underline{\Delta}\right)^2 + \sigma^2\right]\right)^2 - \left(\sigma + \underline{\Delta}\right)^2} = \sqrt{\left(\frac{1}{2\sigma}\left[\sigma^2 - \left(\sigma + \underline{\Delta}\right)^2\right]\right)^2}$$

$$\Leftrightarrow \sqrt{(\sigma + \Delta^*)^2 - \left(\sigma + \underline{\Delta}\right)^2} = \left|\frac{1}{2\sigma}\left[\sigma^2 - \left(\sigma + \underline{\Delta}\right)^2\right]\right|$$

Da der Wurzelterm immer positiv ist (vgl. Ungleichung (4.1-3)), kann der Betrag weggelassen werden. Zusammengefasst folgt daraus:

$$n_c = \frac{1}{2\sigma}\left(\frac{1}{2\sigma}\left[(\sigma + \underline{\Delta})^2 + \sigma^2\right] + \frac{1}{2\sigma}\left[\sigma^2 - (\sigma + \underline{\Delta})^2\right]\right) = \frac{1}{2}$$

Es ist anzumerken, dass ein höheres n_c aufgrund einer höheren Zahlungsbereitschaft der Crowdfunder durch Erhalt des Zusatznutzens hier sinnvoll ist und somit nur die Summe der zwei beschriebenen Terme gebildet wird.

An dieser Stelle wird der Gewinn $\pi^*_{A,1}(K)$ exemplarisch im Detail beschrieben. Für eine ausführliche Darstellung der Gewinnfunktionen anderer Bereiche wird auf die Modellerweiterung verwiesen, wo eine solche Beschreibung für eine ähnliche Situation durchgeführt wird.

$$\pi^*_{A,1}(K) = \delta p_c n_c + \delta p_r n_r \quad mit\ p_c = p^*_r - \Delta^*$$

$$\Leftrightarrow \pi^*_{A,1}(K) = \delta\left(\frac{1}{2}\left(\frac{R+S}{2} - \left(\frac{1}{2\delta}(4K - \delta\sigma)\right)\right) + \frac{R+S}{2}\left(\frac{1}{2} - \left(\frac{S-R}{2S}\right)\right)\right)$$

$$\Leftrightarrow \pi^*_{A,1}(K) = \delta\left(\frac{R+S}{2} - \left(\frac{S^2 - R^2}{4S}\right)\right) - K + \frac{\delta\sigma}{4} = \delta\frac{(R+S)^2}{4S} + \frac{\delta\sigma}{4} - K$$

Die nachfolgende Tabelle 6 weist die Gruppenstärken sowie die Preise in $t = 2$[188] für unterschiedliche Werte von K aus, die sich im Verlaufe des Abschnitts 4.1.3 ergeben.

[188] Die aufgeführten Preise entsprechen hier nicht denen der Tabelle 1, da die Zahlung in $t = 1$ fehlt, was der Beschreibung einer Ex-post-Preisdiskriminierung 2. Grades dient.

Tabelle 6: Darstellung aller Preise und Gruppengrößen des Ausgangsfalls

	Benötigtes Startkapital	Gruppenstärke	Preis ($t = 2$)
n_0	$K < \frac{\delta\sigma}{4} \equiv K_{A.1}$	$\frac{S-R}{2S}$	
	$K_{A.1} \leq K \leq K_{A.2}$	$\frac{S-R}{2S}$	
	$K_{A.2} < K \leq K_{A.3}$	$1 - \sqrt{\frac{K}{\delta\sigma}} - \rho$	
n_r	$K < \frac{\delta\sigma}{4} \equiv K_{A.1}$	$\frac{R}{2S}$	$\frac{R+S}{2}$
	$K_{A.1} \leq K \leq K_{A.2}$	$1 - \sqrt{\frac{K}{\delta\sigma}} - \frac{S-R}{2S}$	$\frac{R+S}{2}$
	$K_{A.2} < K \leq K_{A.3}$	ρ	$R + S - S\left(\sqrt{\frac{K}{\delta\sigma}} + \rho\right)$
n_c	$K < \frac{\delta\sigma}{4} \equiv K_{A.1}$	$\frac{1}{2}$	$\frac{R+S}{2} - \frac{4K-\delta\sigma}{2\delta}$
	$K_{A.1} \leq K \leq K_{A.2}$	$\sqrt{\frac{K}{\delta\sigma}}$	$\frac{R+S}{2} - 2\sigma\sqrt{\frac{K}{\delta\sigma}} + \sigma$
	$K_{A.2} < K \leq K_{A.3}$	$\sqrt{\frac{K}{\delta\sigma}}$	$R + S + \sigma - S\rho - (S + 2\sigma)\sqrt{\frac{K}{\delta\sigma}}$

A.2 Analytische Beweise

Es gilt zu zeigen, dass der Nutzen mit der Netzgröße zunimmt. In einem ersten Schritt wird die Ungleichung (4.1-17) bewiesen, um danach die für die Bereiche II und III aufzuzeigen.

<u>Bereich I und II:</u>

$$\underbrace{p_1 + \delta p_c}_{Bereich\ I} = 2K + \delta\left(\frac{R+S}{2} - \frac{4K - \delta\sigma}{2\delta}\right) > \delta\sigma\sqrt{\frac{K}{\delta\sigma}} + \delta\left(\frac{R+S}{2} - 2\sigma\sqrt{\frac{K}{\delta\sigma}} + \sigma\right) = \underbrace{p_1 + \delta p_c}_{Bereich\ II}$$

$$\Leftrightarrow -\frac{\delta\sigma}{2} > -\delta\sigma\sqrt{\frac{K}{\delta\sigma}} \Leftrightarrow n_c = \frac{1}{2} < \sqrt{\frac{K}{\delta\sigma}} = \underline{n}_c$$

Da bereits gezeigt wurde (siehe Gleichung (4.1-9)), dass diese Beziehung gilt, ist der Beweis abgeschlossen.

<u>Bereich II und III:</u>

$$\underbrace{\delta\sigma\sqrt{\frac{K}{\delta\sigma}} + \delta\left(\frac{R+S}{2} - 2\sigma\sqrt{\frac{K}{\delta\sigma}} + \sigma\right)}_{Bereich\ II} > \underbrace{\delta\sigma\sqrt{\frac{K}{\delta\sigma}} + \delta\left(R + S + \sigma - S\rho - (S + 2\sigma)\sqrt{\frac{K}{\delta\sigma}}\right)}_{Bereich\ III}$$

$$\Leftrightarrow \delta\left(-\frac{R+S}{2}\right) > \delta\left(-S\rho - S\sqrt{\frac{K}{\delta\sigma}}\right) \Leftrightarrow \delta\left(\frac{R+S}{2}\right) < \delta\left(S\left(\rho + \sqrt{\frac{K}{\delta\sigma}}\right)\right)$$

Die Ungleichung ist erfüllt, solange das Anfangskapital K für den Bereich III größer als $\delta\sigma((R+S)/2S - \rho)^2 \equiv K_{A.2}$ ist, was ohnehin durch die Modellkonzeption gegeben sein muss.

Es ist zu erkennen, dass der Gesamtpreis in $t = 1$ für die Bereiche II und III, den ein Unterstützer entrichten müsste, mit einem Anstieg von $\sqrt{K/\delta\sigma}$ fällt. Da dieser Ausdruck der Anzahl an Crowdfundern $\underline{n}_c$ entspricht, kann hierbei von einer Nutzenerhöhung bei steigender Anzahl an Vorbestellern gesprochen werden.

$$\frac{d(p_1 + \delta p_c)}{d\underline{n}_c} < 0$$

Für eine detailgenaue Herleitung der Budgetgrenze $\widehat{K}_{A.5}$ wird auf den Appendix F.1 verwiesen[189], wo ein solcher Schwellenwert für ein vergleichbares Szenario ausgerechnet wird. Es gilt aber zu zeigen, dass $\widehat{K}_{A.5} > K_{A.2}$ ist.

$$\frac{S(R + S + \sigma - 2S\rho) + \sqrt{\sigma S(4S\rho(R - S\rho) + \sigma S + S^2 - R^2)}}{2S(S + \sigma)} > \frac{R + S}{2S} - \rho$$

$$\Leftrightarrow \sqrt{\sigma S(4S\rho(R - S\rho) + \sigma S + S^2 - R^2)} > \sigma(R - 2S\rho)$$

$$\Leftrightarrow \sigma(S - R + 2S\rho)(R - 2S\rho + S)(S + \sigma) > 0$$

Die für den Beweis aus (4.1-11) herangezogenen Bedingungen ($S \geq R$ und $\rho < R/(2S)$) sorgen auch hier wieder für die Gültigkeit der Aussage $\widehat{K}_{A.5} > K_{A.2}$.

Der Beweis für die Existenz von $\widehat{\sigma}$ kann mit Hilfe einer Grenzwertbetrachtung geführt werden.

$$K_{A.3} - \widehat{K}_{A.5} \propto \frac{R + S + \sigma - S\rho}{S + 2\sigma} - \frac{S(R + S + \sigma - 2S\rho) + \sqrt{\sigma S(4S\rho(R - S\rho) + \sigma S + S^2 - R^2)}}{2S(S + \sigma)}$$

$$\lim_{\sigma \to 0} K_{A.3} - \widehat{K}_{A.5} = \frac{R + S}{2S}$$

$$\lim_{\sigma \to \infty} K_{A.3} - \widehat{K}_{A.5} = -\frac{1}{2}$$

189 Die vergleichbare Budgetgrenze ist im Appendix F.1 durch den Ausdruck $\widehat{K}_{3.3}(\bar{\alpha})$ gekennzeichnet.

B Appendix – Modellüberarbeitung

B.1 Rechnungen

<u>Die traditionelle Finanzierung:</u>

Um eine vollständige Analyse der Vorteile auch für die Modellüberarbeitung durchführen zu können, ist es sinnvoll, den Fall der traditionellen Finanzierung für die beschriebene Modellstruktur kurz aufzuzeigen: Die normierte Nachfrage ergibt sich in Abhängigkeit des Kaufpreises p zu $D(p) = 1 - p$. Der Monopolist maximiert dann folgende Zielfunktion:

$$\prod_T = \max_p p(1-p) - K \qquad \text{(B.1-1)}$$

Der optimale Kaufpreis p^* sowie die Anzahl an Käufern ergeben sich zu $1/2$ und der Gesamtgewinn des Unternehmens ist $1/4 - K$.

<u>Das EaC (Modellüberarbeitung)</u>

Die FOC der Zielfunktion nach dem Preis p_c ergibt (siehe Gleichung (4.2-2)):

$$\frac{d\prod}{dp_c} = 1 - \frac{4p_c}{1+2\sigma} + \frac{2p_c}{(1+2\sigma)^2} = 0 \Leftrightarrow p_c\left(\frac{2(1+4\sigma)}{(1+2\sigma)^2}\right) = \frac{(1+2\sigma)^2}{(1+2\sigma)^2}$$

$$\Leftrightarrow p_c^* = \frac{(1+2\sigma)^2}{2(1+4\sigma)}$$

<u>Der **uneingeschränkte Fall** des EaCs:</u>

Der optimale Gewinn des uneingeschränkten Falls $\pi_{B,1}^*$ wir durch das Einsetzen der Umsätze der jeweiligen Zeitpunkte ermittelt:

$$\pi_{B,1}^* = \pi_1^* + \pi_2^* - K \Rightarrow \pi_{B,1}^* = \underbrace{\frac{(1+2\sigma)^2}{2(1+4\sigma)} - \frac{2\left(\frac{(1+2\sigma)^2}{2(1+4\sigma)}\right)^2}{(1+2\sigma)}}_{\pi_1^*} + \underbrace{\frac{1}{4}\left(\frac{2\frac{(1+2\sigma)^2}{2(1+4)}}{(1+2\sigma)}\right)}_{\pi_2^*} - K$$

$$\Leftrightarrow \pi^*_{B,1} = \underbrace{\frac{1}{2(1+4\sigma)^2}\left[(1+2\sigma)^2\big((1+4\sigma)-(1+2\sigma)\big)\right]}_{\pi^*_1} + \underbrace{\frac{(1+2\sigma)^2}{4(1+4\sigma)^2}}_{\pi^*_2} - K$$

$$\Leftrightarrow \pi^*_{B,1} = \underbrace{\frac{\sigma(1+2\sigma)^2}{(1+4\sigma)^2}}_{\pi^*_1} + \underbrace{\frac{(1+2\sigma)^2}{4(1+4\sigma)^2}}_{\pi^*_2} - K \Leftrightarrow \pi^*_{B,1} = \frac{(1+2\sigma)^2}{4(1+4\sigma)} - K \Leftrightarrow \pi^*_{B,1} = \frac{1}{4} + \frac{\sigma^2}{(1+4\sigma)} - K$$

Die Bedingung $\pi_1 \geq K$ kann demnach wie folgt ausgedrückt werden:

$$K \leq \underbrace{\frac{\sigma(1+2\sigma)^2}{(1+4\sigma)^2}}_{\pi_1} \equiv K_{B.1} \tag{B.1-2}$$

<u>Der **eingeschränkte Fall** des EaCs (Basismodell):</u>

Durch das Einsetzen des Preises $\hat{p}_c$ in die Funktion des Umsatzes zum Zeitpunkt 2, ergibt sich der Gesamtgewinn der Second-best-Lösung.

$$\pi_{B,2} = \hat{\pi}_2 = \frac{1}{4}\left(\frac{2\hat{p}_c}{1+2\sigma}\right)^2 \Leftrightarrow \pi_{B,2} = \frac{1}{4}\left(\frac{2\left(\frac{1}{4}\left(1+2\sigma+\sqrt{(1+2\sigma)(1+2\sigma-8K)}\right)\right)}{1+2\sigma}\right)^2$$

$$\Leftrightarrow \pi_{B,2} = \frac{1}{16}\left(1+\sqrt{\frac{(1+2\sigma)(1+2\sigma-8K)}{(1+2\sigma)^2}}\right)^2 \Leftrightarrow \pi_{B,2} = \frac{1}{16}\left(1+\sqrt{\frac{8}{1+2\sigma}(K_{B.2}-K)}\right)^2$$

Maximal kann der Monopolist beim EaC Kapital i.H.v. $K_{B.2}$ einsammeln. Exemplarisch kann für diesen Kapitalbedarf der kritische Wert für σ bestimmt werden, bei dem das Unternehmen die traditionellen Finanzierung präferierte.

$$\pi_{B,2}(K_{B,2}) = \prod_T(K_{B.2}) \Leftrightarrow \frac{1}{16} = \frac{1}{4} - \frac{(1+2\sigma)}{8} \Leftrightarrow (1+2\sigma) = \frac{3}{2} \Leftrightarrow \sigma = \frac{1}{4}$$

<u>Die Informationsasymmetrie mit exogener Produktqualität (EaC):</u>

Damit die quadratische Gleichung (4.2-8) reelle Lösungen hat, darf der Wurzelterm nicht negativ werden:

$$p_c^2 - \frac{(\bar{S}+2\sigma+\bar{c}+2c_H)}{2}p_c + \frac{(\bar{S}+2\sigma)K+(\bar{S}+2\sigma+\bar{c})c_H}{2} = 0$$

$$\Leftrightarrow \hat{p}_c = \frac{1}{4}\left((\bar{S} + 2\sigma + \bar{c} + 2c_H) \pm \underbrace{\sqrt{(\bar{S} + 2\sigma + \bar{c} + 2c_H)^2 - 8\big((\bar{S} + 2\sigma)K + (\bar{S} + 2\sigma + \bar{c})c_H\big)}}_{\geq 0}\right)$$

$$\Leftrightarrow (\bar{S} + 2\sigma + \bar{c} + 2c_H)^2 - 8\big((\bar{S} + 2\sigma)K + (\bar{S} + 2\sigma + \bar{c})c_H\big) \geq 0$$

$$\Leftrightarrow K \leq \frac{\bar{S}^2 + \bar{c}^2 + (2\sigma)^2 + (2c_H)^2 + 2\bar{S}\bar{c} + 4\bar{S}\sigma - 4\bar{S}c_H + 4\bar{c}\sigma - 8\sigma c_H - 4\bar{c}c_H}{8(\bar{S} + 2\sigma)}$$

$$\Leftrightarrow K \leq \frac{(\bar{S} + 2\sigma + \bar{c} - 2c_H)^2}{8(\bar{S} + 2\sigma)} \equiv K_{B.2}(\bar{S}, \bar{c}; c_H)$$

Der Lösungsweg für den Erhalt der Budgetrestriktion $K_{B.2}(S_L, c_L; c_i)$ aus Gleichung (4.2-10) entspricht dem soeben gezeigtem.

<u>Der Fall einer **schmalen Masse an Investoren** für das CI (Basismodell):</u>

Unter Verwendung des Zusammenhangs $\bar{\theta} \equiv 1 - n_c$ ergibt die Gleichung (4.2-15) nach β aufgelöst:

$$1 - n_c = \frac{1}{2} - \left(\frac{\beta}{n_c}\frac{1}{4} - \frac{K}{n_c} + \Sigma\right) \Leftrightarrow \frac{\beta}{n_c}\frac{1}{4} = \frac{K}{n_c} - \frac{1}{2} - \Sigma + n_c$$
$$\Leftrightarrow \beta = 2(2n_c^2 - n_c(1 + 2\Sigma) + 2K) \qquad \text{(B.1-3)}$$

Durch die Ableitung der Gleichung (B.1-3) nach der Menge an Kapitalgebern kann das optimale n_c^* bestimmt werden. Ebenfalls wäre es möglich die Gewinnfunktion nach n_c abzuleiten, was zu dem gleichen Ergebnis führte:

$$\frac{d\beta}{dn_c} = 8n_c - 2(1 + 2\Sigma) = 0 \Leftrightarrow n_c^* = \frac{1}{4}(1 + 2\Sigma)$$

Es ist offensichtlich, dass $d^2\beta/dn_c^2 > 0$ gilt. Der optimale Gewinnanteil der Investoren kann durch das Einsetzen von n_c^* in (B.1-3) ermittelt werden zu:

$$\beta^* = 2\left(2\left(\frac{1}{4}(1 + 2\Sigma)\right)^2 - \left(\frac{1}{4}(1 + 2\Sigma)\right)(1 + 2\Sigma) + 2K\right)$$

$$\Leftrightarrow \beta^* = 2\left(2K - \frac{1}{8}(1+2\Sigma)^2\right) \Leftrightarrow \beta^* = \frac{1}{4}(16K - (1+2\Sigma)^2)$$

Die Gewinnfunktionen der Fälle (A) und (B) aus Tabelle 2 sowie die dazugehörigen Gruppenstärken und Gewinnanteile ergeben sich zu:

(A):

$$\pi_{PS}^A = \underbrace{\left(1 - \left[\frac{1}{4}(16K - (1-2\Sigma)^2)\right]\right)}_{1-\beta^*}\frac{1}{4} \Leftrightarrow \pi_{PS}^A = \frac{1}{4} + \frac{(1-2\Sigma)^2}{16} - K$$

(B):

$$\beta\left(n_c = \frac{1}{2}\right) = 2\left(2\left(\frac{1}{2}\right)^2 - \frac{1}{2}(1+2\Sigma) + 2K\right) \Leftrightarrow \beta = 4K - 2\Sigma$$

$$\pi_{PS}^B = \left(1 - (4K - 2\Sigma)\right)\frac{1}{4} \Leftrightarrow \pi_{PS}^B = \frac{1}{4} + \frac{\Sigma}{2} - K$$

Die Fälle (C) und (D) sind auch ohne eine detaillierte Angabe der Rechenschritte nachvollziehbar.

Das Ergebnis für das CI:

Um den größtmöglichen Gewinn aus Sicht des Monopolisten zu ermitteln, gilt es die Gewinnfunktionen $\prod_{PS}^a$ und $\prod_{PS}^b$ zu vergleichen. Da der Gewinn sowohl bei einem kleinen als auch bei einem großen Kapitalbedarf gleich ist, werden die Gewinnfunktionen für ein *mittelgroßes K* gegenübergestellt. Vorerst wird davon ausgegangen, dass $\Sigma \leq 1/2$ ist.

$$\prod_{PS}^a = \frac{1}{4} + \Sigma - K = \frac{1}{4} + \frac{(1+2\Sigma)^2}{16} - K = \prod_{PS}^b$$

$$\Leftrightarrow \Sigma = \frac{(1+2\Sigma)^2}{16} \Leftrightarrow \Sigma^2 - 3\Sigma + \frac{1}{4} = 0 \Leftrightarrow \Sigma_{1/2} = \frac{3}{2} \mp \sqrt{2}$$

Es gilt also $\prod_{PS}^a < \prod_{PS}^b$ für $\Sigma < (3/2) - \sqrt{2}$. Ist $(3/2) - \sqrt{2} \leq \Sigma \leq 1/2$, dann gilt $\prod_{PS}^a > \prod_{PS}^b$.

Ist hingegen $\Sigma > 1/2$, so kann gezeigt werden, dass stets $\prod_{PS}^a > \prod_{PS}^b$ ist:

$$\prod_{PS}^{a} = \frac{1}{4} + \Sigma - K > \frac{1}{4} + \frac{\Sigma}{2} - K = \prod_{PS}^{b} \Leftrightarrow \Sigma > \frac{\Sigma}{2}$$

<u>Die Informationsasymmetrie mit exogener Produktqualität (CI)</u>:

Unter Verwendung des Zusammenhangs $\bar{\theta} \equiv 1 - n_c$ ergibt die Gleichung (4.2-20) nach β aufgelöst:

$$1 - n_c = \frac{1}{S^e}\left(p^e - \left(\frac{\beta}{n_c}\pi^e - \frac{K}{n_c} + \Sigma\right)\right) \Leftrightarrow -\frac{\beta}{n_c}\pi^e = S^e(1 - n_c) - p^e - \frac{K}{n_c} + \Sigma$$
$$\Leftrightarrow \beta = \frac{S^e n_c^2 - n_c(S^e - p^e + \Sigma) + K}{\pi^e} \tag{B.1-4}$$

Durch die Ableitung der Gleichung (B.1-4) nach der Menge an Kapitalgebern kann das optimale n_c^* bestimmt werden zu:

$$\frac{d\beta}{dn_c} = \frac{2S^e n_c - S^e + p^e - \Sigma}{\pi^e} = 0 \Leftrightarrow n_c^* = \frac{S^e - p^e + \Sigma}{2S^e}$$

Es ist offensichtlich, dass $d^2\beta/dn_c^2 > 0$ gilt. Der optimale Gewinnanteil der Investoren kann durch das Einsetzen von n_c^* in (B.1-4) ermittelt werden.

$$\beta^* = \frac{S^e\left(\frac{S^e - p^e + \Sigma}{2S^e}\right)^2 - \left(\frac{S^e - p^e + \Sigma}{2S^e}\right)(S^e - p^e + \Sigma) + K}{\pi^e}$$

$$\Leftrightarrow \beta^* = \frac{K}{\pi^e} - \frac{(S^e - p^e + \Sigma)^2}{4S^e\pi^e}$$

Die Gewinnfunktionen der Fälle (A), (C) und (D) aus Tabelle 3 sowie die dazugehörigen Gruppenstärken und Gewinnanteile sind auch ohne eine detaillierte Angabe der Rechenschritte nachvollziehbar. Der Fall (B) ist komplexer und wird daher nachfolgend ausführlich beschrieben:

(B): Sind $K > (S^e - p^e + \Sigma)^2/4S^e$ und $\Sigma \geq S^e - p^e$, so ist die Bedingung $n_c \leq 1 - p^e/S^e$ verletzt und es gilt:

$$\beta\left(n_c = 1 - \frac{p^e}{S^e}\right) = \frac{S^e\left(1 - \frac{p^e}{S^e}\right)^2 - \left(1 - \frac{p^e}{S^e}\right)(S^e - p^e + \Sigma) + K}{\pi^e} \Leftrightarrow \beta = \frac{K - \frac{\Sigma}{S^e}(S^e - p^e)}{\pi^e}$$

$$\pi_{PS}^{B} = \underbrace{\left(1 - \frac{K - \frac{\Sigma}{S^e}(S^e - p^e)}{\pi^e}\right)}_{1-\beta}\pi_2^* \Leftrightarrow \pi_{PS}^{B} = \pi_2^*\left(1 - \frac{1}{\pi^e}\left(K - \frac{(S^e - p^e)\Sigma}{S^e}\right)\right)$$

<u>Das Ergebnis für das CI bei Informationsasymmetrie:</u>

Vergleicht man $\prod_{PS}^{a}$ und $\prod_{PS}^{b}$ bei einem *mittelgroßen* K für $\Sigma \leq S^e - p^e$, so folgt:

$$\prod_{PS}^{a} = \pi_2^*\left(1 - \frac{K - \Sigma}{\pi^e}\right) = \pi_2^*\left(1 - \frac{K}{\pi^e} - \frac{(S^e - p^e + \Sigma)^2}{4S^e\pi^e}\right) = \prod_{PS}^{b}$$

$$\Sigma = \frac{(S^e - p^e + \Sigma)^2}{4S^e} \Leftrightarrow 0 = \Sigma^2 - 2\Sigma(S^e + p^e) + (S^e - p^e)$$

$$\Leftrightarrow \Sigma_{1/2} = S^e + p^e \mp \sqrt{(S^e + p^e)^2 - (S^e - p^e)^2}$$

$$\Leftrightarrow \Sigma_{1/2} = S^e + p^e - 2\sqrt{S^e p^e}$$

Es gilt also $\prod_{PS}^{a} < \prod_{PS}^{b}$ für $\Sigma < S^e + p^e - 2\sqrt{S^e p^e}$. Ist $S^e + p^e - 2\sqrt{S^e p^e} \leq \Sigma \leq S^e - p^e$, dann gilt $\prod_{PS}^{a} > \prod_{PS}^{b}$.

Ist hingegen $\Sigma > S^e - p^e$, so kann gezeigt werden, dass stets $\prod_{PS}^{a} > \prod_{PS}^{b}$ ist:

$$\prod_{PS}^{a} = \pi_2^*\left(1 - \frac{K - \Sigma}{\pi^e}\right) > \pi_2^*\left(1 - \frac{K}{\pi^e} + \frac{\Sigma}{S^e\pi^e}(S^e - p^e)\right) = \prod_{PS}^{b} \Leftrightarrow \Sigma > \frac{\Sigma}{S^e}(S^e - p^e)$$

B.2 Analytische Beweise

Könnte sich der Monopolist zum Zeitpunkt 1 bereits verbindlich auf den regulären Kaufpreis p_r festlegen, so würde sich dessen Maximierungsfunktion wie folgt ergeben:

$$\prod_B = \max_{p_c, p_r}\left(1 - \frac{p_c - p_r}{\sigma}\right)p_c - K + \left(\frac{p_c - p_r}{\sigma} - p_r\right)p_r \quad mit\ 1 \geq \frac{p_c - p_r}{\sigma} \geq p_r \geq 0$$

Die optimalen Preise sowie die dazugehörigen Gruppenstärken wären: $p_c^* = (1+\sigma)/2$, $p_r^* = 1/2$ und $n_c^* = n_r^* = 1/2$. Da sich die Gruppengröße der Vorbesteller und die der regulären Käufer entsprechen, würde der Monopolist den Markt zum Zeitpunkt 2 gar nicht erst öffnen, so dass alle Konsumenten Crowdfunder wären und eine Preisdiskriminierung 2. Grades nicht zustande käme.[190] Der Gewinn des Unternehmens käme $(1+\sigma)/4 - K$ gleich und wäre somit größer als $\pi_{B,1}^*$:

$$\pi_{B,1}^* = \frac{(1+2\sigma)^2}{4(1+4\sigma)} - K < \frac{1+\sigma}{4} - K \Leftrightarrow \frac{(1+2\sigma)^2}{4(1+4\sigma)} < \frac{(1+\sigma)(1+4\sigma)}{4(1+4\sigma)} \Leftrightarrow 1 < 1+\sigma$$

Gäbe es aber keine regulären Konsumenten, so entfiele die besondere Konsumerfahrung σ und es stellte sich der Gewinn bei traditioneller Finanzierung $\prod_T$ ein (siehe (B.1-1)). Demzufolge ist eine Crowdfunding-Kampagne durch das EaC für die Modellüberarbeitung nur bei sequentieller Entscheidung möglich.

Zudem muss gezeigt werden, dass der erste Schwellenwert des Anfangskapitals kleiner als der zweite ist:

$$\underbrace{\frac{\sigma(1+2\sigma)^2}{(1+4\sigma)^2}}_{K_{B.1}} < \underbrace{\frac{(1+2\sigma)}{8}}_{K_{B.2}} \Leftrightarrow \sigma(1+2\sigma) < \frac{1}{8}(1+4\sigma)^2 \Leftrightarrow \sigma + 2\sigma^2 < \frac{1}{8} + \sigma + 4\sigma^2 \Leftrightarrow 0 < \frac{1}{8} + 2\sigma^2$$

<u>Der **eingeschränkte Fall** des EaCs (Basismodell)</u>:

Der Preis des eingeschränkten Falls ($\hat{p}_c$) gleicht dem des uneingeschränkten Falls (p_c^*), sofern $K = K_{B.1}$ gilt.

$$\underbrace{\frac{1}{4}\left(1+2\sigma+\sqrt{(1+2\sigma)(1+2\sigma-8K_{B.1})}\right)}_{\hat{p}_c} = \underbrace{\frac{(1+2\sigma)^2}{2(1+4\sigma)}}_{p_c^*}$$

$$\Leftrightarrow \frac{1}{4}\left(1+2\sigma+\sqrt{(1+2\sigma)\left(1+2\sigma-8\left(\frac{\sigma(1+2\sigma)^2}{(1+4\sigma)^2}\right)\right)}\right) = \frac{(1+2\sigma)^2}{2(1+4\sigma)}$$

---

190 Vgl. Salant (1989) bzw. Abschnitt 3.3.

$$\Leftrightarrow \frac{1}{4}\left(1 + 2\sigma + \sqrt{\frac{(1+2\sigma)^2[(1+4\sigma)^2 - 8\sigma(1+2\sigma)]}{(1+4\sigma)^2}}\right) = \frac{(1+2\sigma)^2}{2(1+4\sigma)}$$

$$\Leftrightarrow \frac{1}{4}\left(1 + 2\sigma + \frac{1+2\sigma}{1+4\sigma}\right) = \frac{(1+2\sigma)^2}{2(1+4\sigma)} \Leftrightarrow (1+2\sigma) = (1+2\sigma)$$

Ist aber $K \in]K_{B.1}, K_{B.2}]$, so ist $\hat{p}_c < p_c^*$.

<u>Das CI als ein statisches Spiel mit vollständiger Information:</u>

Bei einer **breiten Masse an Investoren** ergeben sich hinsichtlich der Gewinnfunktion keine Änderungen. Wird der Konsum hingegen in die Nutzenfunktion der Investoren ($U_c = \theta - p_r + (\beta/n_c)p_r(1 - p_r) - K/n_c + \Sigma$) mit einbezogen (**schmale Masse an Investoren**), so ergibt sich deren Anzahl n_c – mittels Bestimmung des indifferenten Investors ($U_c = 0$) – sowie deren Gewinnanteil β zu:

$$n_c = 1 - \bar{\theta} = 1 - p_r + \frac{\beta}{n_c}(p_r - p_r^2) - \frac{K}{n_c} + \Sigma$$

$$\Leftrightarrow \beta = \frac{1}{(p_r - p_r^2)}(n_c^2 - n_c(1 - p_r + \Sigma) + K)$$

Der resultierende Gewinnanteil β in die Zielfunktion $\prod_{PS}^b = (1-\beta)p_r(1 - p_r)$ eingesetzt und partiell nach p_r und n_c abgeleitet ist:

$$\frac{\partial \prod_{PS}^b}{\partial p_r} = 1 - p_r + \Sigma - 2n_c = 0 \Leftrightarrow n_c = \frac{1 - p_r + \Sigma}{2}$$

$$\frac{\partial \prod_{PS}^b}{\partial p_r} = 1 - 2p_r - n_c = 0 \Leftrightarrow p_r = \frac{1 - n_c}{2}$$

Sowohl die Anzahl an Investoren ($n_c = (1/3)(1 + 2\Sigma)$) als auch der reguläre Kaufpreis ($p_r = (1/3)(1 - \Sigma)$) hängt nun von der besonderen Investitionserfahrung Σ ab, was gegenüber der sequentiellen Entscheidung zu einer andern Gewinnfunktion führt:

$$\prod_{PS}^b = \frac{1}{3}(1-\Sigma) - \frac{1}{9}(1-\Sigma)^2 - \left[\frac{1}{9}(1+2\Sigma)^2 - \frac{1}{3}(1+2\Sigma)\left(1 - \frac{1}{3}(1-\Sigma) + \Sigma\right) + K\right]$$

$$\Leftrightarrow \prod_{PS}^{b} = \frac{1}{3}(1-\Sigma) - \frac{1}{9}(1-\Sigma)^2 - \left[\frac{1}{9}(1+2\Sigma)^2 - \frac{2}{9}(1+2\Sigma)^2 + K\right]$$

$$\Leftrightarrow \prod_{PS}^{b} = \frac{(1-\Sigma)(2+\Sigma)}{9} - \left[K - \frac{(1+2\Sigma)^2}{9}\right]$$

Dabei gilt, dass das Startkapital $K > (1+2\Sigma)^2/9$ sein muss, um $\beta > 0$ zu erfüllten. Anderenfalls entspricht der Gewinn wieder $1/4$. Im Extremfall ($\Sigma = 1$) sind alle Mitglieder der Grundgesamtheit Crowdfunder.

Es kann gezeigt werden, dass die Gewinnfunktion eines statischen Spiels größer als die eines dynamischen Spiel mit vollständiger Information und einer **schmalen Masse an Investoren** ist. Zudem ist der Schwellenwert für das Startkapital stets größer.

Für $\Sigma < 1/2$:

$$\frac{1}{4} - K + \frac{(1+2\Sigma)^2}{16} < \frac{(1-\Sigma)(2+\Sigma)}{9} - K + \frac{(1+2\Sigma)^2}{9} \Leftrightarrow \frac{1}{4} < \frac{2-\Sigma-\Sigma^2}{9} + \frac{7(1+4\Sigma+4\Sigma^2)}{144}$$

$$\frac{1}{4} < \frac{39}{144} + \frac{\Sigma}{12}(1+\Sigma)$$

Für $\Sigma \geq 1/2$:

$$\frac{1}{4} - K + \frac{\Sigma}{2} < \frac{(1-\Sigma)(2+\Sigma)}{9} - K + \frac{(1+2\Sigma)^2}{9} \Leftrightarrow \frac{1}{4} < \frac{48-24\Sigma+48\Sigma^2}{144}$$

$$\frac{1}{4} < \frac{1}{3} + \frac{\Sigma}{6}(2\Sigma-1)$$

<u>Das CI bei Informationsasymmetrie und abgewandelten Annahmen:</u>

Die im Abschnitt 4.2.5 beschriebene zweite Möglichkeit die Existenz des Separierenden Gleichgewichts für die aufgezeigte Parameterkonstellation durch Abwandlung einer Annahme dennoch zu belegen wird nachfolgend lediglich kurz umrissen.

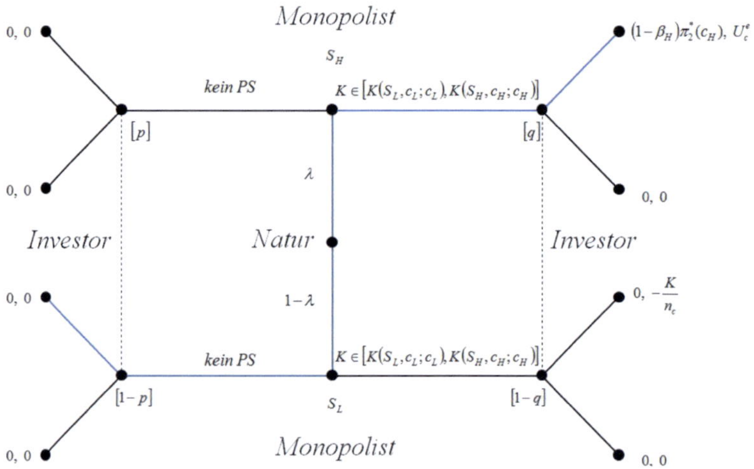

Abbildung 27: Spielbaum eines Separierenden Gleichgewichts

Würde das Unternehmen tatsächlich $K \in [K_{PS}(S_L, c_L; c_L), K_{PS}(S_H, c_H; c_H)]$ benötigen, übermittelte es das den potentiellen Investoren durch Veröffentlichung des Kapitalbedarfs bei dem abgebildeten Trennungsgleichgewicht nur für den Fall, dass die Natur eine hohe Qualität zieht. Andernfalls gäbe es keinen Finanzierungsaufruf durch CI. Die Investoren berechnen $p = 0$ und $q = 1$. Kein Akteur hat bei den dargestellten Aktionen (blaue Linie) einen Anreiz abzuweichen.

C Appendix – Modellerweiterung EaC

C.1 Rechnungen

Die Gesamtzahl an Crowdfundern wird durch das Lösen der Gleichung (5.1-6) und mit Hilfe der Gleichung (5.1-5) bestimmt:

$$(1-\bar{\alpha})\int_{\bar{\theta}_{cu}}^{1} 1d(\theta) + \bar{\alpha}\int_{\bar{\theta}_{ci}}^{1} 1d(\theta) = n_c \Leftrightarrow \underbrace{(1-\bar{\alpha})(1-\bar{\theta}_{cu}) + \bar{\alpha}(1-\bar{\theta}_{ci})}_{n_c} = n_c$$

$$\Leftrightarrow n_c = \bar{\alpha}\left(1-\left[\frac{p_{1i}}{\delta\sigma}-\frac{\Delta}{\sigma}\right]\right) + (1-\bar{\alpha})\left(1-\left[\left(\frac{K-\alpha n_c p_{1i}}{\delta\sigma(1-\alpha)n_c}\right)-\frac{\Delta}{\sigma}\right]\right)$$

$$\Leftrightarrow n_c = \left(1+\frac{\Delta}{\sigma}\right) - \frac{\bar{\alpha}p_{1i}}{\delta\sigma} - (1-\bar{\alpha})\left[\frac{K-\alpha n_c p_{1i}}{\delta\sigma(1-\alpha)n_c}\right]$$

$$\Leftrightarrow n_c = \left(1+\frac{\Delta}{\sigma}\right) + \frac{(1-\bar{\alpha})\alpha n_c p_{1i} - (1-\alpha)\bar{\alpha}n_c p_{1i} - (1-\bar{\alpha})K}{\delta\sigma(1-\alpha)n_c}$$

$$\Leftrightarrow n_c = \left(1+\frac{\Delta}{\sigma}+\frac{(\alpha-\bar{\alpha})p_{1i}}{\delta\sigma(1-\alpha)}\right) - \frac{(1-\bar{\alpha})K}{\delta\sigma(1-\alpha)n_c} \Leftrightarrow n_c^2 - n_c\left(1+\frac{\Delta}{\sigma}+\frac{(\alpha-\bar{\alpha})p_{1i}}{\delta\sigma(1-\alpha)}\right) + \frac{(1-\bar{\alpha})K}{\delta\sigma(1-\alpha)} = 0$$

$$\Leftrightarrow n_c = \frac{\left(1+\frac{\Delta}{\sigma}+\frac{(\alpha-\bar{\alpha})p_{1i}}{\delta\sigma(1-\alpha)}\right)}{2} \pm \sqrt{\frac{\left(1+\frac{\Delta}{\sigma}+\frac{(\alpha-\bar{\alpha})p_{1i}}{\delta\sigma(1-\alpha)}\right)^2}{4} - \frac{(1-\bar{\alpha})K}{\delta\sigma(1-\alpha)}} \qquad \text{(C.1-1)}$$

Der Term unter der Wurzel darf nicht negativ werden. Daher muss gelten (vgl. Formel (5.1-7)):

$$\Delta \geq \sigma\left(2\sqrt{\frac{(1-\bar{\alpha})K}{\delta\sigma(1-\alpha)}} - 1 - \frac{(\alpha-\bar{\alpha})p_{1i}}{\delta\sigma(1-\alpha)}\right) \equiv \underline{\Delta}$$

Nachfolgend wird n_c in Abhängigkeit von $\underline{\Delta}$ berechnet. Mit Hilfe der quadratischen Gleichung (C.1-1) kann analog zum Appendix A.1 die Gesamtmenge an Kapitalgebern n_c in einem ersten Schritt wie folgt beschrieben werden:

$$n_c = \frac{1}{2\sigma}\left(\frac{(\alpha-\bar{\alpha})p_{1i}}{\delta(1-\alpha)} + \sigma + \Delta \pm \sqrt{\left(\sigma + \Delta + \frac{(\alpha-\bar{\alpha})p_{1i}}{\delta(1-\alpha)}\right)^2 - \frac{4\sigma^2(1-\bar{\alpha})K}{(1-\alpha)\delta\sigma}}\right)$$

Um die Umformungen übersichtlich zu gestalten, wird $\gamma = [(\alpha-\bar{\alpha})p_{1i}]/[\delta(1-\alpha)]$ gesetzt, wobei dies im letzten Schritt rückgängig gemacht wird.

$$\Leftrightarrow n_c = \frac{1}{2\sigma}\left(\gamma + \sigma + \Delta \pm \sqrt{2\sigma^2 - \sigma^2 + \Delta^2 + \gamma^2 + 2\sigma\Delta + 2\sigma\gamma + 2\Delta\gamma - \frac{4\sigma^2(1-\bar{\alpha})K}{(1-\alpha)\delta\sigma}}\right)$$

$$\Leftrightarrow n_c = \frac{1}{2\sigma}\left(\gamma + \sigma + \Delta \pm \sqrt{\Delta^2 + 2\sigma\Delta + 2\Delta\gamma - 2\sigma\underline{\Delta} - \underline{\Delta}^2 \underbrace{-4\sqrt{\frac{(1-\bar{\alpha})K}{(1-\alpha)\delta\sigma}}\gamma + 2\gamma + 2\gamma^2}_{-2\gamma\underline{\Delta}}}\right)$$

$$\Leftrightarrow n_c = \frac{1}{2\sigma}\Big(\gamma + \sigma + \Delta$$
$$\pm \sqrt{\Delta^2 + 2\sigma\Delta + 2\Delta\gamma - 2\sigma\underline{\Delta} - \underline{\Delta}^2 - 2\gamma\underline{\Delta} + \gamma^2 - \gamma^2 + \sigma^2 - \sigma^2 + 2\gamma\sigma - 2\gamma\sigma}\Big)$$

$$\Leftrightarrow n_c = \frac{1}{2\sigma}\left(\gamma + \sigma + \Delta \pm \sqrt{(\sigma + \Delta + \gamma)^2 - \left(\sigma + \underline{\Delta} + \gamma\right)^2}\right)$$

$$\Leftrightarrow n_c = \frac{1}{2\sigma}\left(\frac{(\alpha-\bar{\alpha})p_{1i}}{\delta(1-\alpha)} + \sigma + \Delta \pm \sqrt{\left(\sigma + \Delta + \frac{(\alpha-\bar{\alpha})p_{1i}}{\delta(1-\alpha)}\right)^2 - \left(\sigma + \underline{\Delta} + \frac{(\alpha-\bar{\alpha})p_{1i}}{\delta(1-\alpha)}\right)^2}\right)$$

Dementsprechend stellt sich der zu maximierende Unternehmensgewinn wie folgt dar:

$$\Pi(\Delta, p_r)^* = \max_{\Delta, p_r}(n_r + n_c)\delta p_r - n_c\delta\Delta$$

$$\Leftrightarrow \Pi(\Delta, p_r)^* = \max_{\Delta, p_r} \delta p_r \left(1 - \frac{p_r - R}{S}\right)$$
$$-\Delta\frac{\delta}{2\sigma}\Bigg(\frac{(\alpha-\bar{\alpha})p_{1i}}{\delta(1-\alpha)} + \sigma + \Delta$$
$$+ \sqrt{\left(\sigma + \Delta + \frac{(\alpha-\bar{\alpha})p_{1i}}{\delta(1-\alpha)}\right)^2 - \left(\sigma + \underline{\Delta} + \frac{(\alpha-\bar{\alpha})p_{1i}}{\delta(1-\alpha)}\right)^2}\Bigg)$$

Zur Bestimmung der optimalen Preisdifferenz (siehe Formel (5.1-9)) und des optimalen Preises p_r müssen die partiellen Ableitungen 1. Ordnung als notwendige Bedingung gleich Null gesetzt werden und ein Maximum darstellen (siehe Appendix C.2):

$$\frac{\partial \Pi}{\partial \Delta} = -\frac{\delta}{2\sigma}\left(\frac{(\alpha-\bar{\alpha})p_{1i}}{\delta(1-\alpha)} + \sigma + 2\Delta + \sqrt{\left(\sigma+\Delta+\frac{(\alpha-\bar{\alpha})p_{1i}}{\delta(1-\alpha)}\right)^2 - \left(\sigma+\underline{\Delta}+\frac{(\alpha-\bar{\alpha})p_{1i}}{\delta(1-\alpha)}\right)^2}\right.$$
$$\left. + \frac{\Delta\left(\sigma+\Delta+\frac{(\alpha-\bar{\alpha})p_{1i}}{\delta(1-\alpha)}\right)}{\sqrt{\left(\sigma+\Delta+\frac{(\alpha-\bar{\alpha})p_{1i}}{\delta(1-\alpha)}\right)^2 - \left(\sigma+\underline{\Delta}+\frac{(\alpha-\bar{\alpha})p_{1i}}{\delta(1-\alpha)}\right)^2}}\right) = 0$$

Es ist zu erkennen, dass die Klammer für eine positive Preisdifferenz stets einen positiven Wert annimmt.[191] Zum Erhalt einer inneren Lösung muss daher $\Delta < 0$ sein. Durch geschicktes Umformen erhält man folgende Gleichung:

$$\sqrt{\left(\sigma+\Delta+\frac{(\alpha-\bar{\alpha})p_{1i}}{\delta(1-\alpha)}\right)^2 - \left(\sigma+\underline{\Delta}+\frac{(\alpha-\bar{\alpha})p_{1i}}{\delta(1-\alpha)}\right)^2}$$
$$= \frac{\left(\sigma+\underline{\Delta}+\frac{(\alpha-\bar{\alpha})p_{1i}}{\delta(1-\alpha)}\right)^2}{\left(\frac{(\alpha-\bar{\alpha})p_{1i}}{\delta(1-\alpha)}+\sigma+2\Delta\right)} - \left(\sigma+\Delta+\frac{(\alpha-\bar{\alpha})p_{1i}}{\delta(1-\alpha)}\right)$$

Falls die rechte Seite positiv ist, was noch gezeigt werden muss (siehe Appendix C.2), können beide Seiten der Gleichung ohne Weiteres quadriert werden.

[191] Ebenfalls wird *vorerst* davon ausgegangen, dass der Preis für informierte Crowdfunder in $t = 1$ nicht negativ ist und $\alpha \geq \bar{\alpha}$ gilt.

$$-\left(\sigma+\underline{\Delta}+\frac{(\alpha-\bar{\alpha})p_{1i}}{\delta(1-\alpha)}\right)^2$$

$$=\frac{\left(\sigma+\underline{\Delta}+\frac{(\alpha-\bar{\alpha})p_{1i}}{\delta(1-\alpha)}\right)^4}{\left(\frac{(\alpha-\bar{\alpha})p_{1i}}{\delta(1-\alpha)}+\sigma+2\Delta\right)^2}$$

$$-2\frac{\left(\sigma+\underline{\Delta}+\frac{(\alpha-\bar{\alpha})p_{1i}}{\delta(1-\alpha)}\right)^2\left(\sigma+\Delta+\frac{(\alpha-\bar{\alpha})p_{1i}}{\delta(1-\alpha)}\right)}{\left(\frac{(\alpha-\bar{\alpha})p_{1i}}{\delta(1-\alpha)}+\sigma+2\Delta\right)}$$

Durch Vereinfachung erhält man die für das Unternehmen optimale Preisdifferenz in Abhängigkeit vom Preis p_{1i}:[192]

$$\Delta^*(p_{1i})=\frac{\underline{\Delta}\left(2\alpha p_{1i}-2\bar{\alpha}p_{1i}+2\delta\sigma-2\delta\sigma\alpha+\delta\underline{\Delta}+\delta\underline{\Delta}\alpha\right)}{2\left(\alpha p_{1i}-\bar{\alpha}p_{1i}+\delta\sigma(1-\alpha)\right)}$$

$$\Leftrightarrow \Delta^*=\frac{(\alpha-\bar{\alpha})2p_{1i}\underline{\Delta}+2\delta\sigma(1-\alpha)\underline{\Delta}+\delta\underline{\Delta}^2(1-\alpha)}{2\left((\alpha-\bar{\alpha})p_{1i}+\delta\sigma(1-\alpha)\right)} \qquad \text{(C.1-2)}$$

$$\Leftrightarrow \Delta^*=\frac{\delta(1-\alpha)}{2\left((\alpha-\bar{\alpha})p_{1i}+\delta\sigma(1-\alpha)\right)}\left[\frac{(\alpha-\bar{\alpha})2p_{1i}\underline{\Delta}}{\delta(1-\alpha)}+2\underline{\Delta}\sigma+\underline{\Delta}^2\right]$$

$$\Leftrightarrow \Delta^*=\frac{\delta(1-\alpha)}{2\left((\alpha-\bar{\alpha})p_{1i}+\delta\sigma(1-\alpha)\right)}\left[\left(\underline{\Delta}+\sigma+\frac{(\alpha-\bar{\alpha})p_{1i}}{\delta(1-\alpha)}\right)^2-\sigma^2-2\frac{(\alpha-\bar{\alpha})p_{1i}\sigma}{\delta(1-\alpha)}-\left(\frac{(\alpha-\bar{\alpha})p_{1i}}{\delta(1-\alpha)}\right)^2\right]$$

$$\Leftrightarrow \Delta^*=\frac{\delta(1-\alpha)}{2\left((\alpha-\bar{\alpha})p_{1i}+\delta\sigma(1-\alpha)\right)}\left[4\sigma^2\frac{(1-\bar{\alpha})K}{\delta\sigma(1-\alpha)}-\sigma^2-2\frac{(\alpha-\bar{\alpha})p_{1i}\sigma}{\delta(1-\alpha)}-\left(\frac{(\alpha-\bar{\alpha})p_{1i}}{\delta(1-\alpha)}\right)^2\right]$$

$$\Leftrightarrow \Delta^*=\frac{4\sigma(1-\bar{\alpha})K}{2\left((\alpha-\bar{\alpha})p_{1i}+\delta\sigma(1-\alpha)\right)}+\frac{1}{2\left((\alpha-\bar{\alpha})p_{1i}+\delta\sigma(1-\alpha)\right)}\left[-\sigma^2\delta(1-\alpha)-2(\alpha-\bar{\alpha})p_{1i}\sigma-\frac{\left((\alpha-\bar{\alpha})p_{1i}\right)^2}{\delta(1-\alpha)}\right]$$

192 Die Vereinfachung wurde mit Hilfe von Mathematica durchgeführt.

$$\Leftrightarrow \Delta^* = \frac{4\sigma(1-\bar{\alpha})K}{2\big((\alpha-\bar{\alpha})p_{1i}+\delta\sigma(1-\alpha)\big)} - \frac{1}{2}\left(\sigma + \frac{(\alpha-\bar{\alpha})p_{1i}}{\delta(1-\alpha)}\right)$$

Wenn die Preisdifferenz Δ negativ ist, gilt das entsprechend auch für den Schwellenwert $\underline{\Delta}$, was zu einer Budgetrestriktion für K in Abhängigkeit von p_{1i} führt:

$$\underline{\Delta} \equiv \sigma\left(2\sqrt{\frac{(1-\bar{\alpha})K}{\delta\sigma(1-\alpha)}} - 1 - \frac{(\alpha-\bar{\alpha})p_{1i}}{\delta\sigma(1-\alpha)}\right) < 0 \Leftrightarrow K < \frac{\delta\sigma(1-\alpha)}{4(1-\bar{\alpha})}\left(1 + \frac{(\alpha-\bar{\alpha})p_{1i}}{\delta\sigma(1-\alpha)}\right)^2 \equiv K_{1.1}(p_{1i})$$

Der optimale Preis p_r^* entspricht dem des Ausgangsmodells:

$$\frac{\partial\Pi}{\partial p_r} = \delta\left(1 - \frac{2p_r - R}{S}\right) = 0 \Leftrightarrow p_r^* = \frac{S+R}{2} \qquad \text{(C.1-4)}$$

C.2 Analytische Beweise

Alle nachfolgenden Gewinnfunktionen der Modellerweiterung (Fall 1 bis 3) können durch das Gleichsetzen von α und $\bar{\alpha}$ in die Gewinnfunktionen des Ausgangsmodells (Bereich I bis III) überführt werden. Mit Hilfe der Gleichung (5.1-8) ist leicht zu erkennen, dass dabei auch die Menge an Crowdfundern der des Ausgangsmodells gleichkommt. Auch für $\bar{\alpha} = 1$ kann durch Verwendung der Gleichung (5.1-6) gezeigt werden, dass die Gruppenstärke an Vorbestellern der des Ausgangsmodells entspricht. Sind alle Akteure informiert, so treffen sie ihre Unterstützungs- bzw. Kaufentscheidung gleichzeitig und es ergibt sich analog zum Abschnitt 4.1 ein statisches Spiel mit vollständiger Information.

Es muss weiterhin bewiesen werden, dass die Bedingung aus der Ungleichung (5.1-7) im Optimum erfüllt ist.

$$\Delta^* = \frac{(\alpha-\bar{\alpha})2p_{1i}\underline{\Delta} + 2\delta\sigma(1-\alpha)\underline{\Delta} + \delta\underline{\Delta}^2(1-\alpha)}{2\big((\alpha-\bar{\alpha})p_{1i}+\delta\sigma(1-\alpha)\big)} > \underline{\Delta}$$

$$\Leftrightarrow (\alpha-\bar{\alpha})2p_{1i}\underline{\Delta} + 2\delta\sigma(1-\alpha)\underline{\Delta} + \delta\underline{\Delta}^2(1-\alpha) > 2(\alpha-\bar{\alpha})p_{1i}\underline{\Delta} + 2\underline{\Delta}\delta\sigma(1-\alpha) \Leftrightarrow 2\underline{\Delta}\sigma + \underline{\Delta}^2 > 2\sigma\underline{\Delta}$$

Für die innere Lösung bzw. eine negative Preisdifferenz gilt, dass $\Delta^* \neq \underline{\Delta}$ ist.

Die Bestimmung des Optimums für Δ konnte nur unter dem Vorbehalt einer positiven „rechten Seite“ (s.o.) durchgeführt werden. Daher muss gezeigt werden, dass folgendes gilt:

$$\frac{\left(\sigma + \underline{\Delta} + \frac{(\alpha - \bar{\alpha})p_{1i}}{\delta(1-\alpha)}\right)^2}{\left(\frac{(\alpha - \bar{\alpha})p_{1i}}{\delta(1-\alpha)} + \sigma + 2\Delta\right)} > \left(\sigma + \Delta + \frac{(\alpha - \bar{\alpha})p_{1i}}{\delta(1-\alpha)}\right)$$

$$\Leftrightarrow \frac{\frac{4(1-\bar{\alpha})K}{\delta\sigma(1-\alpha)}}{\left(\frac{8(1-\bar{\alpha})K}{2\left((\alpha - \bar{\alpha})p_{1i} + \delta\sigma(1-\alpha)\right)} \underbrace{- \left(1 + \frac{(\alpha - \bar{\alpha})p_{1i}}{\delta\sigma(1-\alpha)}\right) + \left(1 + \frac{(\alpha - \bar{\alpha})p_{1i}}{\delta\sigma(1-\alpha)}\right)}_{=0}\right)} > \frac{4(1-\bar{\alpha})K}{2\left((\alpha - \bar{\alpha})p_{1i} + \delta\sigma(1-\alpha)\right)} + \frac{1}{2}\left(1 + \frac{(\alpha - \bar{\alpha})p_{1i}}{\delta\sigma(1-\alpha)}\right)$$

$$\Leftrightarrow \frac{(\alpha - \bar{\alpha})p_{1i} + \delta\sigma(1-\alpha)}{\delta\sigma(1-\alpha)} > \frac{4(1-\bar{\alpha})K}{2\left((\alpha - \bar{\alpha})p_{1i} + \delta\sigma(1-\alpha)\right)} + \frac{1}{2}\left(1 + \frac{(\alpha - \bar{\alpha})p_{1i}}{\delta\sigma(1-\alpha)}\right)$$

$$\Leftrightarrow \frac{1}{4(1-\bar{\alpha})}\left(1 + \frac{(\alpha - \bar{\alpha})p_{1i}}{\delta\sigma(1-\alpha)}\right)\left((\alpha - \bar{\alpha})p_{1i} + \delta\sigma(1-\alpha)\right) > K$$

$$\Leftrightarrow K < \frac{\delta\sigma(1-\alpha)}{(1-\bar{\alpha})4}\left(1 + \frac{(\alpha - \bar{\alpha})p_{1i}}{\delta\sigma(1-\alpha)}\right)^2 \equiv K_{1.1}(p_{1i})$$

Auch im Zusammenhang mit der Optimierung ist sogar ein negativer Vorbestellungspreis für informierte Kapitalgeber zulässig (vgl. Abschnitt 5.1.2) da selbst $p_{1i} = -\delta\sigma(1-\alpha)/(\alpha - \bar{\alpha})$ die Argumentation für eine negative Preisdifferenz als innere Lösung nicht ändert.

$$\frac{\partial \Pi}{\partial \Delta} = -\frac{\delta}{2\sigma}\left(2\Delta + \sqrt{\Delta^2 - \underline{\Delta}^2} + \frac{\Delta^2}{\sqrt{\Delta^2 - \underline{\Delta}^2}}\right) = 0$$

Allerdings würde der erwähnte Vorbestellungspreis zu $n_c = 0$ führen, daher muss gelten (theoretische Preisuntergrenze):

$$p_{1i} > -\frac{\delta\sigma(1-\alpha)}{(\alpha - \bar{\alpha})}$$

Durch das Ergebnis der partiellen Ableitungen 1. Ordnung ist der Punkt der Zielfunktion mit einer waagerechten Tangentialebne bekannt. Im weiteren Verlauf wird überprüft, ob es sich um ein Maximum handelt.

$$\frac{\partial^2\Pi}{\partial p_r \partial\Delta} = \frac{\partial^2\Pi}{\partial\Delta\partial p_r} = 0 \wedge \frac{\partial^2\Pi}{\partial {p_r}^2} = -\frac{2\delta}{S} < 0$$

Da die gemischten Ableitungen 2. Ordnung Null und die partielle Ableitung 2. Ordnung nach p_r kleiner Null sind, stellt der Punkt $(p_r^*; \Delta^*)$ der Zielfunktion ein Hochpunkt dar, sofern $\partial^2\Pi/\partial\Delta^2 < 0$ gilt. Aufgrund der Komplexität werden die Terme der zweiten Ableitung nach Δ nummeriert und getrennt voneinander hinsichtlich ihres Vorzeichens untersucht. Für den Beweis wird vorerst $\alpha \geq \bar{\alpha}$ angenommen.

$$\begin{aligned}
&\frac{\partial^2\Pi}{\partial\Delta^2} \\
&= -\frac{\delta}{2\sigma}\left(\underbrace{2}_{I} + \underbrace{\frac{\left(\sigma+\Delta+\frac{(\alpha-\bar{\alpha})p_{1i}}{\delta(1-\alpha)}\right)}{\sqrt{\left(\sigma+\Delta+\frac{(\alpha-\bar{\alpha})p_{1i}}{\delta(1-\alpha)}\right)^2-\left(\sigma+\underline{\Delta}+\frac{(\alpha-\bar{\alpha})p_{1i}}{\delta(1-\alpha)}\right)^2}}}_{II}\right. \\
&+\underbrace{\frac{\left(\left(\sigma+\Delta+\frac{(\alpha-\bar{\alpha})p_{1i}}{\delta(1-\alpha)}\right)+\Delta\right)\sqrt{\left(\sigma+\Delta+\frac{(\alpha-\bar{\alpha})p_{1i}}{\delta(1-\alpha)}\right)^2-\left(\sigma+\underline{\Delta}+\frac{(\alpha-\bar{\alpha})p_{1i}}{\delta(1-\alpha)}\right)^2}}{\left(\sigma+\Delta+\frac{(\alpha-\bar{\alpha})p_{1i}}{\delta(1-\alpha)}\right)^2-\left(\sigma+\underline{\Delta}+\frac{(\alpha-\bar{\alpha})p_{1i}}{\delta(1-\alpha)}\right)^2}}_{III} \\
&\left.-\underbrace{\frac{\frac{\left(\sigma+\Delta+\frac{(\alpha-\bar{\alpha})p_{1i}}{\delta(1-\alpha)}\right)}{\sqrt{\left(\sigma+\Delta+\frac{(\alpha-\bar{\alpha})p_{1i}}{\delta(1-\alpha)}\right)^2-\left(\sigma+\underline{\Delta}+\frac{(\alpha-\bar{\alpha})p_{1i}}{\delta(1-\alpha)}\right)^2}}\Delta\left(\sigma+\Delta+\frac{(\alpha-\bar{\alpha})p_{1i}}{\delta(1-\alpha)}\right)}{\left(\sigma+\Delta+\frac{(\alpha-\bar{\alpha})p_{1i}}{\delta(1-\alpha)}\right)^2-\left(\sigma+\underline{\Delta}+\frac{(\alpha-\bar{\alpha})p_{1i}}{\delta(1-\alpha)}\right)^2}}_{IV}\right)
\end{aligned}$$

Zu I und II: Der erste Term ist offensichtlich positiv. Der Nenner des zweiten Terms ist stets größer Null und durch das Einsetzen von Δ^* kann das auch für den Zähler gezeigt werden:

$$\left(\sigma + \Delta^* + \frac{(\alpha - \bar{\alpha})p_{1i}}{\delta(1-\alpha)}\right) > 0 \Leftrightarrow \frac{4(1-\bar{\alpha})K}{2(((\alpha - \bar{\alpha})p_{1i} + \delta\sigma(1-\alpha)))} + \frac{1}{2}\left(1 + \frac{(\alpha - \bar{\alpha})p_{1i}}{\delta\sigma(1-\alpha)}\right) > 0$$

$$mit\ p_{1i} > -\frac{\delta\sigma(1-\alpha)}{(\alpha - \bar{\alpha})}$$

Zu III und IV: Diese Terme haben den gleichen, positiven Nenner und können daher zusammengefasst bzw. vereinfacht werden zu:

$$\left(\left(\sigma + \Delta + \frac{(\alpha - \bar{\alpha})p_{1i}}{\delta(1-\alpha)}\right) + \Delta\right)\left(\left(\sigma + \Delta + \frac{(\alpha - \bar{\alpha})p_{1i}}{\delta(1-\alpha)}\right)^2 - \left(\sigma + \underline{\Delta} + \frac{(\alpha - \bar{\alpha})p_{1i}}{\delta(1-\alpha)}\right)^2\right) - \left(\sigma + \Delta + \frac{(\alpha - \bar{\alpha})p_{1i}}{\delta(1-\alpha)}\right)^2 \Delta > 0$$

$$\Leftrightarrow \underbrace{\left(\sigma + \Delta + \frac{(\alpha - \bar{\alpha})p_{1i}}{\delta(1-\alpha)}\right)^3 - \left(\sigma + \Delta + \frac{(\alpha - \bar{\alpha})p_{1i}}{\delta(1-\alpha)}\right)\left(\sigma + \underline{\Delta} + \frac{(\alpha - \bar{\alpha})p_{1i}}{\delta(1-\alpha)}\right)^2}_{>0} - \left(\sigma + \underline{\Delta} + \frac{(\alpha - \bar{\alpha})p_{1i}}{\delta(1-\alpha)}\right)^2 \Delta > 0$$

Der erste Term ist aufgrund der gleichen Argumentation wie unter II positiv und größer als der zweite Term. Für den dritten Term ist ein positives Vorzeichen bei einer negativen Preisdifferenz (First-best-Lösung) offensichtlich. Daher gilt:

$$\frac{\partial^2 \Pi}{\partial \Delta^2} < 0$$

Anhand einer Auszahlungsmatrix kann gezeigt werden, dass im Gleichgewicht keine Finanzierung durch EaC bei einer gleichzeitigen Entscheidung aller Akteure (statisches Spiel mit unvollständiger Information) möglich wäre. Das gilt unter der Voraussetzung, dass $\prod_{EaC}(p_c, p_r^*) > \prod_{EaC}(p_c^*, p_r^*)$ ist.

	Falsches p_c und K	Richtiges p_c^*, p_r^* und K
Unterstützung von n_{cu}^e	$U_j < 0, \underline{\Pi_{EaC}(p_c, p_r^*)}$	$\underline{U_j \geq 0}, \Pi_{EaC}(p_c^*, p_r^*)$
Keine Unterstützung von n_{cu}^e	$\underline{0}, \underline{0}$	$0, \underline{0}$

Abbildung 28: Auszahlungsmatrix eines statischen Spiels

D Appendix – Modellerweiterung EaC (Fall 1)

D.1 Rechnungen

Aufgrund der Bestimmung der optimalen Preisdifferenz (vgl. Gleichung (5.1-9)), kann die Anzahl der Crowdfunder nun näher beschrieben werden. Da diese Berechnung recht umfangreich ist, werden zunächst die Terme außerhalb der Wurzel und anschließend der Wurzelterm untersucht. In einem zweiten Schritt werden diese dann wieder zusammengeführt. Aus Anhang C.1 ist $n_c(\Delta^*)$ bekannt. Für die optimale Preisdifferenz wird nachfolgend entweder der Ausdruck aus der Gleichung (C.1-2) oder (C.1-3) verwendet.

$$n_c(p_{1i}) = \frac{1}{2\sigma}\left(\underbrace{\frac{(\alpha-\bar{\alpha})p_{1i}}{\delta(1-\alpha)} + \sigma + \Delta^*}_{I} + \underbrace{\sqrt{\left(\sigma + \Delta^* + \frac{(\alpha-\bar{\alpha})p_{1i}}{\delta(1-\alpha)}\right)^2 - \left(\sigma + \underline{\Delta} + \frac{(\alpha-\bar{\alpha})p_{1i}}{\delta(1-\alpha)}\right)^2}}_{II}\right)$$

Zu I:

$$\begin{aligned}\frac{(\alpha-\bar{\alpha})p_{1i}}{\delta(1-\alpha)} + \sigma + \Delta^* = {} & \frac{(\alpha-\bar{\alpha})p_{1i}}{\delta(1-\alpha)} + \sigma \\ & + \frac{\delta(1-\alpha)}{2\big((\alpha-\bar{\alpha})p_{1i} + \delta\sigma(1-\alpha)\big)}\left[\left(\underline{\Delta} + \sigma + \frac{(\alpha-\bar{\alpha})p_{1i}}{\delta(1-\alpha)}\right)^2 - \sigma^2 \right. \\ & \left. - 2\frac{(\alpha-\bar{\alpha})p_{1i}\sigma}{\delta(1-\alpha)} - \left(\frac{(\alpha-\bar{\alpha})p_{1i}}{\delta(1-\alpha)}\right)^2\right]\end{aligned}$$

Zu II:

Um die Umformungen übersichtlich zu gestalten, wird in einem ersten Schritt wieder $\gamma = [(\alpha-\bar{\alpha})p_{1i}]/[\delta(1-\alpha)]$ gesetzt, wobei dies anschließend rückgängig gemacht wird. Für Δ^* wird nachfolgend der Ausdruck aus der Gleichung (C.1-2) benutzt.

$$
\begin{aligned}
&(\gamma+\sigma+\Delta^*)^2-\left(\gamma+\sigma+\underline{\Delta}\right)^2 \\
&\qquad = [\Delta^*]^2+\sigma^2+\gamma^2+2\sigma\Delta^*+2\gamma\Delta^*+2\gamma\sigma-\underline{\Delta}^2-\sigma^2-\gamma^2-2\sigma\underline{\Delta}-2\underline{\Delta}\gamma \\
&\qquad - 2\sigma\gamma
\end{aligned}
$$

$$
\begin{aligned}
&\Leftrightarrow (\gamma+\sigma+\Delta^*)^2-\left(\gamma+\sigma+\underline{\Delta}\right)^2 \\
&\qquad = [\Delta^*]^2 \\
&\qquad + \frac{1}{(\alpha-\bar{\alpha})p_{1i}+\delta\sigma(1-\alpha)}\left[2(\alpha-\bar{\alpha})p_{1i}\underline{\Delta}\sigma+\underline{\Delta}^2\sigma\delta(1-\alpha)+2\underline{\Delta}\sigma^2\delta(1\right. \\
&\qquad \left.-\alpha)\right] \\
&\qquad + \frac{1}{(\alpha-\bar{\alpha})p_{1i}+\delta\sigma(1-\alpha)}\left[\frac{2\left((\alpha-\bar{\alpha})p_{1i}\right)^2\underline{\Delta}}{\delta(1-\alpha)}+\underline{\Delta}^2(\alpha-\bar{\alpha})p_{1i}\right. \\
&\qquad \left.+2\underline{\Delta}\sigma(\alpha-\bar{\alpha})p_{1i}\right]-\underline{\Delta}^2-2\sigma\underline{\Delta}-2\underline{\Delta}\frac{(\alpha-\bar{\alpha})p_{1i}}{\delta(1-\alpha)}
\end{aligned}
$$

$$
\begin{aligned}
&\Leftrightarrow (\gamma+\sigma+\Delta^*)^{'2}-\left(\gamma+\sigma+\underline{\Delta}\right)^{'2} \\
&\qquad = [\Delta^*]^2 \\
&\qquad + \frac{1}{(\alpha-\bar{\alpha})p_{1i}+\delta\sigma(1-\alpha)}\left[2(\alpha-\bar{\alpha})p_{1i}\underline{\Delta}\sigma+\underline{\Delta}^2\sigma\delta(1-\alpha)\right. \\
&\qquad + 2\underline{\Delta}\sigma^2\delta(1-\alpha)+\frac{2\left((\alpha-\bar{\alpha})p_{1i}\right)^2\underline{\Delta}}{\delta(1-\alpha)}+\underline{\Delta}^2(\alpha-\bar{\alpha})p_{1i}+2\underline{\Delta}\sigma(\alpha-\bar{\alpha})p_{1i} \\
&\qquad - \left[\underline{\Delta}^2(\alpha-\bar{\alpha})p_{1i}+\underline{\Delta}^2\sigma\delta(1-\alpha)\right]-\left[2(\alpha-\bar{\alpha})p_{1i}\underline{\Delta}\sigma+2\underline{\Delta}\sigma^2\delta(1-\alpha)\right] \\
&\qquad \left. - \left[\frac{2\left((\alpha-\bar{\alpha})p_{1i}\right)^2\underline{\Delta}}{\delta(1-\alpha)}+2\underline{\Delta}\sigma(\alpha-\bar{\alpha})p_{1i}\right]\right]
\end{aligned}
$$

Da sich die meisten Terme aufheben, folgt daraus:[193]

$$
\Leftrightarrow \sqrt{\left(\sigma+\Delta^*+\frac{(\alpha-\bar{\alpha})p_{1i}}{\delta(1-\alpha)}\right)^2-\left(\sigma+\underline{\Delta}+\frac{(\alpha-\bar{\alpha})p_{1i}}{\delta(1-\alpha)}\right)^2}=\sqrt{[\Delta^*]^2}\Leftrightarrow\sqrt{[\Delta^*]^2}=|\Delta^*|
$$

Durch die Zusammenführung von I und II, unter Verwendung der Gleichung (C.1-3) und nach Vereinfachung lässt sich die optimale Gruppenstärke folgendermaßen darstellen (siehe Gleichung (5.1-11)):

[193] Dabei ist zu berücksichtigen, dass die optimale Preisdifferenz Δ^* für den Fall 1 grundsätzlich negativ ist.

$$n_c^* = \frac{1}{2\sigma}\left(\frac{\delta(1-\alpha)}{(\alpha-\bar{\alpha})p_{1i}+\sigma\delta(1-\alpha)}\left[\sigma^2+\left(\frac{(\alpha-\bar{\alpha})p_{1i}}{\delta(1-\alpha)}\right)^2+\frac{2(\alpha-\bar{\alpha})p_{1i}\sigma}{\delta(1-\alpha)}\right]\right)$$

$$\Leftrightarrow n_c^* = \frac{1}{2}\left(1+\frac{(\alpha-\bar{\alpha})p_{1i}}{\sigma\delta(1-\alpha)}\right)$$

Die Gewinnfunktion des Unternehmens ergibt sich durch das Einsetzen der Preise bzw. der Preisdifferenz und der anteiligen Gruppenstärken.

$$\begin{aligned}\pi_{C,1}^*(p_{1i}) = \delta p_c^* n_c^* + \delta p_r^* n_r^* \\ = \delta\left[\frac{1}{2}\left(1+\frac{(\alpha-\bar{\alpha})p_{1i}}{\sigma\delta(1-\alpha)}\right)\left(\frac{(R+S)}{2}-\Delta^*\right)\right] \\ + \delta\left[\left(1-\frac{1}{2}\left(1+\frac{(\alpha-\bar{\alpha})p_{1i}}{\sigma\delta(1-\alpha)}\right)-\left(\frac{(S-R)}{2S}\right)\right)\frac{(R+S)}{2}\right]\end{aligned}$$

$$\Leftrightarrow \delta\left[\frac{(R+S)^2}{4S}\right]+\delta\left[\underbrace{\frac{1}{2}\left(1+\frac{(\alpha-\bar{\alpha})p_{1i}}{\sigma\delta(1-\alpha)}\right)}_{n_c^*}\underbrace{\left(\frac{1}{2}\left(\sigma+\frac{(\alpha-\bar{\alpha})p_{1i}}{\delta(1-\alpha)}\right)-\frac{4\sigma(1-\bar{\alpha})K}{2\left((\alpha-\bar{\alpha})p_{1i}+\delta\sigma(1-\alpha)\right)}\right)}_{-\Delta^*}\right]$$

Die Gewinnfunktion $\pi_{C,1}^*$ wird nachfolgend in Anlehnung an das Ausgangsmodell so umgestellt, dass der Schwellenwert für das Startkapital ($K_{1.1}$) mit einbezogen wird:

$$\begin{aligned}\pi_{C,1}^*(p_{1i}) = \delta\left[\frac{(R+S)^2}{4S}\right] \\ + n_c^*\left(\frac{2\delta\sigma(1-\bar{\alpha})}{(\alpha-\bar{\alpha})p_{1i}+\delta\sigma(1-\alpha)}\right)\left(\frac{\left((\alpha-\bar{\alpha})p_{1i}+\delta\sigma(1-\alpha)\right)}{4(1-\bar{\alpha})}\left(1\right.\right. \\ \left.\left.+\frac{(\alpha-\bar{\alpha})p_{1i}}{\delta\sigma(1-\alpha)}\right)-K\right)\end{aligned}$$

$$\Leftrightarrow \pi_{C,1}^* = \delta\left[\frac{(R+S)^2}{4S}\right]+\left(1+\frac{(\alpha-\bar{\alpha})p_{1i}}{\sigma\delta(1-\alpha)}\right)\left(\frac{\delta\sigma(1-\bar{\alpha})}{\left((\alpha-\bar{\alpha})p_{1i}+\delta\sigma(1-\alpha)\right)}\right)[K_{1.1}-K]$$

$$mit\ \left(\frac{\delta\sigma(1-\alpha)}{(1-\bar{\alpha})4}\right)\left(1+\frac{(\alpha-\bar{\alpha})p_{1i}}{\delta\sigma(1-\alpha)}\right)^2 \equiv K_{1.1}(p_{1i}) \qquad \text{(D.1-1)}$$

Durch die Verwendung der zwei Nebenbedingungen können sowohl p_{1i} als auch p_{1u} berechnet werden.

$$n_{ci} = \alpha n_c \Leftrightarrow \alpha = \frac{\bar{\alpha}\left(1 - \left[\frac{p_{1i}}{\delta\sigma} - \frac{\Delta^*}{\sigma}\right]\right)}{n_c^*}$$

$$\Leftrightarrow \alpha = \frac{\bar{\alpha}\left(1 - \left[\frac{p_{1i}}{\delta\sigma} - \frac{1}{\sigma}\left(\frac{4\sigma(1-\bar{\alpha})K}{2\left((\alpha-\bar{\alpha})p_{1i} + \delta\sigma(1-\alpha)\right)} - \frac{1}{2}\left(\sigma + \frac{(\alpha-\bar{\alpha})p_{1i}}{\delta(1-\alpha)}\right)\right)\right]\right)}{\frac{1}{2}\left(1 + \frac{(\alpha-\bar{\alpha})p_{1i}}{\sigma\delta(1-\alpha)}\right)}$$

Der Preis p_{1i} wird durch den Gebrauch der Software Mathematica bestimmt.

$$p_{1i} = \delta\sigma\left(\frac{g(\alpha,\bar{\alpha}) \pm \sqrt{\left(g(\alpha,\bar{\alpha})\right)^2 - 4(h(\alpha,\bar{\alpha}))\left(\frac{4K\bar{\alpha}[(1-\alpha)(1-\bar{\alpha})]}{\delta\sigma} - (\alpha-\bar{\alpha})(1-\alpha)^2\right)}}{2\left(h(\alpha,\bar{\alpha})\right)}\right)$$

$mit\ g(\alpha,\bar{\alpha}) =$	$2\left(\alpha^2(1-\alpha)\right) + \bar{\alpha}(1-3\alpha) + 2\alpha^2\bar{\alpha}$
$mit\ h(\alpha,\bar{\alpha}) =$	$\bar{\alpha}^2(2-\alpha) - \alpha\bar{\alpha}(2-3\alpha) - \bar{\alpha}^3 - \alpha^3$

(D.1-2)

Darauf aufbauend kann sowohl der Vorbestellungspreis der unwissenden Crowdfunder (p_{1u}) mit Hilfe der Definitionsgleichung für das Startkapital (vgl. Gleichung (5.1-1)) als auch die endgültige Gewinnfunktion $\pi_{C,1}^*(\alpha,\bar{\alpha},K)$ ermittelt werden. Aufgrund deren Komplexität wird nachfolgend auf eine analytische Beschreibung verzichtet und lediglich auf die Abbildung 13 verwiesen.

Demgegenüber kann die *tatsächliche* Kapitalrestriktion $K_{1.1}(\alpha,\bar{\alpha})$ anschaulich dargestellt werden. Dazu wird der soeben berechnete Preis p_{1i} in die Gleichung (D.1-1) eingesetzt und mit Hilfe von Mathematica nach K umgestellt.[194]

$$K < \frac{\delta\sigma(1-\alpha)(1-\bar{\alpha})\bar{\alpha}^2}{(\alpha^2 + 2\bar{\alpha} - 3\alpha\bar{\alpha})^2} \equiv K_{1.1}(\alpha,\bar{\alpha})$$

Durch $p_{1i} = 0$ (siehe Gleichung D.1-2) kann der Schwellenwert $K_{1.2}$ aus Gleichung (5.1-14) leicht hergeleitet werden.

[194] Die Kapitalrestriktion $K_{1.1}(\alpha,\bar{\alpha})$ stellt zudem die Untergrenze für den Fall 2 dar. Daher wird dieser Schwellenwert in Appendix E.1 zur Probe über $\underline{\Delta} = 0$ noch einmal hergeleitet.

$$K < \frac{\delta\sigma(1-\alpha)}{(1-\bar{\alpha})}\left[\frac{(\alpha-\bar{\alpha})}{4\bar{\alpha}}\right] \equiv K_{1.2}(\alpha,\bar{\alpha})$$

Das Nachfragequantil $\bar{\theta}^*_{ci}$ darf nicht negativ werden. Mit Hilfe der Gleichungen (5.1-3) und (5.1-9) kann eine Preisuntergrenze bestimmt werden.

$$0 \leq \frac{p_{1i}}{\delta\sigma} - \frac{\Delta^*}{\sigma} \equiv \bar{\theta}^*_{ci} \Leftrightarrow 0 \leq \frac{p_{1i}}{\delta\sigma} - \frac{1}{\sigma}\left(\frac{4\sigma(1-\bar{\alpha})K}{2\big((\alpha-\bar{\alpha})p_{1i}+\delta\sigma(1-\alpha)\big)} - \frac{1}{2}\left(\sigma + \frac{(\alpha-\bar{\alpha})p_{1i}}{\delta(1-\alpha)}\right)\right)$$

Durch Verwendung der Software Mathematica kann diese Ungleichung nach p_{1i} umgestellt werden. Dabei wird der Ausdruck $(1-\alpha)(1-\bar{\alpha})$ durch ε substituiert.

$$p_{1i} \geq \delta\sigma\left(\frac{\varepsilon \pm \sqrt{\varepsilon^2 - [2(\bar{\alpha}-\alpha)+(\alpha^2-\bar{\alpha}^2)]\left[4\frac{K\varepsilon}{\delta\sigma} - (1-\alpha)^2\right]}}{[2(\bar{\alpha}-\alpha)+(\alpha^2-\bar{\alpha}^2)]}\right) \equiv \underline{p}_{1i}$$

D.2 Analytische Beweise

Sowohl die Gewinnfunktion $\pi^*_{C,1}(p_{1i})$ als auch die Kapitalfunktion $K_{1.1}(\alpha,\bar{\alpha})$ aus der Gleichung (5.1-13) entsprechen für $\alpha = \bar{\alpha}$ denen des Ausgangsmodells ($\pi_{A,1}$ bzw. $K_{A.1}$).

$$\pi^*_{C,1}(\alpha=\bar{\alpha}) = \delta\left[\frac{(R+S)^2}{4S}\right] + \underbrace{\left(1+\frac{(\alpha-\bar{\alpha})p_{1i}}{\sigma\delta(1-\alpha)}\right)}_{=1}\underbrace{\left(\frac{\delta\sigma(1-\bar{\alpha})}{\big((\alpha-\bar{\alpha})p_{1i}+\delta\sigma(1-\alpha)\big)}\right)}_{=1}[K_{1.1}-K]$$

$$mit\ \underbrace{\left(\frac{\delta\sigma(1-\alpha)}{(1-\bar{\alpha})4}\right)\left(1+\frac{(\alpha-\bar{\alpha})p_{1i}}{\delta\sigma(1-\alpha)}\right)^2}_{\delta\sigma/4} \equiv K_{1.1}(\alpha=\bar{\alpha})$$

$$\Rightarrow \pi^*_{C,1} = \pi^*_{A,1} = \delta\left[\frac{(R+S)^2}{4S}\right] + K_{1.1} - K \quad mit\ K_{1.1} = K_{A.1} \equiv \frac{\delta\sigma}{4}$$

$$K < \underbrace{\frac{\delta\sigma(1-\alpha)}{(1-\bar{\alpha})}\left[\frac{(1-\bar{\alpha})\bar{\alpha}}{(2\bar{\alpha}-3\alpha\bar{\alpha}+\alpha^2)}\right]^2}_{\delta\sigma/4} \equiv K_{1.1}(\alpha=\bar{\alpha}) \Leftrightarrow K_{1.1} = K_{A.1} \equiv \frac{\delta\sigma}{4}$$

Es muss gezeigt werden, dass es bei einem einheitlichen Vorbestellungspreis zu $p_{1i} = p_{1u} = 2K$ kommt, was mit Hilfe der Definitionsgleichung (5.1-1) leicht bewiesen werden kann. Zuvor sei erwähnt, dass die Anzahl der Crowdfunder für $\alpha = \bar{\alpha}$ gleich 0,5 ist (vgl. Tabelle 1 bzw. Gleichung (5.1-11)).

$$K = (1-\alpha)\frac{1}{2}p_{1i} + \alpha\frac{1}{2}p_{1u} \quad mit\ p_{1i} = p_{1u} \Rightarrow 2K = p_{1i} = p_{1u}$$

Die Annehme 1.2 muss für die Anwendung des ersten Falls erfüllt sein.

$$n_r^* \geq \rho \Leftrightarrow \underbrace{\frac{R}{2S} - \frac{(\alpha-\bar{\alpha})p_{1i}}{2\delta\sigma(1-\alpha)}}_{n_r^*} \geq \rho \Leftrightarrow R \geq 2S\rho + S\frac{(\alpha-\bar{\alpha})p_{1i}}{\delta\sigma(1-\alpha)}$$

E Appendix – Modellerweiterung EaC (Fall 2)

E.1 Rechnungen

Durch das Gleichsetzen von $\Delta = \underline{\Delta} > 0$ kann die Gruppenstärke der Investoren für den zweiten Fall aus Gleichung (5.1-17) bestimmt werden:

$$\underline{n}_c = \frac{1}{2\sigma}\left(\frac{(\alpha-\bar{\alpha})p_{1i}}{\delta(1-\alpha)} + \sigma + \underline{\Delta} + \sqrt{\left(\sigma + \underline{\Delta} + \frac{(\alpha-\bar{\alpha})p_{1i}}{\delta(1-\alpha)}\right)^2 - \left(\sigma + \underline{\Delta} + \frac{(\alpha-\bar{\alpha})p_{1i}}{\delta(1-\alpha)}\right)^2}\right)$$

$$\Leftrightarrow \underline{n}_c = \frac{1}{2\sigma}\left(\frac{(\alpha-\bar{\alpha})p_{1i}}{\delta(1-\alpha)} + \sigma + \sigma\left(2\sqrt{\frac{(1-\bar{\alpha})K}{\delta\sigma(1-\alpha)}} - 1 - \frac{(\alpha-\bar{\alpha})p_{1i}}{\delta\sigma(1-\alpha)}\right)\right)$$

$$\Leftrightarrow \underline{n}_c = \sqrt{\frac{(1-\bar{\alpha})K}{\delta\sigma(1-\alpha)}}$$

Durch das Einsetzen der Gruppenstärken in Verbindung mit den zugehörigen Preisen p_c und p_r in die Zielfunktion, lässt sich der Gewinn für den zweiten Fall ermitteln.

$$\pi_{C,2}(p_{1i}) = \delta p_c \underline{n}_c + \delta p_r^* n_r^*$$

$$\Leftrightarrow \pi_{C,2} = \delta\left[\frac{(R+S)}{2} - \sigma\left(2\sqrt{\frac{(1-\bar{\alpha})K}{\delta\sigma(1-\alpha)}} - 1 - \frac{(\alpha-\bar{\alpha})p_{1i}}{\delta\sigma(1-\alpha)}\right)\right]\sqrt{\frac{(1-\bar{\alpha})K}{\delta\sigma(1-\alpha)}} + \delta\frac{(R+S)}{2}\left[1 - \sqrt{\frac{(1-\bar{\alpha})K}{\delta\sigma(1-\alpha)}} - \frac{(S-R)}{2S}\right]$$

$$\Leftrightarrow \pi_{C,2} = \delta\left[\frac{(R+S)}{2} - \frac{S^2-R^2}{4S}\right] + \delta\left[-\frac{2\sigma(1-\bar{\alpha})K}{\delta\sigma(1-\alpha)} + \sigma\sqrt{\frac{(1-\bar{\alpha})K}{\delta\sigma(1-\alpha)}} + \sqrt{\frac{(1-\bar{\alpha})K}{\delta\sigma(1-\alpha)}}\left(\frac{\sigma(\alpha-\bar{\alpha})p_{1i}}{\delta\sigma(1-\alpha)}\right)\right]$$

$$\Leftrightarrow \pi_{C,2} = \delta\left[\frac{(R+S)^2}{4S}\right] + \sqrt{\frac{\delta\sigma(1-\bar{\alpha})K}{(1-\alpha)}}\left(1+\frac{(\alpha-\bar{\alpha})p_{1i}}{\delta\sigma(1-\alpha)}\right) - \frac{2(1-\bar{\alpha})K}{(1-\alpha)}$$

Die Vorbestellungspreise p_{1i} und p_{1u} ergeben sich durch Verwendung der genannten Nebenbedingungen.

$$\underline{n}_{ci} = \alpha\underline{n}_c \Leftrightarrow \alpha = \frac{\underline{n}_{ci}}{\underline{n}_c} \Leftrightarrow \alpha = \frac{\bar{\alpha}\left(1-\frac{p_{1i}}{\delta\sigma}+\frac{1}{\sigma}\left[\sigma\left(2\sqrt{\frac{(1-\bar{\alpha})K}{\delta\sigma(1-\alpha)}}-1-\frac{(\alpha-\bar{\alpha})p_{1i}}{\delta\sigma(1-\alpha)}\right)\right]\right)}{\sqrt{\frac{(1-\bar{\alpha})K}{\delta\sigma(1-\alpha)}}}$$

$$\Leftrightarrow (\alpha-2\bar{\alpha})\sqrt{\frac{(1-\bar{\alpha})K}{\delta\sigma(1-\alpha)}} = \bar{\alpha}\left(\frac{(\bar{\alpha}-\alpha)p_{1i}}{\delta\sigma(1-\alpha)} - \frac{p_{1i}}{\delta\sigma}\right)$$

$$\Leftrightarrow p_{1i} = (2\bar{\alpha}-\alpha)\sqrt{\frac{(1-\bar{\alpha})K}{\delta\sigma(1-\alpha)}}\left(\frac{\delta\sigma(1-\alpha)}{\bar{\alpha}(1-\bar{\alpha})}\right) \qquad \text{(E.1-1)}$$

Durch das Einsetzen des soeben ermittelten Vorbestellungspreises der informierten Crowdfunder in die Gewinnfunktion des zweiten Falls ergibt sich $\pi_{C,2}(\alpha,\bar{\alpha},K)$.

$$\pi_{C,2}(\alpha,\bar{\alpha},K) = \delta\left[\frac{(R+S)^2}{4S}\right] + \sqrt{\frac{\delta\sigma(1-\bar{\alpha})K}{(1-\alpha)}} - \frac{2(1-\bar{\alpha})K}{(1-\alpha)} + \frac{(\alpha-\alpha)(1-\bar{\alpha})K(2\bar{\alpha}-\alpha)}{(1-\alpha)\bar{\alpha}(1-\bar{\alpha})}$$

$$\Leftrightarrow \pi_{C,2}(\alpha,\bar{\alpha},K) = \delta\left[\frac{(R+S)^2}{4S}\right] + \sqrt{\frac{\delta\sigma(1-\bar{\alpha})K}{(1-\alpha)}} - \frac{K(2\bar{\alpha}-3\alpha\bar{\alpha}+\alpha^2)}{(1-\alpha)\bar{\alpha}}$$

Die Budgetrestriktion $K_{1.1}(\alpha,\bar{\alpha})$ des ersten Falls kann ebenfalls über den Fall 2 unter Verwendung der Gleichung (E.1-1) hergeleitet werden.

$$\underline{\Delta} \geq 0 \Leftrightarrow \sigma\left(2\sqrt{\frac{(1-\bar{\alpha})K}{\delta\sigma(1-\alpha)}} - 1 - \frac{(\alpha-\bar{\alpha})(2\bar{\alpha}-\alpha)}{\bar{\alpha}(1-\bar{\alpha})}\sqrt{\frac{(1-\bar{\alpha})K}{\delta\sigma(1-\alpha)}}\right) \geq 0$$

$$\Leftrightarrow \sigma\left(\sqrt{\frac{(1-\bar{\alpha})K}{\delta\sigma(1-\alpha)}}\left(\frac{2\bar{\alpha}-2\bar{\alpha}^2-(2\bar{\alpha}\alpha-\alpha^2-2\bar{\alpha}^2+\bar{\alpha}\alpha)}{\bar{\alpha}(1-\bar{\alpha})}\right) - 1\right) \geq 0$$

$$K \geq \frac{\delta\sigma(1-\alpha)}{(1-\bar{\alpha})}\left[\frac{(1-\bar{\alpha})\bar{\alpha}}{(2\bar{\alpha}-3\alpha\bar{\alpha}+\alpha^2)}\right]^2 \equiv K_{1.1}(\alpha,\bar{\alpha})$$

Eine untere Preisgrenze für den Vorbestellungspreis ergibt sich durch Verwendung der Gleichung (5.1-3).

$$\theta_{ci} \geq \bar{\theta}_{ci} \geq 0 \Leftrightarrow \frac{\underline{\Delta}}{\sigma} \leq \frac{p_{1i}}{\delta\sigma} \Leftrightarrow 2\sqrt{\frac{(1-\bar{\alpha})K}{\delta\sigma(1-\alpha)}} - 1 \leq \left[\frac{(\alpha-\bar{\alpha})}{\delta\sigma(1-\alpha)} + \frac{(1-\alpha)}{\delta\sigma(1-\alpha)}\right] p_{1i}$$

$$\Leftrightarrow p_{1i} \geq \frac{\delta\sigma(1-\alpha)}{(1-\bar{\alpha})}\left[2\sqrt{\frac{(1-\bar{\alpha})K}{\delta\sigma(1-\alpha)}} - 1\right] \equiv \underline{p}_{1i}$$

Durch das Gleichsetzen der Preisuntergrenze der Vorbestellung $\underline{p}_{1i}$ mit dem anteiligen Preis für den Fall 2 im Gleichgewicht aus Gleichung (E.1-1), ergibt sich die Kapitalrestriktion $K_{2.2}$.

$$p_{1i} \geq \underline{p}_{1i} \Leftrightarrow (2\bar{\alpha}-\alpha)\sqrt{\frac{(1-\bar{\alpha})K}{\delta\sigma(1-\alpha)}}\left(\frac{\delta\sigma(1-\alpha)}{\bar{\alpha}(1-\bar{\alpha})}\right) \geq \frac{\delta\sigma(1-\alpha)}{(1-\bar{\alpha})}\left[2\sqrt{\frac{(1-\bar{\alpha})K}{\delta\sigma(1-\alpha)}} - 1\right]$$

$$\Leftrightarrow \sqrt{\frac{(1-\bar{\alpha})K}{\delta\sigma(1-\alpha)}}\left[\frac{(2\bar{\alpha}-\alpha)\delta\sigma(1-\alpha) - 2\delta\sigma\bar{\alpha}(1-\alpha)}{\bar{\alpha}(1-\bar{\alpha})}\right] \geq -\frac{\delta\sigma(1-\alpha)}{(1-\bar{\alpha})}$$

$$\Leftrightarrow \sqrt{\frac{(1-\bar{\alpha})K}{\delta\sigma(1-\alpha)}}\left[\frac{\alpha\delta\sigma(1-\alpha)}{\bar{\alpha}(1-\bar{\alpha})}\right] \leq \frac{\delta\sigma(1-\alpha)}{(1-\bar{\alpha})} \Leftrightarrow K \leq \frac{\delta\sigma(1-\alpha)\bar{\alpha}^2}{\alpha^2(1-\bar{\alpha})} \equiv K_{2.2}(\alpha,\bar{\alpha})$$

Ist $p_c = p_r^* - \underline{\Delta}$ stets positiv, so wird von *reinem* EaC gesprochen. Das hat aber eine weitere Begrenzung für das Anfangskapital zur Folge:

$$\underbrace{\frac{R+S}{2} - \left(2\sigma\sqrt{\frac{(1-\bar{\alpha})K}{\delta\sigma(1-\alpha)}} - \sigma - \frac{(\alpha-\bar{\alpha})p_{1i}}{\delta(1-\alpha)}\right)}_{p_c} \geq 0$$

Unter Verwendung der Gleichung E.1-1 resultiert die Kapitalrestriktion $K_{2.3}(\alpha,\bar{\alpha})$.

$$\Rightarrow \frac{R+S+2\sigma}{2} \geq 2\sigma\sqrt{\frac{(1-\bar{\alpha})K}{\delta\sigma(1-\alpha)}} - \frac{(\alpha-\bar{\alpha})(2\bar{\alpha}-\alpha)\sigma}{\bar{\alpha}(1-\bar{\alpha})}\sqrt{\frac{(1-\bar{\alpha})K}{\delta\sigma(1-\alpha)}}$$

$$\Leftrightarrow \frac{R+S+2\sigma}{2} \geq \sqrt{\frac{(1-\bar{\alpha})K}{\delta\sigma(1-\alpha)}}\left(\frac{\sigma(2\bar{\alpha}-3\alpha\bar{\alpha}+\alpha^2)}{\bar{\alpha}(1-\bar{\alpha})}\right)$$

$$\Leftrightarrow K \leq \frac{\delta\sigma(1-\alpha)}{(1-\bar{\alpha})}\left[\frac{(R+S+2\sigma)\bar{\alpha}(1-\bar{\alpha})}{2\sigma(2\bar{\alpha}-3\alpha\bar{\alpha}+\alpha^2)}\right]^2 \equiv K_{2.3}$$

Um die Annahme 2.2 herzuleiten, muss gezeigt werden, dass die Budgetgrenze des zweiten Falls für die Situation $\bar{\alpha} = \alpha$ $(K_{2.1} = K_{A.2})$ stets kleiner als $K_{2.3}$ ist.[195]

$$K_{A.2} \equiv \delta\sigma\left(\frac{R+S}{2S} - \rho\right)^2 < \delta\sigma\left[\frac{(R+S+2\sigma)}{4\sigma}\right]^2 \equiv K_{2.3}(\bar{\alpha} = \alpha)$$

$$\Leftrightarrow \left|\frac{R+S}{2S} - \rho\right| < \left|\frac{(R+S+2\sigma)}{4\sigma}\right| \Leftrightarrow \rho > -\frac{S(R+S) - 2R\sigma}{4S\sigma} \equiv \tilde{\rho}$$

Die Annehme 2.2 ($\sigma < [S(R+S)]/[2R] \equiv \tilde{\sigma}_1$) führt zu $\tilde{\rho} < 0$, worduch $p_c > 0$ immer gegeben ist.

E.2 Analytische Beweise

Die Anzahl der Crowdfunder ist für den Fall 2 immer größer, gleich der Anzahl des ersten Falls. Das kann mit Hilfe des Schwellenwertes $K_{1.1}$ gezeigt werden:

$$\underline{n}_c = \sqrt{\frac{(1-\bar{\alpha})K}{\delta\sigma(1-\alpha)}} \; mit \; K_{1.1} \leq K < \frac{\delta\sigma(1-\alpha)}{(1-\bar{\alpha})} \equiv K_{2.4}$$

$$\Leftrightarrow \underline{n}_c \geq \sqrt{\frac{(1-\bar{\alpha})K_{1.1}}{\delta\sigma(1-\alpha)}} \Leftrightarrow \underline{n}_c \geq \sqrt{\frac{\left(\frac{\delta\sigma(1-\alpha)}{4}\right)\left(1+\frac{(\alpha-\bar{\alpha})p_{1i}}{\delta\sigma(1-\alpha)}\right)^2}{\delta\sigma(1-\alpha)}} \Leftrightarrow \underline{n}_c \geq \frac{1}{2}\left(1+\frac{(\alpha-\bar{\alpha})p_{1i}}{\sigma\delta(1-\alpha)}\right)$$

[195] Vgl. hierzu auch Belleflamme et al. (2011), S. 29.

Durch das Einsetzen der unteren Grenze $K_{1.1}$, kann gezeigt werden, dass der Gewinn des zweiten Falls dabei gerade $[\delta(R+S)^2]/[4S]$ entspricht:

$$\pi_{C,2}(\alpha, K = K_{1.1}) = \delta\left[\frac{(R+S)^2}{4S}\right] + \sqrt{\frac{\delta\sigma(1-\bar{\alpha})K_{1.1}}{(1-\alpha)}}\left(1+\frac{(\alpha-\bar{\alpha})p_{1i}}{\delta\sigma(1-\alpha)}\right) - \frac{2(1-\bar{\alpha})K_{1.1}}{(1-\alpha)}$$

$$\Leftrightarrow \pi_{C,2} = \delta\left[\frac{(R+S)^2}{4S}\right] + \sqrt{\frac{\delta\sigma\left(\frac{\delta\sigma(1-\alpha)}{4}\right)\left(1+\frac{(\alpha-\bar{\alpha})p_{1i}}{\delta\sigma(1-\alpha)}\right)^2}{(1-\alpha)}}\left(1+\frac{(\alpha-\bar{\alpha})p_{1i}}{\delta\sigma(1-\alpha)}\right) - \frac{2\left(\frac{\delta\sigma(1-\alpha)}{4}\right)\left(1+\frac{(\alpha-\bar{\alpha})p_{1i}}{\delta\sigma(1-\alpha)}\right)^2}{(1-\alpha)}$$

$$\Leftrightarrow \pi_{C,2} = \delta\left[\frac{(R+S)^2}{4S}\right]$$

Die Budgetrestriktion $K_{2.1}$ aus Formel (5.1-18) fällt in α:

$$\frac{\partial K_{2.1}}{\partial \alpha} = -\frac{\delta\sigma}{(1-\bar{\alpha})}\left[\frac{R+S}{2S}-\rho\right]^2 < 0$$

Zudem muss gezeigt werden, dass die Situation $\alpha = \bar{\alpha}$ den Gewinn zwar für die Fist-best-Lösung auch bei der Anwendung des „first come, first serve“-Prinzips maximiert, nicht aber unbedingt für die Second-best-Lösung. Dazu wird die FOC der Gewinnfunktion des zweiten Falls nach $\bar{\alpha}$ gebildet (vgl. Appendix G.2 bzw. Formel G.2-3).

$$\frac{\partial \pi_{C,2}}{\partial \bar{\alpha}} = -\sqrt{\frac{(1-\alpha)}{\delta\sigma(1-\bar{\alpha})K}}\frac{\delta\sigma K}{2(1-\alpha)} + \frac{K(\alpha^2-\alpha^3)}{(1-\alpha)^2\bar{\alpha}^2} = 0$$

Durch das Einsetzen der Budgetgrenze $K_{1.1}$ kann gezeigt werden, dass die Situation $\alpha = \bar{\alpha}$ den Gewinn maximiert (vgl. Appendix G.2). Für $K = K_{2.1}$ gilt demgegenüber:

$$\text{für } K = K_{2.1} \Rightarrow \frac{\delta\sigma(1-\alpha)}{(1-\bar{\alpha})}\left[\frac{R+S}{2S}-\rho\right]^2 = \frac{\delta\sigma(1-\alpha)}{(1-\bar{\alpha})}\left[\frac{\bar{\alpha}^2}{2\alpha^2}\right]^2 \Leftrightarrow \bar{\alpha} = \sqrt{\left(\frac{R+S}{2S}-\rho\right)2\alpha^2} > \alpha$$

Die Kapitalfunktionen $K_{1.1}$ und $K_{2.2}$ (vgl. Gleichung (5.1-20)) schneiden sich in dem Punkt $\bar{\alpha} = \alpha/2$.

$$K_{1.1} \equiv \frac{\delta\sigma(1-\alpha)}{(1-\bar{\alpha})}\left[\frac{(1-\bar{\alpha})\bar{\alpha}}{(2\bar{\alpha}-3\alpha\bar{\alpha}+\alpha^2)}\right]^2 = \frac{\delta\sigma(1-\alpha)}{(1-\bar{\alpha})}\left[\frac{\bar{\alpha}}{\alpha}\right]^2 \equiv K_{2.2}$$

$$\Leftrightarrow \left|\frac{(1-\bar{\alpha})\bar{\alpha}}{(2\bar{\alpha}-3\alpha\bar{\alpha}+\alpha^2)}\right| = \left|\frac{\bar{\alpha}}{\alpha}\right| \Leftrightarrow \bar{\alpha}(2-3\alpha)+\alpha^2 = (1-\bar{\alpha})\alpha \Leftrightarrow \bar{\alpha} = \frac{\alpha-\alpha^2}{2(1-\alpha)} \Leftrightarrow \bar{\alpha} = \frac{\alpha}{2}$$

Die Kapitalfunktionen $K_{2.1}$ (vgl. Gleichung (5.1-18)) und $K_{2.2}$ (vgl. Gleichung (5.1-20)) schneiden sich u.a. in dem Punkt $\bar{\alpha} = [\alpha(R+S-2S\rho)]/[2S]$.

$$K_{2.1} \equiv \frac{\delta\sigma(1-\alpha)}{(1-\bar{\alpha})}\left[\frac{R+S}{2S}-\rho\right]^2 = \frac{\delta\sigma(1-\alpha)}{(1-\bar{\alpha})}\left[\frac{\bar{\alpha}}{\alpha}\right]^2 \equiv K_{2.2} \Leftrightarrow \left|\frac{R+S-2S\rho}{2S}\right| = \left|\frac{\bar{\alpha}}{\alpha}\right|$$

$$\Leftrightarrow \bar{\alpha} = \frac{\alpha(R+S-2S\rho)}{2S}$$

Für den Beweis der Dominanz des EaCs (Fall 2) gegenüber der TF, muss zum einen $min\{K_{2.1}; K_{2.2}\} \leq K_{2.4}$ gezeigt werden. Zum anderen muss die Differenzfunktion (vgl. Formel (5.1-22)) positiv sein. Ersteres kann durch Verwendung der Annahme 1.3 und der Vorgabe $\bar{\alpha} \leq \alpha$ gezeigt werden. Letzeres kann mit Hilfe des Maximalwertes des Informationsgrades der Grundgesamtheit ($\bar{\alpha} = \alpha$) bei einem EBD für den Fall 2 bewiesen werden.[196]

$$\sqrt{\frac{\delta\sigma(1-\bar{\alpha})K}{(1-\alpha)}} - \frac{K(2\bar{\alpha}-3\alpha\bar{\alpha}+\alpha^2)}{(1-\alpha)\bar{\alpha}} + K > 0 \quad mit\ K < K_{2.4} \equiv \frac{\delta\sigma(1-\alpha)}{(1-\bar{\alpha})}\ \&\ \bar{\alpha} = \alpha$$

$$\Rightarrow \delta\sigma - \frac{\delta\sigma(1-\bar{\alpha})2\bar{\alpha}(1-\bar{\alpha})}{(1-\bar{\alpha})\bar{\alpha}(1-\bar{\alpha})} + \frac{\delta\sigma(1-\bar{\alpha})}{(1-\bar{\alpha})} = 0$$

[196] Hierbei müssen jeweils die Maximalwerte betrachtet werden, da die Funktion $\pi_{C,2}$ sowohl in K als auch in $\bar{\alpha}$ fällt.

F Appendix – Modellerweiterung EaC (Fall 3)

F.1 Rechnungen

Der Preis für reguläre Käufer aus Gleichung (5.1-23) kann mit Hilfe der Gleichung $n_r = \rho$ bestimmt werden:

$$1 - \underline{n}_c - \frac{p_r - R}{S} = \rho \Leftrightarrow p_r = R + S - S\left(\sqrt{\frac{(1-\bar{\alpha})K}{\delta\sigma(1-\alpha)}} + \rho\right)$$

Die Restzahlung der Crowdfunder zum Zeitpunkt 2 kann durch Verwendung der Gleichungen (5.1-7) und (5.1-23) berechnet werden.

$$p_c = p_r - \underline{\Delta} \Leftrightarrow p_c = \underbrace{R + S - S\left(\sqrt{\frac{(1-\bar{\alpha})K}{\delta\sigma(1-\alpha)}} + \rho\right)}_{p_r} - \underbrace{\sigma\left(2\sqrt{\frac{(1-\bar{\alpha})K}{\delta\sigma(1-\alpha)}} - 1 - \frac{(\alpha-\bar{\alpha})p_{1i}}{\delta\sigma(1-\alpha)}\right)}_{\underline{\Delta}}$$

$$\Leftrightarrow p_c = R + S + \sigma + \frac{(\alpha-\bar{\alpha})p_{1i}}{\delta(1-\alpha)} - S\rho - (S+2\sigma)\sqrt{\frac{(1-\bar{\alpha})K}{\delta\sigma(1-\alpha)}}$$

Die Gewinnfunktion des Unternehmens lässt sich durch das Einsetzen der Preise bzw. der Preisdifferenz und der anteiligen Gruppenstärken für den dritten Fall berechnen.

$$\begin{aligned}\pi_{C,3}(p_{1i}) &= \delta p_c \underline{n}_c + \delta p_r n_r \\ &= \delta\left(\sqrt{\frac{(1-\bar{\alpha})K}{\delta\sigma(1-\alpha)}}\left(R + S + \sigma + \frac{(\alpha-\bar{\alpha})p_{1i}}{\delta(1-\alpha)} - S\rho\right.\right. \\ &\quad \left.\left. - (S+2\sigma)\sqrt{\frac{(1-\bar{\alpha})K}{\delta\sigma(1-\alpha)}}\right)\right) + \delta\left(R + S - S\left(\sqrt{\frac{(1-\bar{\alpha})K}{\delta\sigma(1-\alpha)}} + \rho\right)\right)\rho\end{aligned}$$

$$\Leftrightarrow \pi_{C,3} = \delta\left((R+S-S\rho)\sqrt{\frac{(1-\bar{\alpha})K}{\delta\sigma(1-\alpha)}} - S\frac{(1-\bar{\alpha})K}{\delta\sigma(1-\alpha)} + \rho\left(R+S-S\left(\sqrt{\frac{(1-\bar{\alpha})K}{\delta\sigma(1-\alpha)}}+\rho\right)\right)\right)$$
$$+\sqrt{\frac{\delta\sigma(1-\bar{\alpha})K}{(1-\alpha)}}\left(1+\frac{(\alpha-\bar{\alpha})p_{1i}}{\delta\sigma(1-\alpha)}\right) - \frac{2(1-\bar{\alpha})K}{(1-\alpha)}$$

$$\Leftrightarrow \pi_{C,3} = \delta\left[\left(R+S-S\rho-S\sqrt{\frac{(1-\bar{\alpha})K}{\delta\sigma(1-\alpha)}}\right)\left(\sqrt{\frac{(1-\bar{\alpha})K}{\delta\sigma(1-\alpha)}}+\rho\right)\right]$$
$$+\sqrt{\frac{\delta\sigma(1-\bar{\alpha})K}{(1-\alpha)}}\left(1+\frac{(\alpha-\bar{\alpha})p_{1i}}{\delta\sigma(1-\alpha)}\right) - \frac{2(1-\bar{\alpha})K}{(1-\alpha)}$$

Durch das Einsetzen des Vorbestellungspreises p_{1i} aus Gleichung (E.1-1) in die Gewinnfunktion, ergibt sich $\pi_{C,3}(\alpha, \bar{\alpha}, K)$.

$$\pi_{C,3}(\alpha,\bar{\alpha},K) = \delta\left[\left(R+S-S\rho-S\sqrt{\frac{(1-\bar{\alpha})K}{\delta\sigma(1-\alpha)}}\right)\left(\sqrt{\frac{(1-\bar{\alpha})K}{\delta\sigma(1-\alpha)}}+\rho\right)\right] + \sqrt{\frac{\delta\sigma(1-\bar{\alpha})K}{(1-\alpha)}}$$
$$-\frac{K(2\bar{\alpha}-3\alpha\bar{\alpha}+\alpha^2)}{(1-\alpha)\bar{\alpha}}$$

Die erste Grenze für K ergibt sich durch die Vorschrift nur *reines* EaC zu berücksichtigen, was durch $p_c \geq 0$ zum Ausdruck kommt. Demnach kann $K_{3.1}$ für $p_c = 0$ bestimmt werden:

$$0 = R+S+\sigma+\frac{(\alpha-\bar{\alpha})p_{1i}}{\delta(1-\alpha)} - S\rho - (S+2\sigma)\sqrt{\frac{(1-\bar{\alpha})K}{\delta\sigma(1-\alpha)}}$$

$$\Leftrightarrow 0 = R+S+\sigma+\frac{\sigma(2\bar{\alpha}-\alpha)(\alpha-\bar{\alpha})}{\bar{\alpha}(1-\bar{\alpha})}\sqrt{\frac{(1-\bar{\alpha})K}{\delta\sigma(1-\alpha)}} - S\rho - (S+2\sigma)\sqrt{\frac{(1-\bar{\alpha})K}{\delta\sigma(1-\alpha)}}$$

$$\Leftrightarrow K = \frac{\delta\sigma(1-\alpha)}{(1-\bar{\alpha})}\left(\frac{(R+S+\sigma-S\rho)(1-\bar{\alpha})\bar{\alpha}}{(S+2\sigma)\bar{\alpha}(1-\bar{\alpha})-\sigma(2\bar{\alpha}-\alpha)(\alpha-\bar{\alpha})}\right)^2$$

$$\Leftrightarrow K = \frac{\delta\sigma(1-\alpha)}{(1-\bar{\alpha})}\left(\frac{(R+S+\sigma-S\rho)(1-\bar{\alpha})\bar{\alpha}}{\big(S(1-\bar{\alpha})+\sigma(2-3\alpha)\big)\bar{\alpha}+\sigma\alpha^2}\right)^2$$

$$\Leftrightarrow K \leq \frac{\delta\sigma(1-\alpha)}{(1-\bar{\alpha})}\left[\frac{(R+S+\sigma-S\rho)\bar{\alpha}(1-\bar{\alpha})}{S\bar{\alpha}(1-\bar{\alpha})+\sigma(2\bar{\alpha}-3\alpha\bar{\alpha}+\alpha^2)}\right]^2 \equiv K_{3.1}(\alpha,\bar{\alpha})$$

Eine Gegenüberstellung der Kapitalfunktionen $K_{3.1}$ und $K_{3.2}$ führt zu den in der Formel (5.1-26) wiedergegebenen Punkten.

$$K_{3.1}(\alpha,\bar{\alpha}) \equiv \frac{\delta\sigma(1-\alpha)}{(1-\bar{\alpha})}\left[\frac{(R+S+\sigma-S\rho)\bar{\alpha}(1-\bar{\alpha})}{S\bar{\alpha}(1-\bar{\alpha})+\sigma(2\bar{\alpha}-3\alpha\bar{\alpha}+\alpha^2)}\right]^2 = \frac{\delta\sigma(1-\alpha)}{(1-\bar{\alpha})}\left[\frac{\bar{\alpha}}{\alpha}\right]^2 \equiv K_{3.2}(\alpha,\bar{\alpha})$$

Mit Hilfe der Software Mathematica entstehen die in der Formel (5.1-26) ausgewiesenen relevanten Punkte.

Um die Annahme 3.2 herzuleiten, muss gezeigt werden, dass die Budgetgrenze des dritten Falls für die Situation $\bar{\alpha} = \alpha$ ($K_{3.1} = K_{A.3}$) stets kleiner als $K_{2.3}$ ist.

$$K_{A.3} \equiv \delta\sigma\left(\frac{R+S+\sigma-S\rho}{S+2\sigma}\right)^2 < \delta\sigma\left[\frac{(R+S+2\sigma)}{4\sigma}\right]^2 \equiv K_{2.3}(\bar{\alpha}=\alpha)$$

$$\Leftrightarrow \left|\frac{R+S+\sigma-S\rho}{S+2\sigma}\right| < \left|\frac{(R+S+2\sigma)}{4\sigma}\right| \Leftrightarrow (R+S+\sigma-S\rho)4\sigma < (R+S+2\sigma)(S+2\sigma)$$

$$\Leftrightarrow \sigma < \frac{S(R+S)}{2(R-2S\rho)} \equiv \tilde{\sigma}_2$$

F.2 Analytische Beweise

Der erste Term der Gewinnfunktion $\pi_{C,3}$ ist geringer als der erste Term der Gewinnfunktion $\pi_{C,2}$.

$$\delta\left[\left(R+S-S\rho-S\sqrt{\frac{(1-\bar{\alpha})K}{\delta\sigma(1-\alpha)}}\right)\left(\sqrt{\frac{(1-\bar{\alpha})K}{\delta\sigma(1-\alpha)}}+\rho\right)\right] < \delta\left[\frac{(R+S)^2}{4S}\right]$$

In einem ersten Schritt wird diese Ungleichung für $K = K_{2.1}$ bewiesen. Danach wird gezeigt, dass der erste Term der Gewinnfunktion $\pi_{C,3}$ in K fällt (vgl. Folgesatz 2 für das EaC):

$$\delta\left[\left(R+S-S\rho-S\left(\frac{R+S-2S\rho}{2S}\right)\right)\left(\left(\frac{R+S-2S\rho}{2S}\right)+\rho\right)\right]<\delta\left[\frac{(R+S)^2}{4S}\right]$$

$$\Leftrightarrow\frac{(R+S-2S\rho)^2}{2S}+\frac{(R+S-2S\rho)2S\rho}{2S}-\frac{S(R+S-2S\rho)^2}{4S^2}-\frac{(R+S-2S\rho)S\rho}{2S}<\frac{(R+S)^2}{4S}$$

$$\Leftrightarrow\frac{(R+S-2S\rho)(R+S)}{4S}<\frac{(R+S)^2}{4S}$$

Nachfolgend wird zuerst durch ein numerischen Beispiels gezeigt, dass die Budgetrestriktion $K_{3.1}$ beim *„first come, first serve"-Prinzip* und für $\bar{\alpha}>\alpha$ größer sein kann als beim *EP*. Danach wird mittels der gleichen Werte demonstriert, dass dabei auch ein höherer Gewinn erzielt werden kann. Die Werte sind: $R=4; S=8;\ \delta=1;\ \bar{\alpha}=0{,}3;\ \alpha=0{,}29;\ \rho=0{,}1$ und $\sigma=10$. Bei der Betrachtung des Gewinns ist $K=5{,}7$.

$$K_{3.1}(\bar{\alpha}=\alpha)=K_{A.3}\equiv\delta\sigma\left(\frac{R+S+\sigma-S\rho}{S+2\sigma}\right)^2\Leftrightarrow K_{A.3}=\underline{5{,}73}$$

$$K_{3.1}\equiv\frac{\delta\sigma(1-\alpha)}{(1-\bar{\alpha})}\left[\frac{(R+S+\sigma-S\rho)\bar{\alpha}(1-\bar{\alpha})}{S\bar{\alpha}(1-\bar{\alpha})+\sigma(2\bar{\alpha}-3\alpha\bar{\alpha}+\alpha^2)}\right]^2\Leftrightarrow K_{3.1}=\underline{5{,}75}$$

$$\Rightarrow K_{A.3}=\underline{5{,}73}<\underline{5{,}75}=K_{3.1}$$

$$\pi_{C,3}(\alpha=\bar{\alpha},K=5{,}7)=\pi_{A,3}=\delta\left(R+S-S\left(\sqrt{\frac{K}{\delta\sigma}}+\rho\right)\right)\left(\sqrt{\frac{K}{\delta\sigma}}+\rho\right)+\sqrt{\delta\sigma K}-2K=\underline{0{,}56}$$

$$\begin{aligned}\pi_{C,3}&(\alpha=0{,}29,\bar{\alpha}=0{,}3,K=5{,}7)\\&=\delta\left[\left(R+S-S\rho-S\sqrt{\frac{(1-\bar{\alpha})K}{\delta\sigma(1-\alpha)}}\right)\left(\sqrt{\frac{(1-\bar{\alpha})K}{\delta\sigma(1-\alpha)}}+\rho\right)\right]+\sqrt{\frac{\delta\sigma(1-\bar{\alpha})K}{(1-\alpha)}}\\&\quad-\frac{K(2\bar{\alpha}-3\alpha\bar{\alpha}+\alpha^2)}{(1-\alpha)\bar{\alpha}}=\underline{0{,}59}\end{aligned}$$

$$\Rightarrow\pi_{A,3}=\underline{0{,}56}<\underline{0{,}59}=\pi_{C,3}$$

Durch Verwendung der Software Mathematica kann gezeigt werden, dass sich bei Nichterfüllung der Annahme 3.2 der gleiche Schnittpunkt aus der Gleichung (5.1-27) sowohl zwischen den Kapitalfunktionen $K_{2.1}$ und $K_{2.3}$ als auch zwischen den Kapitalfunktionen $K_{2.1}$ und $K_{3.1}$ ergibt. Das gilt aber nur, wenn der Fall 3 überhaupt zustande kommt $(K_{2.3} > K_{3.1})$:

$$\underbrace{\frac{\delta\sigma(1-\alpha)}{(1-\bar{\alpha})}\left[\frac{(R+S+2\sigma)\bar{\alpha}(1-\bar{\alpha})}{2\sigma(2\bar{\alpha}-3\alpha\bar{\alpha}+\alpha^2)}\right]^2}_{K_{2.3}} > \underbrace{\frac{\delta\sigma(1-\alpha)}{(1-\bar{\alpha})}\left[\frac{(R+S+\sigma-S\rho)\bar{\alpha}(1-\bar{\alpha})}{S\bar{\alpha}(1-\bar{\alpha})+\sigma(2\bar{\alpha}-3\alpha\bar{\alpha}+\alpha^2)}\right]^2}_{K_{3.1}}$$

$$\Leftrightarrow \left|\frac{(R+S+2\sigma)\bar{\alpha}(1-\bar{\alpha})}{2\sigma(2\bar{\alpha}-3\alpha\bar{\alpha}+\alpha^2)}\right| > \left|\frac{(R+S+\sigma-S\rho)\bar{\alpha}(1-\bar{\alpha})}{S\bar{\alpha}(1-\bar{\alpha})+\sigma(2\bar{\alpha}-3\alpha\bar{\alpha}+\alpha^2)}\right|$$

$$\Leftrightarrow \sigma < \frac{S\bar{\alpha}(1-\bar{\alpha})(R+S)}{(R+S-2S\rho)(2\bar{\alpha}-3\alpha\bar{\alpha}+\alpha^2)-2S\bar{\alpha}(1-\bar{\alpha})} \equiv \tilde{\sigma}_3$$

G Appendix – Zusammenfassung der Ergebnisse (EaC)

G.1 Rechnungen

Der minimale Gewinn beim EaC (Fall 3) entspricht $\delta R\rho$, was bei einem Spezialfall gegeben ist: Dazu muss die Anzahl an Nicht-Konsumenten gleich Null sein ($n_0 = 0$), ein maximaler Kapitalbedarf vorliegen ($K = K_{A.3}$), der Informationsgrad der Grundgesamtheit mindestens α sein ($\bar{\alpha} \geq \alpha$) und der Zusatznutzen dem Schwellenwert aus Annahme 3.2 gleichkommen ($\sigma = \tilde{\sigma}_2$).

$$\pi_{C,3}(\alpha, \bar{\alpha}, K = K_{A.3}) = \delta\left[\left(R + S - S\rho - S\left(\frac{R + S + \sigma - S\rho}{S + 2\sigma}\right)\right)\left(\frac{R + S + \sigma - S\rho}{S + 2\sigma} + \rho\right)\right] + \delta\sigma\left(\frac{R + S + \sigma - S\rho}{S + 2\sigma}\right) - 2\delta\sigma\left(\frac{R + S + \sigma - S\rho}{S + 2\sigma}\right)^2$$

$$\Leftrightarrow \pi_{C,3}(\alpha, \bar{\alpha}, K = K_{A.3}) = \frac{\delta\sigma\rho(2R + S - 2S\rho)}{S + 2\sigma}$$

Die Anzahl an Nicht-Konsumenten ist bei $S = R$ gleich Null (vgl. Annahme 1.3):

$$für\ \sigma = \frac{S(R + S)}{2(R - 2S\rho)} \equiv \tilde{\sigma}_2 \quad \Rightarrow \sigma = \frac{R}{(1 - 2\rho)} \quad \Rightarrow \pi_{C,3} = \frac{\delta\rho\left(\frac{R}{(1 - 2\rho)}\right)(3R - 2R\rho)}{S + 2\frac{R}{(1 - 2\rho)}} \Leftrightarrow \pi_{C,3} = \delta R\rho$$

G.2 Analytische Beweise

<u>Folgesatz 1 für das EaC:</u>

Es ist leicht zu erkennen, dass die Gewinnfunktionen aller Fälle bei einem einheitlichen Vorbestellungspreis sowohl in α als auch in $\bar{\alpha}$ konstant sind. Die analytische Beweisführung des Folgesatzes 1 für die übrigen Modellparameter ist analog zu Belleflamme et al. (2011).

Folgesatz 2 für das EaC:

Die drei Fälle des EaCs werden nacheinander untersucht.

Fall 1:

Wie bereits in Abschnitt 5.1.2 erwähnt, ist eine analytische Beweisführung des Folgesatzes 2 für den Fall 1 aufgrund der Komplexität der Gewinnfunktion $\pi^*_{C,1}$ nicht möglich. Die beschriebenen Zusammenhänge können allerdings durch eine numerische Simulation validiert werden.

Fall 2:

Der Einfluss einer Änderung eines Parameters auf die Gewinnfunktion $\pi_{C,2}$ wird nachfolgend für den zweiten Fall untersucht. Die Werte der übrigen Parameter werden dabei stets festgehalten.

$$\frac{\partial \pi_{C,2}}{\partial \sigma} = \frac{\delta(1-\bar{\alpha})K}{2(1-\alpha)}\sqrt{\frac{(1-\alpha)}{\delta\sigma(1-\bar{\alpha})K}} > 0$$

$$\frac{\partial \pi_{C,2}}{\partial K} = \frac{1}{2}\sqrt{\frac{(1-\alpha)}{\delta\sigma(1-\bar{\alpha})K}}\frac{\delta\sigma(1-\bar{\alpha})}{(1-\alpha)} - \frac{(2\bar{\alpha}-3\alpha\bar{\alpha}+\alpha^2)}{(1-\alpha)\bar{\alpha}} \qquad \text{(G.2-1)}$$

Sofern der zweite Term größer ist als der erste, fällt die Funktion. Das kann durch das Einsetzen der Randwerte des Definitionsbereiches ($K \in [K_{1.1}, min\{K_{2.1}; K_{2.2}\}]$) gezeigt werden.[197]

untere Grenze ($K = K_{1.1}$)	$(1-\bar{\alpha})(2\bar{\alpha}-3\alpha\bar{\alpha}+\alpha^2) < 2(1-\bar{\alpha})(2\bar{\alpha}-3\alpha\bar{\alpha}+\alpha^2)$
obere Grenze ($K = K_{2.1}$)	$S(1-\bar{\alpha})\bar{\alpha} < (2\bar{\alpha}-3\alpha\bar{\alpha}+\alpha^2)(R+S-2S\rho)$
obere Grenze ($K = K_{2.2}$)	$(1-\bar{\alpha})\bar{\alpha}^2 < 2\bar{\alpha}(2\bar{\alpha}-3\alpha\bar{\alpha}+\alpha^2)$

Abschließend muss noch gezeigt werden, dass die Ungleichungen der oberen Grenzen erfüllt sind. Das ist mit Hilfe einer Untersuchung der zulässigen

[197] Wenn das für die untere Grenze erfüllt ist, dann gilt das auch entsprechend für $K \geq K_{1.1}$. Nichtsdestotrotz wird diese Ungleichung hier für alle Randwerte dargestellt.

Randwerte für α ($\alpha \in [\bar{\alpha}, min\{2\bar{\alpha}; 1\}]$) in Verbindung mit der Annahme 1.2 leicht nachvollziehbar.

$$\frac{\partial \pi_{C,2}}{\partial \alpha} = \sqrt{\frac{(1-\alpha)}{\delta\sigma(1-\bar{\alpha})K}}\frac{\delta\sigma(1-\bar{\alpha})K}{2(1-\alpha)^2} - K\left(\frac{(2\alpha-3\bar{\alpha})(1-\alpha)\bar{\alpha}+(2\bar{\alpha}-3\alpha\bar{\alpha}+\alpha^2)\bar{\alpha}}{(1-\alpha)^2\bar{\alpha}^2}\right)$$

$$\Leftrightarrow \sqrt{\frac{(1-\alpha)}{\delta\sigma(1-\bar{\alpha})K}}\frac{\delta\sigma(1-\bar{\alpha})K}{2(1-\alpha)^2} - \frac{K(2\alpha-\bar{\alpha}-\alpha^2)}{(1-\alpha)^2\bar{\alpha}} \qquad \text{(G.2-2)}$$

Ist der zweite Term größer als der erste, so fällt der Gewinn des zweiten Falls in α, was durch Auflösen nach K und Verwendung des unteren Schwellenwertes für das benötigte Anfangskapital ($K_{1.1}$) nachfolgend gezeigt wird.

$$K \geq \left|\frac{(1-\alpha)\delta\sigma(1-\bar{\alpha})\bar{\alpha}^2}{4(2\alpha-\bar{\alpha}-\alpha^2)^2}\right| \Leftrightarrow K \geq \frac{\delta\sigma(1-\alpha)}{4(1-\bar{\alpha})}\left[\frac{(1-\bar{\alpha})\bar{\alpha}}{(2\alpha-\bar{\alpha}-\alpha^2)}\right]^2 \quad f\ddot{u}r\ K = K_{1.1}$$

$$\Rightarrow \frac{\delta\sigma(1-\alpha)}{(1-\bar{\alpha})}\left[\frac{(1-\bar{\alpha})\bar{\alpha}}{(2\bar{\alpha}-3\alpha\bar{\alpha}+\alpha^2)}\right]^2 \geq \frac{\delta\sigma(1-\alpha)}{4(1-\bar{\alpha})}\left[\frac{(1-\bar{\alpha})\bar{\alpha}}{(2\alpha-\bar{\alpha}-\alpha^2)}\right]^2 \Leftrightarrow 4\bar{\alpha}-3\alpha\bar{\alpha}+3\alpha^2 \leq 4\alpha$$

Die obere Ungleichung ist für den Definitionsbereich $\alpha \in [\bar{\alpha}, min\{2\bar{\alpha}; 1\}]$ stets erfüllt.

$$\frac{\partial \pi_{C,2}}{\partial \bar{\alpha}} = -\sqrt{\frac{(1-\alpha)}{\delta\sigma(1-\bar{\alpha})K}}\frac{\delta\sigma K}{2(1-\alpha)} - K\left(\frac{(2-3\alpha)(1-\alpha)\bar{\alpha}-[(1-\alpha)(2\bar{\alpha}-3\alpha\bar{\alpha}+\alpha^2)]}{(1-\alpha)^2\bar{\alpha}^2}\right)$$

$$\Leftrightarrow -\sqrt{\frac{(1-\alpha)}{\delta\sigma(1-\bar{\alpha})K}}\frac{\delta\sigma K}{2(1-\alpha)} + \frac{K(\alpha^2-\alpha^3)}{(1-\alpha)^2\bar{\alpha}^2} \qquad \text{(G.2-3)}$$

Ist der zweite Term größer als der erste, steigt der Gewinn des zweiten Falls in $\bar{\alpha}$, was durch Auflösen nach K und Verwendung des unteren Schwellenwertes für das benötigte Anfangskapital ($K_{1.1}$) nachfolgend gezeigt wird.

$$K \geq \frac{\delta\sigma(1-\alpha)}{(1-\bar{\alpha})}\left[\frac{\bar{\alpha}^2}{2\alpha^2}\right]^2 \quad f\ddot{u}r\ K = K_{1.1} \Rightarrow \frac{\delta\sigma(1-\alpha)}{(1-\bar{\alpha})}\left[\frac{(1-\bar{\alpha})\bar{\alpha}}{(2\bar{\alpha}-3\alpha\bar{\alpha}+\alpha^2)}\right]^2 \geq \frac{\delta\sigma(1-\alpha)}{(1-\bar{\alpha})}\left[\frac{\bar{\alpha}^2}{2\alpha^2}\right]^2$$

Die obere Ungleichung ist für den Definitionsbereich $\alpha \in [\bar{\alpha}, min\{2\bar{\alpha}; 1\}]$ stets erfüllt.

Fall 3:

Zwar hat der Schwellenwert ρ keinen direkten Einfluss auf die Gewinnfunktionen der Fälle 1 und 2 des EaCs, er schränkt aber bei einem Anstieg c.p. den Anwendungsbereich dieser Fälle ein (vgl. Formel (5.1-18)). Demgegenüber kann ein direkter Einfluss von ρ auf $\pi_{C,3}$ gezeigt werden:

$$\frac{\partial \pi_{C,2}}{\partial \rho} = \underbrace{(R + S - 2S\rho)}_{I} - \underbrace{2S\sqrt{\frac{(1-\bar{\alpha})K}{\delta\sigma(1-\alpha)}}}_{II}$$

Sofern I kleiner als II ist, fällt die Gewinnfunktion des dritten Falls in ρ. Das wird nachfolgend für $K > K_{2.1}$ demonstriert.

$$(R + S - 2S\rho) < 2S\sqrt{\frac{(1-\bar{\alpha})K}{\delta\sigma(1-\alpha)}} \quad f\ddot{u}r\ K = K_{2.1} \Rightarrow (R + S - 2S\rho) = (R + S - 2S\rho)$$

$$\frac{\partial \pi_{C,3}}{\partial K} = \underbrace{\delta\left(\frac{(1-\bar{\alpha})(R+S-2S\rho)}{2\delta\sigma(1-\alpha)}\sqrt{\frac{\delta\sigma(1-\alpha)}{K(1-\bar{\alpha})}} - \frac{S(1-\bar{\alpha})}{\delta\sigma(1-\alpha)}\right)}_{I}$$
$$+ \underbrace{\frac{1}{2}\sqrt{\frac{(1-\alpha)}{\delta\sigma(1-\bar{\alpha})K}\frac{\delta\sigma(1-\bar{\alpha})}{(1-\alpha)}} - \frac{(2\bar{\alpha} - 3\alpha\bar{\alpha} + \alpha^2)}{(1-\alpha)\bar{\alpha}}}_{II}$$

Zu I: Ist der zweite Term größer als der erste, fällt der Teil I der Gewinnfunktion in K.

$$\underbrace{\left(\frac{R+S}{2S} - \rho\right)}_{<0}\underbrace{\sqrt{\frac{\delta\sigma(1-\alpha)}{K(1-\bar{\alpha})}}}_{\leq 0} < 1$$

Zu II: Ist der vierte Term größer als der dritte, fällt auch der Teil II der Gewinnfunktion in K. Das wurde bereits für den Fall 2 des EaCs bewiesen (vgl. Formel (G.2-1)).

$$\frac{\partial\pi_{C,3}}{\partial\sigma} = \delta\left(S\frac{K(1-\bar{\alpha})}{\delta\sigma^2(1-\alpha)} - \frac{(R+S-2S\rho)}{2}\sqrt{\frac{\delta\sigma(1-\alpha)}{K(1-\bar{\alpha})}}\frac{K(1-\bar{\alpha})}{\delta\sigma^2(1-\alpha)}\right.$$
$$\left. + \frac{\delta K(1-\bar{\alpha})}{2(1-\alpha)}\sqrt{\frac{(1-\alpha)}{(1-\bar{\alpha})\delta\sigma K}}\right)$$

Ist der erste Term größer als der zweite, hat σ einen positiven Einfluss auf den Gewinn des EaCs. Der dritte Term ist positiv.

$$(2S\rho - S - R)\left(\frac{1}{2}\sqrt{\frac{\delta\sigma(1-\alpha)}{K(1-\bar{\alpha})}}\right) < S$$

Die Ungleichung ist erfüllt, da der Multiplikand der linken Seite aufgrund der Annahme 1.2 negativ und der Multiplikator positiv ist.

$$\frac{\partial\pi_{C,3}}{\partial\alpha} = \underbrace{\delta\left(\frac{(R+S-2S\rho)}{2}\sqrt{\frac{\delta\sigma(1-\alpha)}{K(1-\bar{\alpha})}}\frac{K(1-\bar{\alpha})}{\delta\sigma(1-\alpha)^2} - S\frac{(1-\bar{\alpha})K}{\delta\sigma(1-\alpha)^2}\right)}_{I} + \underbrace{\frac{\partial\pi_{C,2}}{\partial\bar{\alpha}}}_{II}$$

Zu I: Ist der zweite Term größer als der erste, fällt der Teil I der Gewinnfunktion in α.

$$\underbrace{\left(\frac{R+S}{2S} - \rho\right)}_{<0}\underbrace{\sqrt{\frac{\delta\sigma(1-\alpha)}{K(1-\bar{\alpha})}}}_{\leq 0} < 1$$

Zu II: Es wurde bereits gezeigt, dass auch der Teil II der Gewinnfunktion in α fällt (vgl. Formel (G.2-2)).

$$\frac{\partial\pi_{C,3}}{\partial\bar{\alpha}} = \underbrace{\delta\left(S\frac{K}{\delta\sigma(1-\alpha)} - \frac{(R+S-2S\rho)}{2}\sqrt{\frac{\delta\sigma(1-\alpha)}{(1-\bar{\alpha})K}}\frac{K}{\delta\sigma(1-\alpha)}\right)}_{I} + \underbrace{\frac{\partial\pi_{C,2}}{\partial\bar{\alpha}}}_{II}$$

Zu I: Ist der erste Term größer als der zweite, steigt der Gewinn des dritten Falls in $\bar{\alpha}$.

$$\underbrace{\left(\frac{R+S}{2S}-\rho\right)}_{<0}\underbrace{\sqrt{\frac{\delta\sigma(1-\alpha)}{K(1-\bar{\alpha})}}}_{\leq 0}<1$$

<u>Zu II:</u> Es wurde bereits gezeigt, dass auch der Teil II der Gewinnfunktion in $\bar{\alpha}$ steigt (vgl. Formel (G.2-3)).

H Appendix – Analyse der Vorteile

H.1 Rechnungen

EaC und CI:

Der Schwellenwert Σ_{II} (vgl. Formel (6.1-1)), bei dem die Schnittlinie gerade noch im Bereich II liegt, wird durch folgende Ungleichung ermittelt. Es ist zu erwähnen, dass der Funktionswert von $\pi_{C,2}(\alpha,\bar{\alpha},K)$ an der Stelle $K = K_{1.1} = K_{A.1}$ dem diskontierten Umsatz der TF ($\delta\pi_T^*$) entspricht (vgl. Abschnitt 5.1.3).

$$\pi_{C,2}(\alpha,\bar{\alpha},K = K_{A.1}) = \delta\pi_T^* > \delta\pi_T^* - (K_{A.1} - \Sigma) \Leftrightarrow \Sigma < \underbrace{\frac{\delta\sigma}{4}}_{K_{A.1}} \equiv \Sigma_{II}$$

Die Gewinnfunktion $\pi_{C,3}(\alpha,\bar{\alpha},K)$ ist an der Stelle $K = K_{2.1} = K_{A.2}$ nicht definiert, daher wird für die Bestimmung von Σ_{III} (vgl. Formel (6.1-2)) die Funktion $\pi_{C,2}(\alpha,\bar{\alpha},K)$ herangezogen:

$$\pi_{C,2}(\alpha,\bar{\alpha},K = K_{A.2}) = \delta\pi_T^* + \delta\sigma\left(\frac{R+S}{2S} - \rho\right) + 2\delta\sigma\left(\frac{R+S}{2S} - \rho\right)^2 > \delta\pi_T^* - (K_{A.2} - \Sigma)$$

$$\Leftrightarrow \Sigma < \left(1 - \left(\frac{R+S}{2S} - \rho\right)\right)\delta\sigma\left(\frac{R+S}{2S} - \rho\right) \equiv \Sigma_{III}$$

Um den Schwellenwert Σ_{IV} (vgl. Formel (6.1-3)) bestimmen zu können, muss der Funktionswert der Gewinnfunktion des EaCs (Fall 3) an der Stelle $K = K_{3.1} = K_{A.3}$ formuliert werden.

$$\pi_{C,3}(\alpha,\bar{\alpha},K = K_{A.3}) = \delta\left[\left(R + S - S\rho - S\left(\frac{R+S+\sigma-S\rho}{S+2\sigma}\right)\right)\left(\frac{R+S+\sigma-S\rho}{S+2\sigma} + \rho\right)\right] + \delta\sigma\left(\frac{R+S+\sigma-S\rho}{S+2\sigma}\right) - 2\delta\sigma\left(\frac{R+S+\sigma-S\rho}{S+2\sigma}\right)^2$$

$$\Leftrightarrow \pi_{C,3}(\alpha,\bar{\alpha},K = K_{A.3}) = \frac{\delta\sigma\rho(2R+S-2S\rho)}{S+2\sigma} \qquad \text{(H.1-1)}$$

Durch die Ungleichung $\pi_{C,3}(\alpha,\bar{\alpha},K=K_{A.3}) > \delta\pi_T^* - (K_{A.3} - \Sigma)$ kann analog zu den vorherigen Bereichen der Schwellenwert Σ_{IV} ermittelt werden.

$$\Sigma < \frac{\delta\sigma\rho(2R+S-2S\rho)}{S+2\sigma} - \delta\pi_T^* + K_{A.3} \equiv \Sigma_{IV}$$

Ist $\overline{K}_V = K_{3.1} = K_{A.3} > K_{a.2}$, dann gilt $\prod_{EaC} > \prod_{PS}$ für alle $K \leq K_{A.3}$. Der maximale Wert für die besondere Investitionserfahrung, für den diese Aussagen zutreffen, kann wie folgt beschrieben werden (vgl. Formel (6.1-4)):

$$K_{A.3} \geq K_{a.2} \Leftrightarrow \Sigma \leq \underbrace{\delta\sigma\left(\frac{R+S+\sigma-S\rho}{S+2\sigma}\right)^2}_{K_{A.3}} - \delta\underbrace{\frac{(R+S)^2}{4S}}_{\pi_T^*} \equiv \Sigma_V$$

<u>**Arten der Schwarmfinanzierung und TF:**</u>

<u>EaC und TF</u>

Um den Schwellenwert σ_I bestimmen zu können, muss der Funktionswert der Gewinnfunktion des EaCs (Fall 3) an der Stelle $K = min\{K_{3.1}; K_{3.2}\}$ formuliert werden. Wie der Abbildung 26 entnommen werden kann, gibt es dabei drei Bereiche:

Bereich $K_{A.3}$:

Die Budgetrestriktion $K_{3.1}$ entspricht beim EP bekanntlich der des Ausgangsmodells $K_{A.3}$.

$$\pi_{C,3}(\alpha,\bar{\alpha},K=K_{A.3}) = \delta\left[\left(R+S-S\rho-S\left(\frac{R+S+\sigma-S\rho}{S+2\sigma}\right)\right)\left(\frac{R+S+\sigma-S\rho}{S+2\sigma}+\rho\right)\right] + \delta\sigma\left(\frac{R+S+\sigma-S\rho}{S+2\sigma}\right) - 2\delta\sigma\left(\frac{R+S+\sigma-S\rho}{S+2\sigma}\right)^2$$

$$\Leftrightarrow \pi_{C,3}(\alpha,\bar{\alpha},K=K_{A.3}) = \frac{\delta\sigma\rho(2R+S-2S\rho)}{S+2\sigma}$$

$$\Rightarrow \frac{\delta\sigma\rho(2R+S-2S\rho)}{S+2\sigma} > \pi_T^* - \delta\sigma\left(\frac{R+S+\sigma-S\rho}{S+2\sigma}\right)^2$$

Diese Ungleichung muss für die Berechnung des Schwellenwertes σ_I für diesen Bereich nach σ aufgelöst werden.

Bereich $K_{3.1}$:

$$\pi_{C,3}(\alpha,\bar{\alpha},K=K_{3.1})=\frac{\delta\sigma\rho(R+S-S\rho)(2\bar{\alpha}-3\alpha\bar{\alpha}+\alpha^2)-\delta\sigma S\rho(1-\bar{\alpha})\bar{\alpha}}{S(1-\bar{\alpha})\bar{\alpha}+\sigma(2\bar{\alpha}-3\alpha\bar{\alpha}+\alpha^2)}$$

$$\Rightarrow\frac{\delta\sigma\rho(R+S-S\rho)(2\bar{\alpha}-3\alpha\bar{\alpha}+\alpha^2)-\delta\sigma S\rho(1-\bar{\alpha})\bar{\alpha}}{S(1-\bar{\alpha})\bar{\alpha}+\sigma(2\bar{\alpha}-3\alpha\bar{\alpha}+\alpha^2)}$$
$$>\pi_T^*-\frac{\delta\sigma(1-\alpha)}{(1-\bar{\alpha})}\left[\frac{(R+S+\sigma-S\rho)\bar{\alpha}(1-\bar{\alpha})}{S\bar{\alpha}(1-\bar{\alpha})+\sigma(2\bar{\alpha}-3\alpha\bar{\alpha}+\alpha^2)}\right]^2$$

Diese Ungleichung muss für die Berechnung des Schwellenwertes σ_I für diesen Bereich nach σ aufgelöst werden.

Bereich $K_{3.2}$:

Das Vorgehen ist hierbei analog zu den vorherigen Bereichen. Aufgrund der Komplexität wird auf eine analytische Darstellung verzichtet und auf die Abbildung 26 verwiesen.

Um den Schwellenwert σ_{II} bestimmen zu können, werden die jeweiligen Budgetrestriktionen $K_{3.1}$ bzw. $K_{A.3}$ und $K_{3.2}$ mit K_T gleichgesetzt und nach σ aufgelöst. Aufgrund der Komplexität wird hier u.U. auf das Umstellen nach σ verzichtet und lediglich auf die Abbildung 26 verwiesen.

Bereich $K_{A.3}$:

$$\underbrace{\delta\sigma\left(\frac{R+S+\sigma-S\rho}{S+2\sigma}\right)^2}_{K_{A.3}}=\underbrace{\frac{(R+S)^2}{4S}}_{\pi_T^*}$$

Bereich $K_{3.1}$:

$$\underbrace{\frac{\delta\sigma(1-\alpha)}{(1-\bar{\alpha})}\left[\frac{(R+S+\sigma-S\rho)\bar{\alpha}(1-\bar{\alpha})}{S\bar{\alpha}(1-\bar{\alpha})+\sigma(2\bar{\alpha}-3\alpha\bar{\alpha}+\alpha^2)}\right]^2}_{K_{3.1}}=\underbrace{\frac{(R+S)^2}{4S}}_{\pi_T^*}$$

Bereich $K_{3.2}$:

$$\underbrace{\frac{\delta\sigma(1-\alpha)}{(1-\bar{\alpha})}\left[\frac{\bar{\alpha}}{\alpha}\right]^2}_{K_{3.2}}=\underbrace{\frac{(R+S)^2}{4S}}_{\pi_T^*}\Leftrightarrow\sigma>\frac{(1-\bar{\alpha})(R+S)^2}{\delta 4S(1-\alpha)}\left[\frac{\alpha}{\bar{\alpha}}\right]^2\equiv\sigma_{II}$$

H.2 Analytische Beweise

EaC und CI:

Folgesatz (Abschnitt 6.1):

Aus den Abschnitten 5.1 und 5.2 ist bekannt, dass die Budgetrestriktionen für ihre jeweiligen Definitionsbereiche der Höhe nach angeordnet werden können. Darauf aufbauend ergibt sich auch die in Abschnitt 6.1 beschriebene Reihung der Schnittlinien und der Schwellenwerte für Σ. Die übrigen Aussagen werden nachfolgend exemplarisch für die Grenzfunktionen Σ_{II} und Σ_{III} bewiesen. Der Einfluss einer Änderung des Parameters σ auf die Grenzfunktionen Σ_{IV} und Σ_V wird lediglich anhand der Abbildung 23 anschaulich gemacht.

$$\frac{\partial \Sigma_{II}}{\partial \sigma} = \frac{\delta}{4} > 0$$

$$\frac{\partial \Sigma_{III}}{\partial \sigma} = \delta \underbrace{\left(\frac{R+S}{2S} - \rho\right)}_{>0} \underbrace{\left(1 - \underbrace{\left(\frac{R+S}{2S} - \rho\right)}_{<1}\right)}_{>0} > 0$$

Arten der Schwarmfinanzierung und TF:

CI und TF

Durch die besondere Investitionserfahrung Σ fällt der Gewinn beim CI im Vergleich zur traditionellen Finanzierung stets höher aus.

$$\underbrace{\delta \frac{(R+S)^2}{4S}}_{\Pi_{PS}} \geq \underbrace{\delta \frac{(R+S)^2}{4S} - \frac{K}{\delta}}_{\Pi_T} \quad \textit{für } 0 \leq K \leq \Sigma$$

$$\underbrace{\delta \frac{(R+S)^2}{4S} - (K - \Sigma)}_{\Pi_{PS}} \geq \underbrace{\delta \frac{(R+S)^2}{4S} - \frac{K}{\delta}}_{\Pi_T} \quad \textit{für } \Sigma < K \leq \delta \pi_T^* + \Sigma$$

Literaturverzeichnis

Adler A (2008) Das Zärtlichkeitsbedürfnis des Kindes. Zeitschrift für Individualpsychologie 33:369–372.

Agrawal AK, Catalini C, Goldfarb A (2011) The geography of crowdfunding. National Bureau of Economic Research

Ahlers GK, Cumming D, Günther C, Schweizer D (2012) Signaling in equity crowdfunding. Available at SSRN 2161587:1–45.

Akerlof GA (1970) The market for“ lemons”: Quality uncertainty and the market mechanism. The quarterly journal of economics 84:488–500.

Arrow K (1962) Economic welfare and the allocation of resources for invention. The rate and direction of inventive activity: Economic and social factors. Nber, pp 609–626

Bachmann A, Becker A, Buerckner D, et al (2011) Online Peer-to-Peer Lending–A Literature. Journal of Internet Banking and Commerce 16:1–18.

Ballerini M, Cabibbo N, Candelier R, et al (2008) Interaction ruling animal collective behavior depends on topological rather than metric distance: Evidence from a field study. Proceedings of the National Academy of Sciences 105:1232–1237.

Bechter C, Jentzsch S, Frey M (2011) From Wisdom of the Crowd to Crowdfunding. Journal of Communication and Computer 8:951–957.

Beck R (2012) Crowdinvesting: die Investition der Vielen. Amazon Distribution

Belleflamme P, Lambert T, Schwienbacher A (2010) Crowdfunding: An industrial organization perspective. Prepared for the workshop Digital Business Models: Understanding Strategies', held in Paris on June 1–30.

Belleflamme P, Lambert T, Schwienbacher A (2011) Crowdfunding: Tapping the Right Crowd. Working Paper 1–37.

Belleflamme P, Lambert T, Schwienbacher A (2014) Crowdfunding: Tapping the right crowd. Journal of Business Venturing 29:585–609.

Bhargava HK, Choudhary V (2001) Second-degree price discrimination for information goods under nonlinear utility functions. System Sciences, 2001. Proceedings of the 34th Annual Hawaii International Conference on System Science. IEEE,

Bhargava HK, Choudhary V, Krishnan R (2000) Pricing and product design: Intermediary strategies in an electronic market. International Journal of Electronic Commerce 5:37–56.

Bigus J (2003) Zur Theorie der Wagnisfinanzierung: Informations- und Anreizprobleme vor dem Börsengang. Dt. Univ.-Verl., Wiesbaden

Block J, Sandner P (2009) What is the effect of the financial crisis on venture capital financing? Empirical evidence from US Internet start-ups. Venture Capital 11:295–309.

Boadway R, Tremblay J-F (2003) Public economics and startup entrepreneurs.

Böhler C (2004) Corporate Governance und externe Berichterstattung in Venture-Capital-Gesellschaften. Haupt

Brabham DC (2008) Crowdsourcing as a model for problem solving an introduction and cases. Convergence: the international journal of research into new media technologies 14:75–90.

Bradford CS (2012) Crowdfunding and the federal securities laws. Colum Bus L Rev 1.

Bundesministerium für Finanzen (2014) Referentenentwurf der Bundesregierung-Entwurf eines Gesetzes Kleinanlegerschutzgesetzes.

Bundesverband Deutscher Kapitalbeteiligungsgesellschaften (BVK) (2014) BVK Statistik, Das Jahr in Zahlen 2013.

Carpenter RE, Petersen BC (2002) Is the growth of small firms constrained by internal finance? Review of Economics and statistics 84:298–309.

Casamatta C (2003) Financing and advising: optimal financial contracts with venture capitalists. The Journal of Finance 58:2059–2086.

Cassar G (2004) The financing of business start-ups. Journal of Business Venturing 19:261–283.

Cassiman B, Ueda M (2006) Optimal project rejection and new firm start-ups. Management Science 52:262–275.

Cumming D, Fleming G, Schwienbacher A (2009) Style drift in private equity. Journal of Business Finance & Accounting 36:645–678.

Cumming DJ, Johan SA (2013) Venture capital and private equity contracting: An international perspective. Academic Press

Cumming DJ, Leboeuf G, Schwienbacher A (2014) Crowdfunding Models: Keep-it-All vs. All-or-Nothing.

Dapp T (2014) Crowdfunding-Trübt die Euphorie der Crowd das Risikobewusstsein.

De Bettignies J-E, Brander JA (2007) Financing entrepreneurship: Bank finance versus venture capital. Journal of Business Venturing 22:808–832.

De Buysere K, Gajda O, Kleverlaan R, et al (2012) A framework for european crowdfunding.

Dorfleitner G, Kapitz J, Wimmer M (2014) Crowdinvesting als Finanzierungsalternative für kleine und mittlere Unternehmen. Die Betriebswirtschaft (DBW) 74:271–291.

El Harbi S, Grolleau G, Bekir I (2011) Substituting piracy with a pay-what-you-want option: does it make sense? European Journal of Law and Economics 1–21.

EVCA (2013) Pan-European Private Equity Performance Benchmarks Study. EVCA, Belgium

Fairchild R (2011) An entrepreneur's choice of venture capitalist or angel-financing: A behavioral game-theoretic approach. Journal of Business Venturing 26:359–374.

Festel G, Kratzer J (2012) The founding angels investment model-case studies from the field of nanotechnology. Journal of Business Chemistry 9:19–29.

Fink A (2012) Protecting the crowd and raising capital through the JOBS Act.

Gerber EM, Hui JS, Kuo P-Y (2012) Crowdfunding: Why people are motivated to post and fund projects on crowdfunding platforms. CSCW Workshop.

Giudici G, Guerini M, Rossi Lamastra C (2013) Why Crowdfunding Projects Can Succeed: The Role of Proponents' Individual and Territorial Social Capital.

Glaeser EL, Shleifer A (2001) Not-for-profit entrepreneurs. Journal of public economics 81:99–115.

Hardy W (2013) How to perfectly discriminate in a crowd? A theoretical model of crowdfunding.

Harsanyi JC (1967) Games with Incomplete Information Played by "Bayesian" Players, I-III. Management science 14:159–182, 320–334, 486–502.

Hellmann T (2007) Entrepreneurs and the process of obtaining resources. Journal of Economics & Management Strategy 16:81–109.

Hemer J (2011) A snapshot on crowdfunding. Studie im Auftrag von: Fraunhofer ISI. Online verfügbar unter: http://isi. fraunhofer. de/isimedia/docs/p/arbpap_unternehmen_region/ap_r2_2011. pdf

Hemer J, Schneider U, Dornbusch F, Frey S (2011) Crowdfunding und andere Formen informeller Mikrofinanzierung in der Projekt-und Innovationsfinanzierung. Fraunhofer Verlag

Herzenstein M, Dholakia UM, Andrews RL (2011) Strategic herding behavior in peer-to-peer loan auctions. Journal of Interactive Marketing 25:27–36.

Hildebrand T, Puri M, Rocholl J (2011) Skin in the Game: Incentives in Crowdfunding.

Hinkel K (2001) Erfolgsfaktoren von Frühphasenfinanzierungen durch Wagniskapitalgesellschaften. Dt. Univ.-Verl., Wiesbaden

Hirth H, Walter A (2001) Rationales Herdenverhalten. Wirtschaftswissenschaftliches Studium 30:17–22.

Hölzner H, Kortleben H, Biering B (2014) Zukunftsperspektiven im Crowdinvesting 2014; Eine Analyse der Entwicklung in Deutschland zwischen 2011 und 2014.

Hornuf L, Schwienbacher A (2014) Which Securities Regulation Promotes Crowdinvesting?

Howe J (2006) The rise of crowdsourcing. Wired magazine 14:1–4.

Inderst R, Müller HM (2004) The effect of capital market characteristics on the value of start-up firms. Journal of Financial Economics 72:319–356.

Ivo JM, Karsten MB, Leimeister W, et al (2013) Crowdfunding-Studie 2013/2014: Analyse, Perspektiven und Erfolgsfaktoren innovativer Unternehmens-und Projektfinanzierungen. epubli

Jones R, Mendelson H (1998) Product and price competition for information goods. Ninth Workshop on Information Systems and Economics.

Kappel T (2008) Ex ante crowdfunding and the recording industry: A model for the US. Loy LA Ent L Rev 29:375–385.

Katz ML, Shapiro C (1985) Network externalities, competition, and compatibility. The American economic review 424–440.

Kim J-Y, Natter M, Spann M (2009) Pay what you want: A new participative pricing mechanism. Journal of Marketing 73:1–43.

Kim K, Viswanathan S (2013) The Experts in the Crowd: The Role of Reputable Investors in a Crowdfunding Market. SSRN Working Paper

Kleemann F, Voß GG, Rieder K (2008) Un (der) paid innovators: The commercial utilization of consumer work through crowdsourcing. Science, Technology & Innovation Studies 4:5–26.

Klein R (2014a) Crowdfunding-Monitor H1 2014.

Klein R (2014b) Crowdinvesting-MonitorH1 2014.

Klöhn L, Hornuf L (2012) Crowdinvesting in Deutschland—Markt, Rechtslage und Regulierungsperspektiven. Zeitschrift fur Bankrecht und Bankwirtschaft-ZBB 24:237.

Kortleben H, Vollmar BH (2012) Crowdinvesting: Eine Alternative in der Gründungsfinanzierung? PFH Forschungspapiere/Research Papers, PFH Private Hochschule Göttingen

Kuppuswamy V, Bayus BL (2013) Crowdfunding creative ideas: The dynamics of project backers in Kickstarter.

Landier A (2003) Start-up financing: From banks to venture capital.

Mak V, Zwick R, Rao AR (2010) Pay what you want" as a profitable pricing strategy: Theory and experimental evidence.

Mäschle O (2012) Rationing of excessive demand on crowdinvesting-platforms. Thünen-Series of Applied Economic Theory

Massolution (2013) Crowdfunding Industry Report.

Meinshausen S, Schiereck D, Stimeier S (2012) Crowdfunding als Finanzierungsalternative-Innovative Ansätze in der Unternehmensfinanzierung. Wirtschaftswissenschaftliches Studium (WiSt) 11:583–588.

Meyer DW (1996) Essays on quality and product differentiation. University of Michigan

Mollick ER (2012) The dynamics of crowdfunding: Determinants of success and failure.

Mollick ER (2013) Swept away by the crowd? crowdfunding, venture capital, and the selection of entrepreneurs.

Moritz A, Block JH (2013) Crowdfunding und Crowdinvesting: State-of-the-Art der wissenschaftlichen Literatur (Crowdfunding and Crowdinvesting: A Review of the Literature).

Mussa M, Rosen S (1978) Monopoly and product quality. Journal of Economic theory 18:301–317.

Ordanini A, Miceli L, Pizzetti M, Parasuraman A (2011) Crowd-funding: transforming customers into investors through innovative service platforms. Journal of Service Management 22:443–470.

Repullo R, Suarez J (2004) Venture capital finance: A security design approach. Review of finance 8:75–108.

Salant SW (1989) When is inducing self-selection suboptimal for a monopolist? The Quarterly Journal of Economics 391–397.

Sally D (2001) On sympathy and games. Journal of Economic Behavior & Organization 44:1–30.

Schefczyk M (2004) Erfolgsstrategien deutscher Venture Capital-Gesellschaften: Analyse der Investitionsaktivitäten und des Beteiligungsmanagements von Venture Capital-Gesellschaften, 3., überarbeitete und erw. Aufl. Schäffer-Poeschel, Stuttgart

Schelling TC (1960) The strategy of conflict.

Schulte R (2006) Begriff und merkmale junger unternehmen. Wirtschaftswissenschaftliches Studium 35:419.

Schwienbacher A (2007) A theoretical analysis of optimal financing strategies for different types of capital-constrained entrepreneurs. Journal of Business Venturing 22:753–781.

Schwienbacher A (2013) The entrepreneur's investor choice: The impact on later-stage firm development. Journal of Business Venturing 28:528–545.

Schwienbacher A, Larralde B (2010) Crowdfunding of small entrepreneurial ventures.

Sieg G (2010) Spieltheorie. Oldenbourg, München

Spence M (1973) Job market signaling. The quarterly journal of Economics 355–374.

Stein I, Achleitner AK, Hommel U, et al (2005) Venture Capital-Finanzierungen: Kapitalstruktur und Exitentscheidung. Uhlenbruch, Bad Soden am Taunus

Stokey NL (1979) Intertemporal price discrimination. The Quarterly Journal of Economics 355–371.

Surowiecki J (2004) The wisdom of crowds: Why the many are smarter than the few and how collective wisdom shapes business.

Tilleßen P (2004) Unvollkommene Kapitalmärkte und staatliche Gründungsförderung. Universität zu Köln

Tirole J (1988) The theory of industrial organization. MIT press

Ueda M (2004) Banks versus venture capital: Project evaluation, screening, and expropriation. The Journal of Finance 59:601–621.

Varian HR (2001) Grundzüge der Mikroökonomik. Oldenbourg, München; Wien

Varian HR, Norton WW (1992) Microeconomic analysis. Norton New York

Varian HR, Shapiro C (1999) Information rules: a strategic guide to the network economy.

Vinturella JB, Erickson SM (2003) Raising entrepreneurial capital. Academic Press

Ward C, Ramachandran V (2010) Crowdfunding the next hit: Microfunding online experience goods. Workshop on Computational Social Science and the Wisdom of Crowds at NIPS2010.

Weitnauer W (2001) Handbuch Venture Capital: Von der Innovation zum Börsengang (3., überarbeitete Auflage).

Weitnauer W, Guth M (2001) Handbuch venture capital: von der Innovation zum Börsengang. Beck, München

Wilson KE (2011) Financing High-Growth Firms: The Role of Angel Investors.

Winton A, Yerramilli V (2008) Entrepreneurial finance: Banks versus venture capital. Journal of Financial Economics 88:51–79.

Wispé L (1986) The distinction between sympathy and empathy: To call forth a concept, a word is needed. Journal of personality and social psychology 50:314.

Wong A, Bhatia M, Freeman Z (2009) Angel finance: the other venture capital. Strategic Change 18:221–230.

Yang Y, Narayanan VK, Zahra S (2009) Developing the selection and valuation capabilities through learning: The case of corporate venture capital. Journal of Business Venturing 24:261–273.

Zhang J, Liu P (2012) Rational herding in microloan markets. Management science 58:892–912.

Zimmermann V (2013) Unternehmensbefragung 2013 - trotz schwacher Konjunktur Unternehmensfinanzierung stabil.

Iron Sky. In: startnext.de. https://www.startnext.de/iron-sky2. Accessed 13 Oct 2014a

Blue Laser Lamp- with passive cooling technology. In: Kickstarter. https://www.kickstarter.com/projects/1251236349/blue-laser-lamp-with-passive-cooling-technology. Accessed 13 Oct 2014b